低功耗 CMOS 逐次逼近型模数转换器

朱樟明　杨银堂　著

科学出版社

北　京

内容简介

本书系统介绍了低功耗CMOS逐次逼近型模数转换器设计所涉及的一些关键问题，包括体系结构、高层次模型、电容开关时序、关键电路技术、低压模拟电路、电容阵列布局等，同时介绍当前最新的流水线SAR A/D转换设计技术和可配置A/D转换器设计技术，是当前国外低功耗CMOS混合信号集成电路的前沿研究内容。书中所提出的体系结构、电容开关时序及高层次模型、关键电路模块均经过流片验证或Spice仿真验证，可以直接供读者参考，且对想深入研究低功耗CMOS混合信号集成电路设计的设计人员和研究人员具有很强的指导意义和实用性。

本书适合作为电子等相关专业的高年级本科生和研究生教材，也可作为集成电路设计和研究人员的参考书。

图书在版编目(CIP)数据

低功耗CMOS逐次逼近型模数转换器/朱樟明，杨银堂著. —北京：科学出版社，2015.8

ISBN 978-7-03-045410-2

Ⅰ. ①低… Ⅱ. ①朱…②杨… Ⅲ. ①CMOS电路－逐次逼近法－模数转换电路－研究 Ⅳ. ①TN432

中国版本图书馆CIP数据核字(2015)第195520号

责任编辑：余　丁　赵艳春 / 责任校对：桂伟利

责任印制：吴兆东 / 封面设计：迷底书装

科学出版社出版

北京东黄城根北街16号

邮政编码：100717

http://www.sciencep.com

中煤（北京）印务有限公司印刷

科学出版社发行　各地新华书店经销

*

2015年8月第　一　版　开本：720×1 000 1/16

2024年8月第八次印刷　印张：14 3/4

字数：285 000

定价：139.00 元

（如有印装质量问题，我社负责调换）

前　言

半导体集成电路的发展极大地推动现代无线通信技术、计算机技术、网络技术及消费电子产业的迅速发展，已成为世界各国极为重要的主导产业和战略产业之一。正值中国集成电路设计产业高速发展之际，响应《国家集成电路产业发展推进纲要》，基于国家优秀青年科学基金、国家自然科学基金等项目研究成果，结合作者多年来的低功耗 CMOS 模拟集成电路设计技术，撰写了本书，希望能在促进中国集成电路设计产业的迅速发展中发挥作用。

本书主要讨论低功耗 SAR A/D 转换器设计所涉及的一些关键问题，包括系统结构及建模、DAC 电容开关时序、低压高效比较器、高线性度自举开关、精度和速度可配置技术等，对想深入了解低功耗 CMOS 混合信号集成电路设计的设计人员和研究人员具有很强的指导意义和实用性。本书所提出的体系结构、DAC 电容开关时序及高层次模型、关键电路模块大部分都是经过流片验证，并在 IEEE TCAS 等国际期刊上发表了对应的论文，可以直接供读者参考。本书第 2 章所涉及的超低电压、超低功耗 SAR A/D 转换器设计技术，第 6 章所涉及的流水线 SAR 混合结构 A/D 转换器设计技术，第 3 章和第 7 章所涉及的可配置 A/D 转换器设计技术，是目前国际低功耗 CMOS 混合信号集成电路的前沿研究内容，也是西安电子科技大学微电子学院朱樟明教授研究小组的最新研究成果。

全书共分为 8 部分，每章自成系统，同时又相互联系，朱樟明教授负责第 1～6 章，杨银堂教授负责绪论和第 7 章，全书由朱樟明教授通稿和最后定稿。本书在写作过程中得到了国家优秀青年科学基金（61322405）、国家自然科学基金重点项目（61234002）、国家高技术研究发展计划（863 计划）课题（2012AA012302）和教育部博士点基金（20120203110017）的资助。特别感谢研究生肖余、邱政、沈易、王祁钰、魏天尧、刘建、宋孝立、帘凯雄、李伟江等，特别感谢教师李娅妮所提供的帮助。

朱樟明　杨银堂

2015 年 3 月于西安电子科技大学微电子学院

目　录

绪　论

随着便携式电子终端设备应用的高速发展，在无线体域网、无线传感器网络（WSN）、无线通信、视频传输、光通信和光传输等领域，对 A/D 转换器（ADC）的性能要求不断提高。传感器节点、移动电子设备终端的消费者希望巡航时间尽可能长，有些应用要求电池供电维持甚至几年以上，从而要求系统芯片（SOC）的每个模块能达到低功耗高效率的要求，所以高精度、低功耗和高速的设计成为 A/D 转换器设计的主要需求和挑战。流水线 A/D 转换器（pipelined ADC）由于其在速度、面积、功耗和精度方面具有较好的折中，在设计时留给设计工程师较大的优化空间，所以是目前较好架构选择[1-3]，但是高性能的流水线 A/D 转换器需要高增益、高带宽的运算放大器，而基于纳米级 CMOS 工艺实现高性能运算放大器是非常困难的。与流水线 A/D 转换器相比，逐次逼近型（Successive Approximation，SAR）A/D 转换器因其结构更简单、模拟模块少、面积更小、功耗更低，而广泛应用于中低速应用领域[4, 5]，而且低分辨率高速、高精度低速的 SAR A/D 转换器也不断涌现，并能享受集成电路制造技术快速发展所带来的优势。所以基于 CMOS 集成电路工艺研究 SAR A/D 转换器电路对提高现代电子系统，特别是便携式电子装备的性能具有重要的意义。

0.1　SAR A/D 转换器的研究进展

随着 CMOS 工艺的改进，国内外对于低功耗 SAR A/D 转换器方面的研究有了突破性的进展，其中降低 A/D 转换器的电源电压是降低功耗的最有效、最直接的方法。2007 年，Gambini 等在 IEEE JSSC 发表论文，展示了一款基于 90nm CMOS 工艺应用于无线传感器的 SAR A/D 转换器，能在 0.5V 低压下工作，功耗仅为 7μW，优值为 0.14pJ/Conv.-Step[6]。2010 年，Yoshioka 等设计了一款 10 位带校准的 SAR A/D 转换器，在 1.0V 工作电压、50MS/s 的采样速率下功耗为 820μW，其中 DNL<0.82LSB，INL<0.72LSB[7]。2012 年，毕业于上海交通大学正在瑞典林雪平大学攻读博士学位的 Zhang 采用电平移位器结构，降低了逻辑控制部分的电压，在 1kS/s 采样速率、1V 的工作电压和 0.4V 的逻辑控制电压下，整体功耗仅有 53nW，优值为 94.5fJ/Conv.-Step[8]。到 2014 年，在低功耗 SAR A/D 转换器领域出现了众多新型节能型的开关时序，像基于 V_{CM} 的单调型、混合型节能时序等[9, 10]，采用新时序设计的电路极大地降低了差分型电容阵列的开关能耗，从而使整个 SAR A/D 转换器具有很低的功耗和优良的性能。

高精度 SAR A/D 转换器也逐步应用于速度和精度等关键性能高要求的场合，如高端数据采集、CT 扫描仪、频谱分析仪、自动测试设备（ATE）和通用测试设备。2003 年 ADI 公司推出了一种 16 位 3MS/s SAR A/D 转换器——AD7621，100kHz@3MS/s 下的信噪比达到 89dB。2013 年 Liner Technology 公司推出 20 位 1MS/s SAR A/D 转换器——LTC2378，2kHz@1MS/s 下的信噪比达到 104dB。

在高速 SAR A/D 转换器设计方面，国内外也取得了长足的进步和发展。2013 年，Stepanovic 等基于 65nm CMOS 工艺设计了一款 11 位 24 通道时域交织 SAR A/D 转换器，在 2.8GS/s 采样速率下，信噪失真比（SNDR）达到了 50.9dB[11]。2014 年，IBM 设计团队基于 32nm SOI CMOS 工艺研制成功了 8 位 90GS/s 时域交织 SAR A/D 转换器，比 2012 年富士通微电子基于 40nm CMOS 工艺所设计的 8 位 64GS/s 时域交织 A/D 转换器还要领先，16GHz 带宽下的有效位数超过了 5 位[4]。

由于 SAR A/D 转换器的低功耗完美特性，流水线 A/D 转换器的工作方式和成熟的模块化的优化理论相结合已成为最近几年的研究热点之一。2012 年开始，国内外许多研究小组开始把目标转向对流水线 SAR A/D 转换器的研究。2012 年，Lee 等首次发表了小组设计的一款两级流水线 SAR A/D 转换器，采样速率达到 50MS/s[1]。2014 年，在 ISSCC 会议上，博通公司的 Van der Goes 等基于 28nm CMOS 工艺研制了一款 80MS/s、两通道交织的流水线 SAR A/D 转换器[12]，SNDR 达到 68dB。此外，基于过零检测技术、多级流水技术研究高精度流水线 SAR A/D 转换器也是当前的主要研究方向。

0.2　本书的主要内容

本书将围绕低功耗 CMOS SAR A/D 转换器的设计，介绍 SAR A/D 转换器的基本结构、低功耗电容开关时序、低功耗关键电路技术、物理设计等，以设计项目为例，重点介绍了超低功耗 SAR A/D 转换器、高精度 SAR A/D 转换器、高速 SAR A/D 转换器、流水线 SAR A/D 转换器、可配置 A/D 转换器的电路设计技术。

本书将分别讨论低功耗 CMOS SAR A/D 转换器的相关问题。第 1 章主要介绍了 CMOS SAR A/D 转换器的基本概念和特性参数，包括增益误差、积分非线性（Intergra/Non-linearity，INL）、微分非线性（Differential Non-linearity，DNL）、信噪比（Signal-to-Noise Ratio，SNR）、信噪失真比（Signal-to-Noise and Distortion Ratio，SNDR）、总谐波失真（Total Harmonic Distortion，THD）、有效位数（Effective Number of Bits，ENOB）及无杂散动态范围（Spurious-Free Dynamic Range，SFDR）等参数，介绍了基于电荷分配式 D/A 转换器（DAC）的 SAR A/D 转换器的基本结构。第 2 章分析了低功耗 CMOS SAR A/D 转换器的关键设计技术，重点介绍了低功耗 DAC 电容开关时序和低功耗电路设计技术。第 3 章主要介绍了作者近年来所设计的几种低压低功耗 CMOS SAR A/D 转换器的设计实现和流片测试结果。第 4 章结合作者的研究工作，介绍了 16 位 1MS/s CMOS SAR A/D 转换器的系统结构、校准、电路设计和版图实现等关键技术。第 5 章介绍了多种单通道高速 SAR A/D 转换器的设计技术，并介绍了时域交织技术和 8 位 2.0 GS/s SAR A/D 转换器的设计。第 6 章分析了高速流水线 SAR A/D 转换器的基本原理和关键设计技术，介绍了一种 12 位高速流水线 SAR A/D 转换器和一种基于过零检测的 10 位高速流水线 SAR A/D 转换器的系统结构与电路设计技术。第 7 章基于 SAR A/D 转换器的设计思想，采用无采样保持放大器的循环流水线结构，介绍了一种 6～12 位可配置 1MS/s 循环型 A/D 转换器。

参考文献

[1] Lee C C, Flynn M P. A SAR -assisted two-stage pipeline ADC. IEEE Journal of Solid-State Circuits, 2011, 46(4): 859-869.

[2] Ali A M A, Dinc H, Bhoraskar P, et al. A 14b 1GS/s RF sampling pipelined ADC with background calibration. IEEE Int Solid-State Circuits Conf (ISSCC), 2014: 482-484.

[3] Lim Y, Flynn M P. A 100MS/s 10.5b 2.46mW comparator-less pipeline ADC using self-biased ring amplifiers. IEEE Int Solid-State Circuits Conf (ISSCC), 2014: 202-204.

[4] Kull L, Toifl T, Schmatz M, et al. A 90GS/s 8b 667mw 64× interleaved SAR ADC in 32nm digital SOI CMOS. IEEE Int Solid-State Circuits Conf (ISSCC), 2014: 378-379.

[5] Harpe P, Cantatore E, Van Roermund A. An oversampled 12/14b SAR ADC with noise reduction and linearity enhancements achieving up to 79.1dB SNDR. IEEE Int Solid-State Circuits Conf (ISSCC), 2014:194-196.

[6] Gambini S, Rabaey J. Low-power successive approximation converter with 0.5V supply in 90 nm CMOS. IEEE Solid-State Circuit, 2007, 42(11): 2348-2356.

[7] Yoshioka M, Ishikawa K, Takayama T, et al. A 10-b 50-MS/s 820W SAR ADC with on-chip digital calibration. IEEE Trans Circuits and Systems I, 2010, 4(6): 410-416.

[8] Zhang D. A 53nW 9.1-ENOB 1-kS/s SAR ADC in 0.13-μm CMOS for medical implant devices. IEEE Solid-State Circuits, 2012, 47(7): 1585-1593.

[9] Zhu Z M, Xiao Y, Song X L. VCM-based monotonic capacitor switching scheme for SAR ADC. Electronic Letters, 2014, 49(5): 327-329.

[10] Sanyal A, Sun N. SAR ADC architecture with 98% reduction in switching energy over conventional scheme. Electronic Letters, 2014, 49(4): 238-240.

[11] Stepanovic D, Nikolic B. A 2.8 GS/s 44.6 mW time-interleaved ADC achieving 50.9dB SNDR and 3dB effective resolution bandwidth of 1.5GHz in 65nm CMOS. IEEE J Solid-State Circuit, 2013, 48(4): 971-982.

[12] Van der Goea F, Ward C, Astgimath S, et al. A 1.5mW 68dB SNDR 80MS/s 2 interleaved SAR assisted pipelined ADC in 28nm CMOS. IEEE Int Solid-State Circuits Conf (ISSCC), 2014:472-473.

第 1 章　SAR A/D 转换器设计基础

SAR A/D 转换器结构简单，数字化特征明显，而且一般不需要线性增益模块单元，使其能够很好地适合现代集成电路工艺的演进路线，因此随着 CMOS 集成电路工艺的快速发展，最近几年 SAR A/D 转换器重新成为 A/D 转换器的研究热点。由于目前主流的 SAR A/D 转换器大部分是基于电荷分配式 D/A 转换器（DAC）结构设计的，所以本章主要介绍电荷重分配式 SAR A/D 转换器的基本原理，并介绍了 SAR A/D 转换器的主要性能参数指标。

1.1　SAR A/D 转换器的工作原理

SAR A/D 转换器非常适用于低功耗应用场合。SAR A/D 转换器采用逐次逼近的算法把模拟输入连续地转换成数字输出码，换而言之，通过二进制搜索法，SAR A/D 转换器每个时钟周期只能得到一位数字输出。

SAR A/D 转换器的基本结构框图如图 1.1 所示，为了提高共模噪声抑制能力和转换精度，通常 A/D 转换器会采用差分结构。SAR A/D 转换器基本的模块包括差分电容 DAC、比较器和 SAR 逻辑。

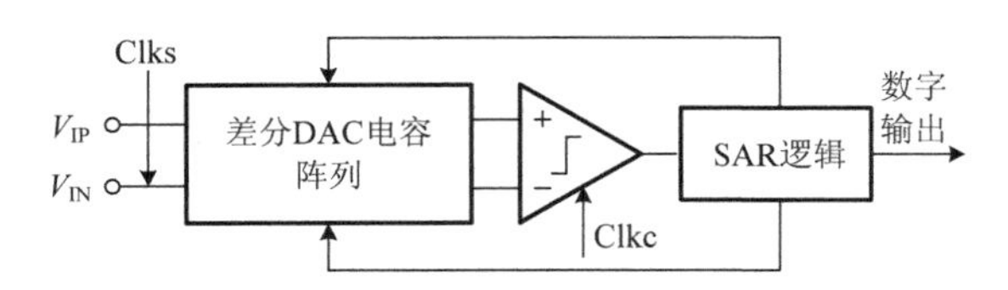

图 1.1　SAR A/D 转换器的基本结构框图

一般来说，差分电容 DAC 是由一组二进制权重的电容对组成的，从而能提高位电容之间的匹配性，同时也能减小寄生效应带来的影响。对于采用电容式 DAC 结构的 SAR A/D 转换器，DAC 本身也同时集成了采样保持的功能。比较器在时钟信号的控制下比较差分电容 DAC 的模拟输出，并将比较结果传递到 SAR 控制逻辑。SAR 根据比较器输出依次得到数字码并将其锁存以便转换完成后进行统一输出，同时通过相应的逻辑产生控制信号，控制差分电容 DAC 完成逐次逼近的过程。图 1.2 中示意了一个 N 位差分 SAR A/D 转换器工作时序，DAC 完成逐次逼近的波形图和数字输出码。其工作过程如下：第一个比较周期，V_{IP} 大于 V_{IN}，所以 $D_1 = 1$，同时 V_{IP} 和 V_{IN} 分别向共模电平平移 $1/4V_{REF}$；第二个周期，V_{IP} 仍旧大于 V_{IN}，所以 $D_2 = 1$，同时 V_{IP} 和 V_{IN}

分别向下和向上平移 $1/8V_{\mathrm{REF}}$；第三个周期，V_{IP} 小于 V_{IN}，所以 $D_3=0$，此时 V_{IP} 向上平移 $1/16V_{\mathrm{REF}}$，而 V_{IN} 向下平移 $1/16V_{\mathrm{REF}}$；这个过程一直重复到整个转换完成。

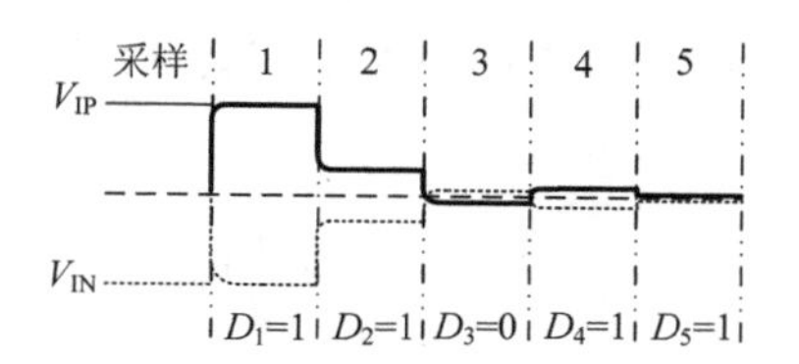

图 1.2　DAC 逐次逼近工作时序

1.2　电荷再分配 D/A 转换电路

基于电荷再分配 D/A 转换器结构的 SAR A/D 转换器最早于 1970 年由加州大学伯克利分校的 McCreary 等提出[1, 2]，电荷再分配 D/A 转换器利用电容之间的电荷再分配完成二进制搜索算法，因此功耗一般比较小。同时由于 CMOS 工艺中的集成电容具有良好的匹配性，所以采用此结构的 A/D 转换器能够达到较高的精度。

1.2.1　二进制权重电容 D/A 转换器

图 1.3 示意了一个 N 位二进制权重的电容 D/A 转换器。电容 D/A 转换器是由一组按比例因子 2 逐次衰减的电容组成的，即 $2^{N-1}C$、$2^{N-2}C$、…、$2C$、C、C，其中 C 为单位电容，其中最后一个电容 C 为 Dummy 电容，只参与采样过程，转换过程中始终接地。

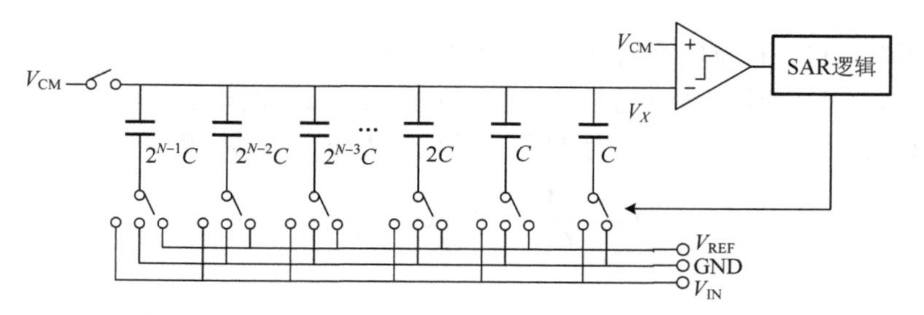

图 1.3　N 位二进制权重的电荷再分配 D/A 转换器

采样阶段，所有电容的下极板接 V_{IN}，上极板接 V_{CM}，则此时上极板存储的电荷为

$$Q_X = C_{\mathrm{total}}(V_{\mathrm{CM}} - V_{\mathrm{IN}}) \tag{1.1}$$

式中，$C_{\mathrm{total}} = 2^N C$。

保持阶段，所有电容的下极板接地，上极板断开与共模电平 V_{CM} 连接，则此时上极板的电压为

$$V_X = V_{\mathrm{CM}} - V_{\mathrm{IN}} \tag{1.2}$$

在电荷再分配阶段，首先把最高位电容的下极板接基准电压 V_{REF}，其他电容下极板依然保持接地，则由上极板的电荷守恒可得

$$2^N C(V_{\mathrm{CM}} - V_{\mathrm{IN}}) = 2^{N-1}C(V_X - V_{\mathrm{REF}}) + 2^{N-1}C \cdot V_X \tag{1.3}$$

即

$$V_X = V_{\mathrm{CM}} - V_{\mathrm{IN}} + \frac{1}{2}V_{\mathrm{REF}} \tag{1.4}$$

比较器通过比较 V_{CM} 和 V_X 的大小确定 MSB。如果 $V_{\mathrm{IN}} > 1/2V_{\mathrm{REF}}$，即 $V_X < V_{\mathrm{CM}}$，则比较器输出结果为 1，MSB 为 1；否则，如果 $V_{\mathrm{IN}} < 1/2V_{\mathrm{REF}}$，即 $V_X > V_{\mathrm{CM}}$，则比较器输出结果为 0，MSB 为 0，此时重新把最高位电容接地。然后把次高位电容接地，由电荷守恒原理可以得到此时电压 V_X 增加 $1/4V_{\mathrm{REF}}$，根据比较器的结果就可以得到次高位是 1 还是 0。若该位为 1，则电容保持不变，否则该位为 0，次高位电容重新接地。以此类推，直到最低位（LSB）确定，整个转换过程结束。随着转换过程 V_X 最终会逼近 V_{CM}，根据不同的比较器输出，V_X 可以表示为

$$V_X = V_{\mathrm{CM}} - V_{\mathrm{IN}} + \sum_{i=1}^{N} b_i \frac{C_i}{C_{\mathrm{total}}} V_{\mathrm{REF}} \tag{1.5}$$

则数字输出 $D = [b_{N-1}, b_{N-2}, \cdots, b_1]$。

对于二进制权重的电容 D/A 转换器，单位电容的个数和面积与精度 N 呈指数性增长，因此一般不会超过 10 位。

1.2.2 分段式电容 D/A 转换器

为了缓解二进制权重电容的单位电容个数和面积的问题，文献[6]提出了两级分段式电容阵列，如图 1.4 所示。两级分段式电容阵列由两个二进制权重的电容子阵列通过一个耦合电容 C_s 连接构成，假设高位有 M 位，低位有 L 位，则其中耦合电容的电容值为

$$C_s = \frac{C_{\mathrm{sum,LSB}}}{C_{\mathrm{sum,LSB}} - 1} C = \frac{2^L}{2^L - 1} C \tag{1.6}$$

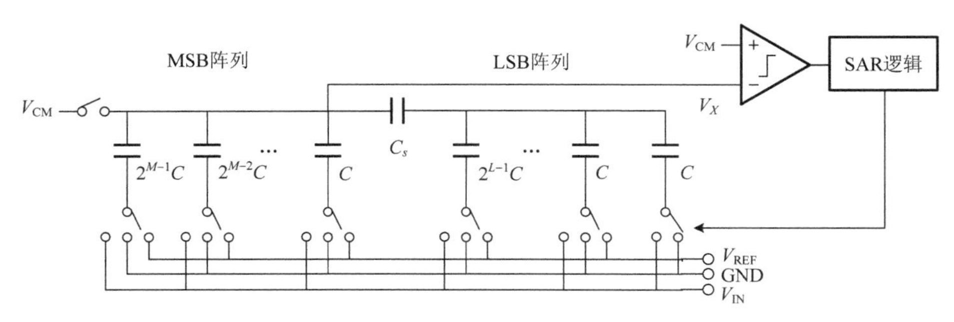

图 1.4　M+L 位分段式的电荷再分配 D/A 转换器

此种两级分段式电容D/A转换器结构在速度、功耗和面积等方面都有明显的优势，但是，缩放电容 C_s 是一个非整数倍电容，这在实际工艺制作过程中很难保证其准确性。

1.2.3　*C*-2*C* 式电容 D/A 转换器

图 1.5 示意的 *C*-2*C* 式电容 D/A 转换器实质上是两级分段式电容阵列的变形，这种结构能进一步减少单位电容的个数，降低电容的开关功耗，使得电容的面积和功耗与精度呈线性增加。但是 *C*-2*C* 电容结构对寄生电容非常敏感，从而降低了 A/D 转换器的有效精度，一般需要采取校准技术。

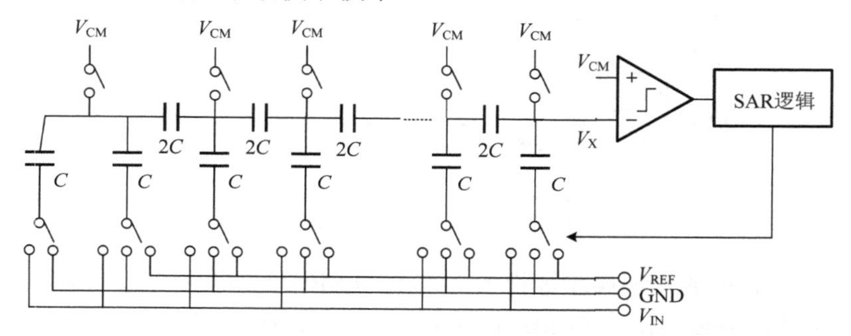

图 1.5　*C*-2*C* 式电荷再分配 D/A 转换器

1.3　SAR A/D 转换器的性能指标

了解 SAR A/D 转换器的性能指标，对于理解其设计方法非常重要。将 A/D 转换器的特性分为两类：静态特性和动态特性。静态性能参数主要包括增益误差、失调误差、DNL 和 INL。动态参数包括采样频率、SNR、SNDR、ENOB、SFDR、THD 等[3-5]。

1.3.1　静态特性参数

静态特性参数是在低频下或者固定输入电压下就能测量得到的参数，这些参数从不同角度反映了 A/D 转换器的实际量化曲线相对于理想曲线产生的偏差。很多静态特性参数在流片前无法精确测量，更加需要仔细分析优化。

1）失调误差

A/D 转换器的失调误差（offset error）是指实际量化曲线的第一个转换电平偏离理想特性曲线的量，如图 1.6 所示，A/D 转换器的失调误差是 1.5LSB。

失调改变了传输特性，所有量化阶梯都整体移动了一个 A/D 转换器失调量的偏差，因而失调会导致输入信号动态范围的降低，如工作电压为 1.0V 的 10 位 SAR A/D 转换器具有 6mV 的失调误差，即

$$N = 6/(1/1024) = 6(\text{LSB}) \tag{1.7}$$

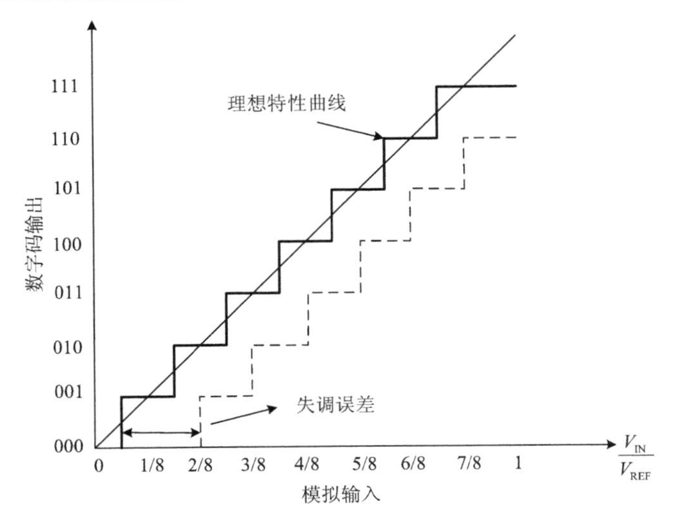

图 1.6　失调误差示意图

由此可知，6mV 的失调误差等价于引入了 6LSB 的误差，即使分辨率是 10 位，但是每次转换过程中必须扣除 6LSB 来消除失调误差，所以实际输出的满量程值只有 $1\text{V}\times(1018/1024)=0.994\text{V}$。如果失调电压是−6mV，在接近 0 的模拟输入将不会有任何的输出电压，直到输入电压增加到 6mV 时才会开始输出，这同样会导致输入范围的减小。但这也说明，失调可以通过调节输入范围而校准。失调可以用 LSB 来度量。

2）增益误差

增益误差（gain error）是指 A/D 转换器实际量化曲线的斜率相对于理想特性曲线斜率存在的偏差。如图 1.7 所示，增益误差反映了传输特性直线斜率的误差。与失调误差相似，增益误差的存在同样会导致输入满量程时无法完全输出数字码，导致 A/D 转换器的动态范围降低。

3）DNL 误差

DNL 指的是 A/D 转换器实际量化曲线数字码的转换宽度与理想台阶 Δ 的宽度之差。假设 X_k 是相邻码 $k-1$ 和 k 之间的跳变点，则二进制码 k 的宽度为

$$\Delta(k)=X_{k+1}-X_k \tag{1.8}$$

则

$$\text{DNL}=(\Delta(k)-\Delta)/\Delta \tag{1.9}$$

如图 1.8 所示，DNL 通常以 LSB 来衡量，当 DNL 误差小于 ±1LSB 时，可以保证无漏码。

4）INL 误差

INL 是实际的特性曲线相对于理想的特性曲线在水平方向上的最大差值，常用

LSB 来度量，表征 A/D 转换器实际转换电平与理想转换电平的偏离程度，如图 1.8 所示。

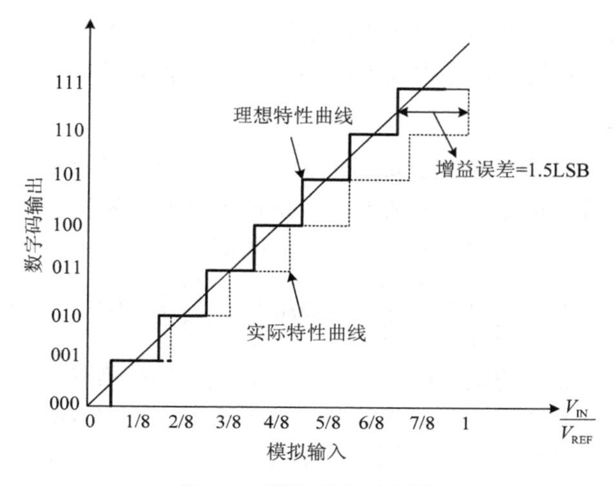

图 1.7　增益误差示意图

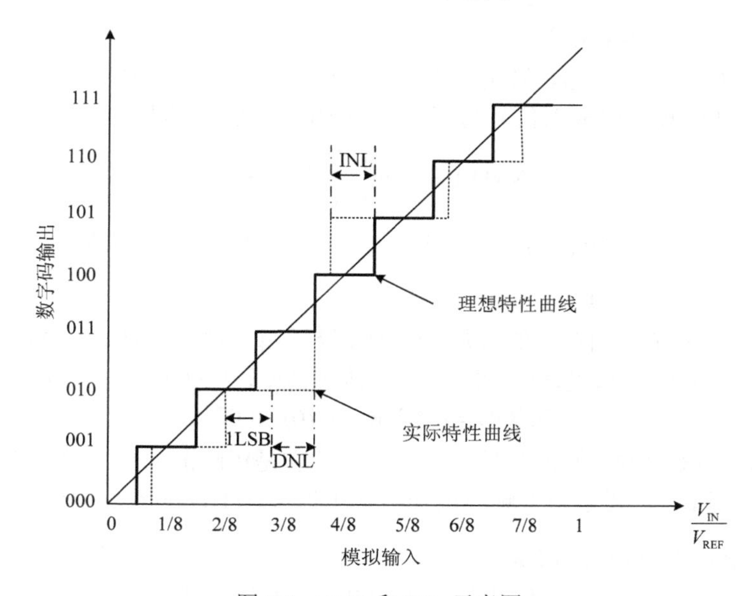

图 1.8　DNL 和 INL 示意图

INL 和 DNL 在噪声谱上结果显示不同的信息。假设 DNL 分为相关部分和非相关部分，则相关部分的累加构成了 INL 的主要来源，非相关部分的累加可以等效成噪声。因为 DNL 的相关部分较小，不会造成失码，可以忽略，所以大的 DNL 是一个额外的噪声来源。它被累加入量化噪声中，降低了信噪比，从而降低了 A/D 转换器的精度。大的 INL 意味着转换曲线与理想直线之间存在大的偏移，因此导致了谐波失真。

1.3.2　动态特性参数

A/D 转换器的动态特性参数表示不同采样速率、不同输入信号频率等情况下的特性参数，在输入带宽和转换速率很高的时候，动态性能变得非常关键。

1）信噪比（SNR）

SNR 是在一定频带内忽略失真成分的输入信号与噪声的能量之比。对于一个理想的 A/D 转换器，只考虑量化噪声的情况下，SNR 可以表示为满刻度输入范围的均方根与量化噪声均方根的比值。假设输入信号是正弦信号，则

$$\mathrm{SNR}=20\lg\left(\frac{V_{\mathrm{REF}}/2\sqrt{2}}{V_{\mathrm{REF}}/2^{N}\sqrt{12}}\right)=20\lg\left(2^{N}\sqrt{\frac{3}{2}}\right)=(6.02+1.76)\mathrm{dB} \tag{1.10}$$

式中，V_{REF} 是满量程输入的电压值；N 为 A/D 转换器的转换精度。

由于量化噪声是系统噪声，即使是理想 A/D 转换器的 SNR 也无法做到无穷大。可以用过采样的技术来优化 SNR，因为过采样技术可以在远高于信号频率下工作，将噪声谱扩展到很宽的频域内，有效地降低了某一频段内的噪声。

2）信噪失真比（SNDR）

对于实际的 A/D 转换器，量化噪声以外的谐波和杂散信号是不能忽略的，于是用 SNDR 来表示某一频带内输入信号与所有噪声的能量之比，即

$$\mathrm{SNDR}=20\lg\left(\frac{A_{\mathrm{input}}}{A_{N+D}}\right)\mathrm{dB} \tag{1.11}$$

式中，A_{input} 是输入信号的能量；A_{N+D} 是输入信号以外的噪声和谐波能量。

3）有效位数（ENOB）

作为一个与 SNDR 相对应的参数，ENOB 经常用来替代 SNDR，表示一个 A/D 转换器在特定的输入频率和采样速度时的实际转换精度，ENOB 可表示为

$$\mathrm{ENOB}=(\mathrm{SNDR}-1.76)/6.02 \tag{1.12}$$

相对于 SNDR，SNR 的值总是更加优良，但它是粗略的，随着输入频率的增加，ENOB 会相应降低，主要是由于频率增加引入了谐波，THD 变差，相应的 SNDR 降低。

4）无杂散动态范围（SFDR）

SFDR 是在一定频带内，输出信号中的基波分量与最大杂散信号的能量之比，反映了在该频带内杂散信号对输出信号最大的干扰，SFDR 可表示为

$$\mathrm{SFDR}=20\lg\left(\frac{A_{\mathrm{input}}(\mathrm{rms})}{A_{\mathrm{spur\_max}}(\mathrm{rms})}\right)\mathrm{dB} \tag{1.13}$$

式中，$A_{\mathrm{input}}(\mathrm{rms})$ 表示输入正弦信号情况下输出信号的基波分量的均方根值；$A_{\mathrm{spur\_max}}(\mathrm{rms})$ 表示输出的最大杂散信号的功率。

对于某些通信领域内的应用，需要尽可能大的 A/D 转换器动态范围，SFDR 显得尤其重要。SAR A/D 转换器对小输入信号的转换会受到杂散信号的严重限制，如果失真信号比基波信号大很多，那么这将明显地降低 A/D 转换器的动态范围。一个能量很大的杂散信号出现在特定的频域内对 SNDR 可能不会造成显著的影响，但会严重影响 SFDR。

5）总谐波失真（THD）

THD 是 A/D 转换器输出信号中所有的谐波分量与基波信号能量之比，可表示为

$$\mathrm{THD} = 20\lg\left(\frac{\sqrt{A^2_{\mathrm{HD2}}(\mathrm{rms}) + A^2_{\mathrm{HD3}}(\mathrm{rms}) + \cdots + A^2_{\mathrm{HD}m}(\mathrm{rms})}}{A_{\mathrm{input}}(\mathrm{rms})}\right) \tag{1.14}$$

式中，A_{input} 是 A/D 转换器输出基波分量的均方根值；$A_{\mathrm{HD}k}(\mathrm{rms})$表示输出信号第 k 次谐波均方根值[5]，k 的取值从 1～m。

6）优值（FOM）

一般优值（FOM）用来对比不同 A/D 转换器的功耗效用，其定义为

$$\mathrm{FOM} = \frac{\mathrm{Power}}{\min\{f_s, 2\times\mathrm{ERBW}\}\times 2^{\mathrm{ENOB}}} \tag{1.15}$$

式中，f_s 是采样速率；ENOB 是有效带宽对应的有效位数；ERBW 是有效输入带宽。

参 考 文 献

[1] McCreary J, Gray P. All-MOS charge redistribution analog-to-digital conversion techniques-part 1. IEEE J Solid-State Circuit, 1975, 10(6):371-379.

[2] Yee Y S, Terman L M, Heller L G. A two-stage weighted capacitor network for D/A-A/D conversion. IEEE J Solid-State Circuit, 1979, 14(4): 778-781.

[3] 杨银堂，朱樟明，朱臻. 高速 CMOS 数据转换器. 北京：科学出版社, 2006: 8.

[4] Scott M D, Boser B E, Pister K S J. An ultralow-energy ADC for smart dust. IEEE Solid-State Circuit, 2003, 38(7):1123-1129.

[5] 佟星元. 纳米级 CMOS 逐次逼近 A/D 转换器设计研究与实现. 西安：西安电子科技大学, 2011.

[6] Wei H G, Chan C H, Chio U F, et al. An 8-b 400-MS/s 2-b-per-cycle SAR ADC with resistive DAC. IEEE J. Solid-State Circuit, 2012, 47(11): 2763-2772.

第 2 章　低功耗 SAR A/D 转换器关键设计技术

降低集成电路的电源电压，是降低集成电路功耗最直接有效的途径。同时，伴随着便携式生物医学传感系统、无线体域网（WBAN）、无线传感器网络的兴起，低压 A/D 转换器的设计显得更为迫切。例如，采用无线能量获取技术、太阳能电池供电的设备所提供的电源电压一般相对有限。降低电源电压可以有效地减小数字电路的功耗，而对于模拟集成电路，考虑到噪声、摆幅和精度等因素的要求，SAR A/D 转换器中模拟集成电路的设计成为低压技术的瓶颈。虽然 SAR A/D 转换器没有对其模拟模块的线性度有很高的要求，但采样开关电路和比较器限制了电源电压下降的幅度，例如，电源电压过低会导致采样开关的导通电阻增加，并使其随输入电压变化，从而引入非线性失真。为解决以上问题，通常可以采用电荷泵（CP）和栅压自举电路来减小采样开关的导通电阻，提高采样开关的线性度。采用低阈值电压器件或者衬底驱动技术也能在一定程度上满足低压 A/D 转换器的设计要求。此外，在比较器电路设计方面，使用结构较为简单的比较器并使晶体管工作在弱反型区等方法也可以满足低电源电压的要求。

随着 CMOS 集成电路工艺的进步，沟道长度进一步减小，工作电压越来越低，漏电现象也是十分严重的一个问题。近期有很多大学、研究机构从事这方面研究工作，日本庆应义塾大学、西安电子科技大学、成都电子科技大学等都有研究成果发表。针对漏电现象，庆应义塾大学的 Sekimoto 等使用高低阈值器件组合和电源功率管栅压自举控制等技术实现了一种 9 位的 SAR A/D 转换器，在 0.4V 电源电压、0.1kS/s 采样速率下，功耗仅 560pW[1]。成都电子科技大学的 Zhou 等在 2012 年 IEEE CICC 会议上报道一种基于 130nm CMOS 工艺的超低压 SAR A/D 转换器，该 A/D 转换器最低工作电压为 160mV，采样速率达 40kS/s，功耗仅为 670nW[2]。西安电子科技大学在 2014 年的 IET CDS 期刊上发表了一种基于 65nm CMOS 工艺的 0.35V 27.8kS/s 10 位 SAR A/D 转换器[3]，功耗达到 25.2nW，有效位数为 8.4 位，FOM 为 2.7fJ/Conv.-Step。

本章从电容开关时序、动态比较器设计和 SAR 控制逻辑等多个方面阐述了低功耗 SAR A/D 转换器关键设计技术。

2.1　高效电容开关时序

对于 SAR A/D 转换器，主要的功耗来源是电容阵列、比较器和 SAR 逻辑。CMOS 工艺的发展进一步减小了数字电路的功耗，而对于采用全动态比较器的 SAR A/D 转换器，比较器的功耗主要由噪声和采样速率决定，因此电容阵列的功耗是决定 SAR A/D

转换器整体功耗的最主要因素。显然，从功耗的角度来考虑，电容阵列的单位电容取值应当越小越好，但是单位电容的最小取值是由噪声和电容失配决定的，一般来说电容失配起主要作用。最近几年，国内外研究人员提出了节能电容开关时序、单调电容开关（MCS）时序和 V_{CM}-based 电容开关时序等多种高效的电容开关方案，显著地减小了电容阵列的开关功耗。下面将对这几种常见的电容开关时序进行简要的介绍。

2.1.1　传统电容开关时序

图 2.1 是采用传统电容开关时序 3 位 SAR A/D 转换器的每一步转换可能发生的情况，同时标注了每一种情况消耗的开关能量。对于传统电容开关时序，一个 N 位差分 SAR A/D 转换器需要 2^N 个单位电容。传统电容开关时序采用下极板采样，其工作过程如下：采样阶段，所有电容的上极板接基准电压 V_{REF}，同时下极板对输入信号进行采样。采样结束后，与比较器正输入端相连电容阵列的最高位电容接 V_{REF}，其余电容接地，与比较器负输入端相连的电容阵列接法相反，即最高位电容接地，其余电容接 V_{REF}。然后比较器开始第一次比较。如果 V_{IP} 大于 V_{IN}，则 MSB = 1；否则 MSB = 0，同时正输入端的最高位电容接地，负输入端的最高位电容接 V_{REF}。然后正输入端的次高位电容接 V_{REF}，负输入端的次高位电容接地。比较器开始第二次比较，得到次高位数字码。这个过程重复直到 LSB 确定。

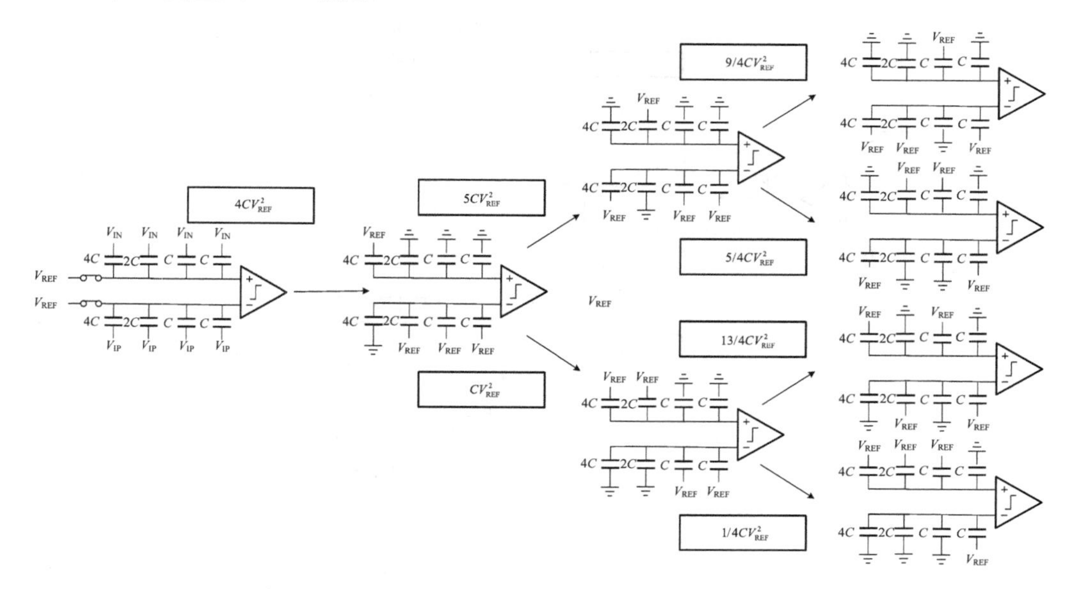

图 2.1　采用传统电容开关时序 3 位 SAR A/D 转换器的开关功耗示意图

对于 N 位采用传统电容开关时序的差分 SAR A/D 转换器，假设每个数字码出现的概率相同，则平均功耗可表示为

$$E_{\text{avg,conv}} = \sum_{i=1}^{N} 2^{N+1-2i}(2^{i}-1)CV_{\text{REF}}^{2} \tag{2.1}$$

2.1.2　节能电容开关时序

从 2.1.1 节中，可以看出传统电容开关时序在开关过程中消耗了大量的能量。为了减小开关能量，台湾大学的 Chang 等对传统电容开关时序进行了改进，提出了节能电容开关时序[4]。图 2.2 示意了采用节能电容开关时序 3 位 SAR A/D 转换器每一步转换可能发生的情况，同时标注了每一种情况消耗的开关能量。节能开关时序把次高位电容拆分成了与剩余低位电容阵列完全相同的二进制阵列。与传统电容开关时序相比，节能电容开关时序在第一步开关动作不消耗能量，从而能显著减小电容开关能量。采

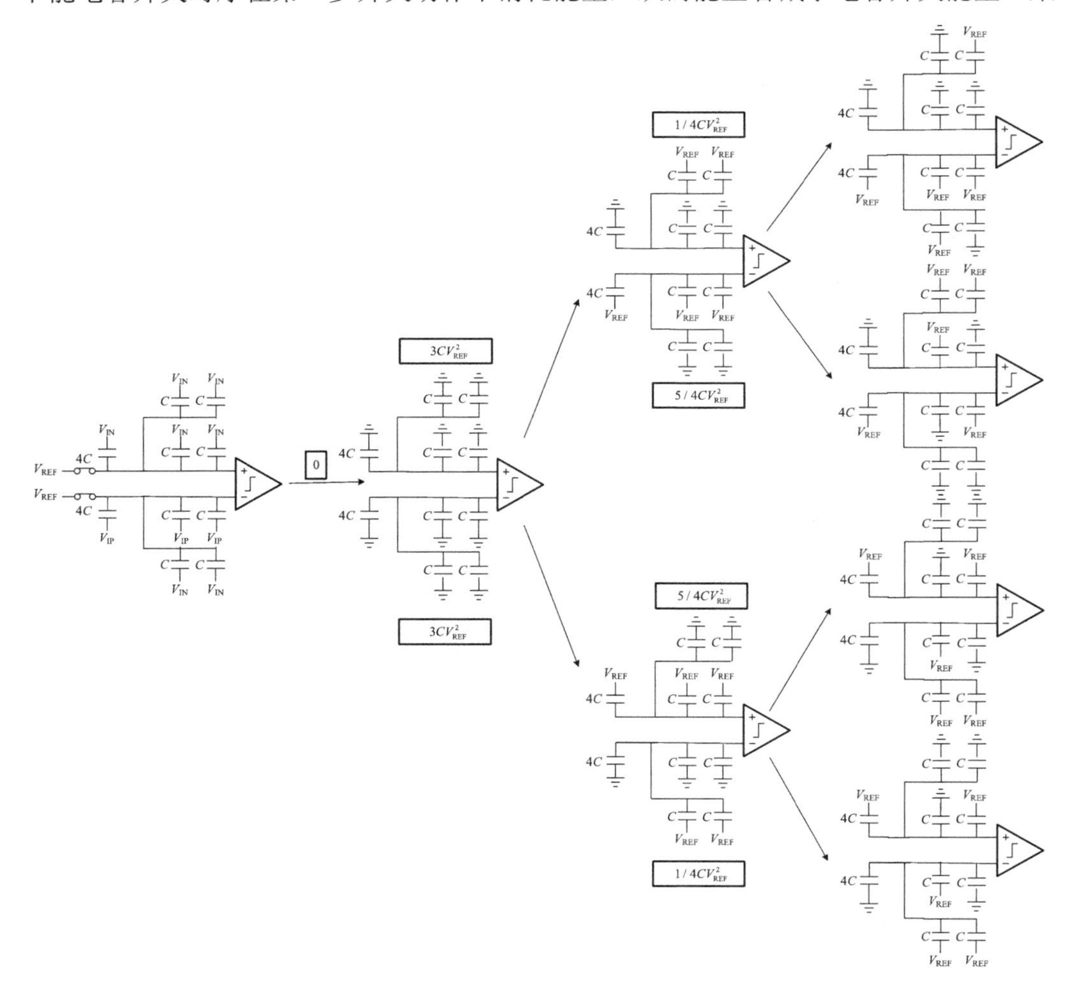

图 2.2　采用节能电容开关时序 3 位 SAR A/D 转换器的开关功耗示意图

样结束后，所有电容的下极板均接地，由于这一步完全是无源的，所以并不消耗能量。然后比较器开始第一次比较。如果 V_{IP} 大于 V_{IN}，则 MSB=1，同时比较器正输入端的次大电容阵列下极板接 V_{REF}，而比较器负输入端的除次大电容阵列外的其他电容下极板接 V_{REF}。否则 MSB=0，差分电容阵列下极板的接法与 MSB=1 的情况相反。比较器开始第二次比较，得到次高位数字码。这个过程重复直到 LSB 确定。

对于 N 位采用节能电容开关时序的差分 SAR A/D 转换器，假设每个数字码出现的概率相同，则平均功耗可表示为

$$E_{\text{avg,ener-saving}} = 3 \cdot 2^{N-3} + \sum_{i=3}^{N} 2^{N+1-2i}(2^{i-1}-1)CV_{\text{REF}}^2 \tag{2.2}$$

对比式（2.1）和式（2.2）可知，相比于传统电容开关时序，节能电容开关时序的平均开关功耗减小了 56%。

2.1.3　单调电容开关时序

图 2.3 示意了采用单调电容开关时序 3 位 SAR A/D 转换器每一步转换可能发生的情况，同时标注了每一种情况消耗的开关能量[5]。对于单调电容开关时序，一个 N 位差分 SAR A/D 转换器仅需要 2^{N-1} 个单位电容，因而其所需单位电容的数量比传统电容开关时序减少了一半。单调电容开关时序采用上极板采样，采样阶段，所有电容的下极板接基准电压 V_{REF}，同时上极板对输入信号进行采样。采样结束后，采样开关断开，

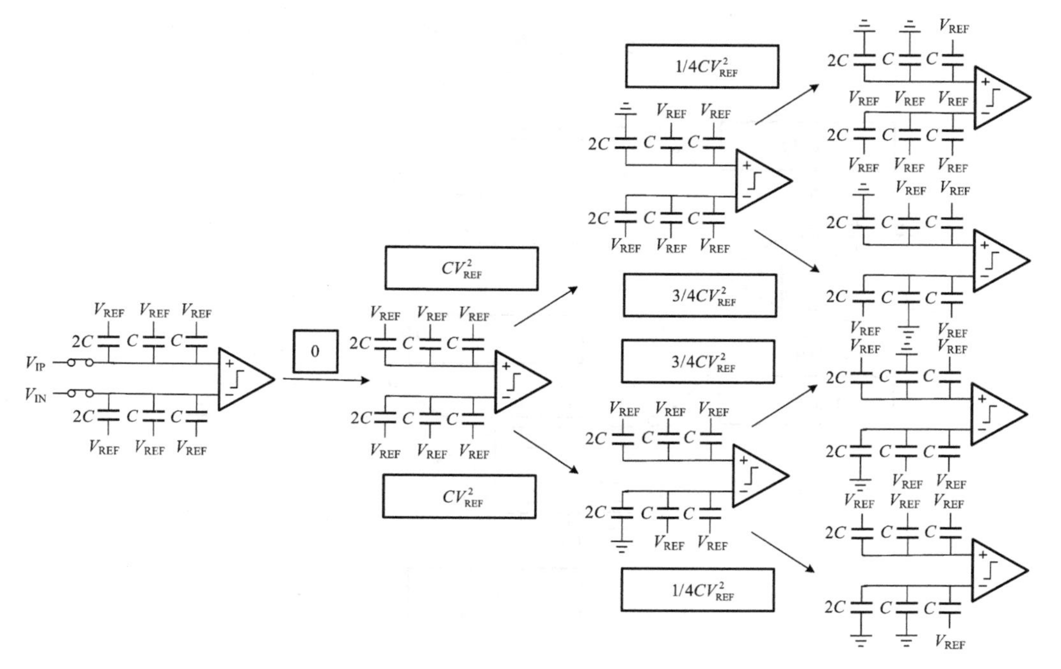

图 2.3　采用单调电容开关时序 3 位 SAR A/D 转换器的开关功耗示意图

比较器直接进行第一次比较，这一步不消耗开关能量。与比较器正输入端相连电容阵列的最大电容接 V_{REF}，其余电容接地，如果 V_{IP} 大于 V_{IN}，则 MSB = 1，同时与比较器正输入端相连电容阵列的最大电容接地；否则 MSB = 0，同时与比较器负输入端相连电容阵列的最大电容接地，其余电容接法保持不变。然后比较器开始第二次比较，得到 MSB−1 位数字码，并根据比较器输出把比较器输入电压较高一端相应的位电容接地。这个过程重复直到 LSB 确定。

对于 N 位采用单调电容开关时序的差分 SAR A/D 转换器，假设每个数字码出现的概率相同，则平均功耗可表示为

$$E_{\text{avg,mono}} = \sum_{i=1}^{N-1}(2^{N-2-i})CV_{\text{REF}}^2 \tag{2.3}$$

对比式（2.1）和式（2.3）可知，相比于传统电容开关时序，单调电容开关时序的平均开关功耗减小了 81%。

2.1.4　V_{CM}-based 电容开关时序

2010 年，澳门大学的 Zhu 等对采用 V_{REF}、V_{CM} 和地三个电平作为电容阵列的基准电压，提出了 V_{CM}-based 电容开关时序[6]。图 2.4 示意了采用 V_{CM}-based 电容开关时序

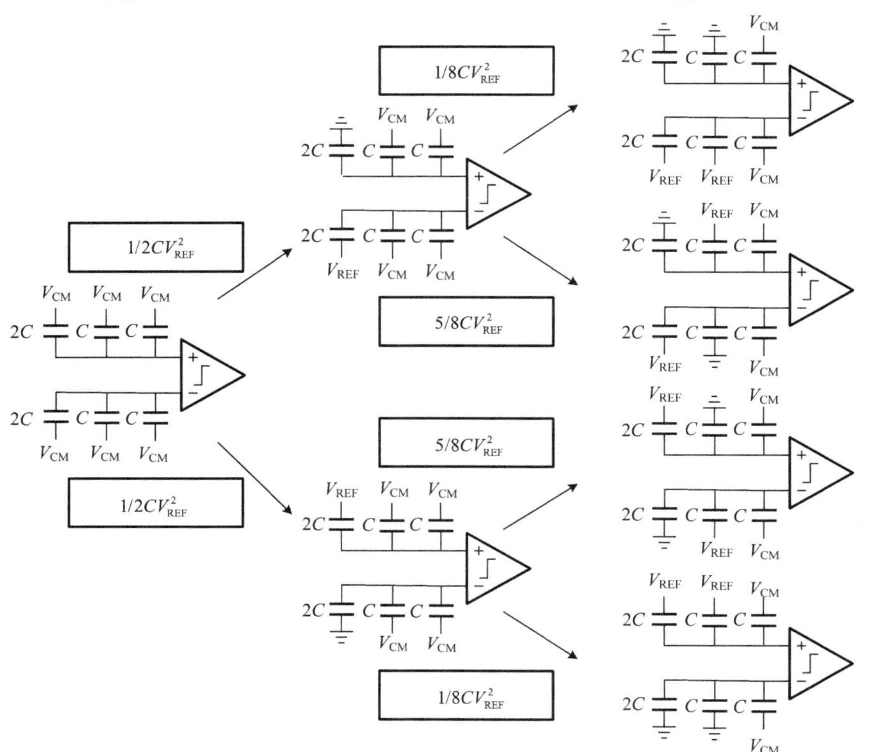

图 2.4　采用 V_{CM}-based 电容开关时序 3 位 SAR A/D 转换器的开关功耗示意图

3 位 SAR A/D 转换器每一步转换可能发生的情况，同时标注了每一种情况消耗的开关能量。对于 V_{CM}-based 电容开关时序，一个 N 位差分 SAR A/D 转换器仅需要 2^{N-1} 个单位电容，与单调电容开关时序相同。采样阶段，所有电容的下极板均接 V_{CM}，上极板对输入信号进行采样。采样结束后，采样开关断开，比较器直接进行第一次比较。如果 V_{IP} 大于 V_{IN}，则 MSB=1，同时比较器正输入端的最大电容阵列下极板接地，比较器负输入端的最大电容的下极板接 V_{REF}；否则 MSB=0，同时比较器正输入端的最大电容阵列下极板接 V_{REF}，比较器负输入端的最大电容的下极板接地。然后比较器开始第二次比较，得到 MSB−1 位数字码。这个过程重复直到 LSB 确定。

对于 N 位采用 V_{CM}-based 电容开关时序的差分 SAR A/D 转换器，假设每个数字码出现的概率相同，则平均功耗可表示为

$$E_{\text{avg},V_{CM}\text{-based}} = \sum_{i=1}^{N-1} 2^{N-2-2i}(2^i - 1)CV_{REF}^2 \tag{2.4}$$

对比式（2.1）和式（2.4）可知，相比于传统电容开关时序，V_{CM}-based 电容开关时序的平均开关功耗减小了 87%。

2.1.5　开关功耗分析

从前面的分析可知，相比于传统电容开关时序，节能电容开关时序、单调电容开关时序和 V_{CM}-based 电容开关时序都显著地减小了电容阵列的开关功耗。为了更直接地示意这几种电容开关时序开关功耗随数字码的变化情况，采用 MATLAB 分别建立了采用上述电容开关时序 10 位差分 SAR A/D 转换器的行为级模型。图 2.5 示意了这几种电容开关时序功耗随数字码的变化情况，V_{CM}-based 电容开关时序的能耗是最低的，但是新型低功耗电容开关时序仍然在不断涌现。

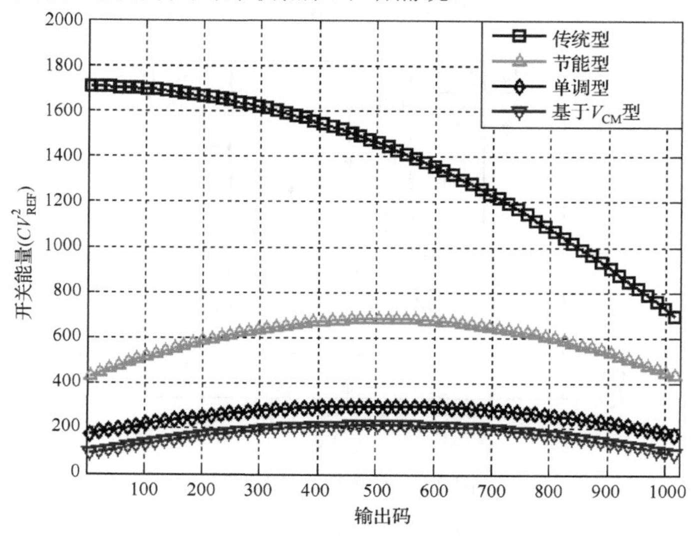

图 2.5　开关功耗随数字码的变化关系

2.2　CMOS 比较器

比较器是 A/D 转换器的基本模块之一。比较器用于比较一个模拟信号和另一个模拟信号或参考信号的大小，输出二进制数字信号，简单地说，一个比较器就是一个一位的 A/D 转换器。常见的比较器类型可以分为两大类；一类是开环比较器；另一类是动态锁存比较器，也称为再生比较器。动态锁存比较器因其功耗低、速度快等优点而广泛应用在低功耗 A/D 转换器中。在低速 A/D 转换器中，时域比较器也是低功耗设计不错的选择。比较器作为 A/D 转换器系统中把模拟信号转换成数字信号的接口电路，对整个 SAR A/D 转换器的性能有很大的影响。这里将对低功耗 SAR A/D 转换器中几种常见的动态比较器进行一个简要的介绍。

2.2.1　基本动态锁存比较器

锁存比较器也称为钟控比较器，其基本工作原理是放大与正反馈。一种常见的动态锁存比较器如图 2.6 所示[7]。锁存型比较器有两种工作状态：复位阶段和再生阶段。在复位阶段（Clk 为低），M_1 管关断，同时比较器的输出 Out+和 Out–通过复位管 M_4 和 M_5 复位到 V_{DD}。再生阶段（Clk 为高），M_1 管导通，比较器的输入对管开始以不同的放电速率对 D_i 节点放电。一旦其中一个节点的电压下降到 $V_{DD}-V_{TN}$，则交叉耦合反相器的 NMOS 管开始导通，继而开始对输出节点 Out 放电，比较器进入正反馈阶段。当输出节点的电压下降到 $V_{DD}-|V_{TP}|$时，交叉耦合反相器的 PMOS 管开始导通，最终通过正反馈作用将一个输出上拉到 V_{DD}，另一个输出下拉到地。

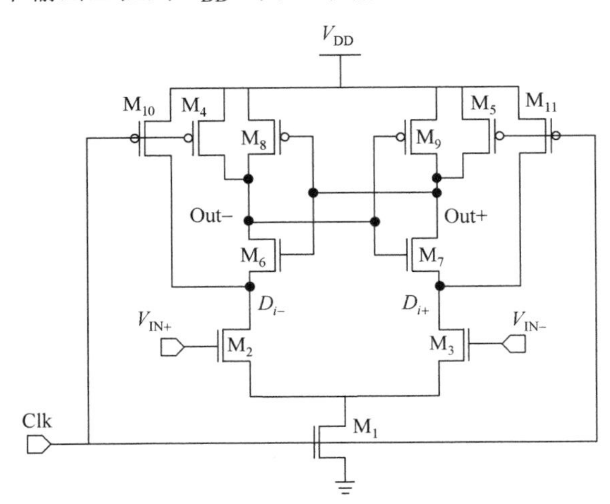

图 2.6　动态锁存比较器

一般的锁存器都存在着较大的输入失调电压。在这种结构中，由于输入对管的漏端在复位阶段被充电到 V_{DD}，从而增加了输入对管在再生阶段处于饱和区的时间，这就意味着能获得更大的增益，进而能减小等效输入失调电压。可以通过增加输入管尺寸，以及预放大级或者采用输入失调电压校准的方法来减小输入失调电压，但是这都是以增加额外的功耗为代价的。文献[8]指出这种动态比较器的失调电压还强依赖于比较器的速度和输入共模电压 V_{CM}，因此并不适用于宽共模电压范围的 A/D 转换器系统[8]。输入对管的漏极电压具有轨到轨的偏移，会形成较大的回踢噪声。对于高精度 SAR A/D 转换器，回踢噪声使 A/D 转换器的转换产生误差，从而恶化 A/D 转换器的整体性能。减小输入管或者增加输入电容可以减小回踢噪声的影响，但是结果是会增大输入失调电压或者增加电容 DAC 的功耗。此外，比较器在复位阶段没有电流通路，输入对管被关断；再生阶段触发后，电流开始流过输入对管，其 V_{DS} 很大，处于饱和状态，而当它们的漏极被拉至低电位时，它们会进入三极管区。这种工作状态的变化会对输入电压产生一定的影响。最后，这种比较器结构在轨到轨电源电压之间堆叠了 4 个晶体管，因此不适合超低压应用。

从上面的分析可以得出这种类型的 CMOS 比较器具有速度快、功耗低等优势，但是同样也产生了较大的输入失调电压和回踢噪声。

2.2.2　双尾电流型动态锁存比较器

为了克服 2.2.1 节中介绍的比较器失调随共模电压变化、不适合低压应用的缺点，文献[8]提出了一种由输入增益级和输出锁存器组成的比较器，如图 2.7 所示的双尾电流型动态比较器。这种结构的比较器在较宽共模电平范围内能保持较稳定的失调电压，同时也能工作在较低的电源电压下。通过合理地设定输入级和输出级尾电流管的尺寸，在小电流下输入管能更长时间地工作在饱和区，从而获得更大的增益、较快的速度和较低的失调电压。

比较器的工作过程如下：在复位阶段，Clk 为低，PMOS 管 M_4 和 M_5 把第一级输出阶段 D_i 预充电至 V_{DD}，同时第二级输出节点 Out 复位到地，而输入级和输出级的尾电流管 M_1 和 M_{12} 都关断。Clk 为高的时候，输入级的尾电流管导通，输出节点 D_i 开始从 V_{DD} 放电，由于输入电压的不同，放电速度也有所差异。所以，D_i 节点的电压差通过输出级的输入管 M_{10} 和 M_{11} 传递到输出节点 Out。当 D_i 节点共模电压下降到足够低，以至于不能将 Out 节点钳位到地时，锁存器开始再生阶段，通过正反馈使输出节点一端快速上升到 V_{DD}，另一端下拉到地。

由图 2.7 示意的电路结构可知，这种比较器需要 Clk 和 Clkb 两个时钟信号控制，由于第二级必须在有限的时间内检测出增益级输出的电压差，Clk 和 Clkb 之间需要满足很高精度的时序要求。如果只是用一个简单的反相器来实现 Clkb，Clk 必须有能力去驱动一个很大尺寸的反相器，因为 Clkb 必须在相当小的一个延时内导通输出级的尾电流管 M_{12}，否则将会导致更大的比较器传输延时，从而降低比较器的速度。

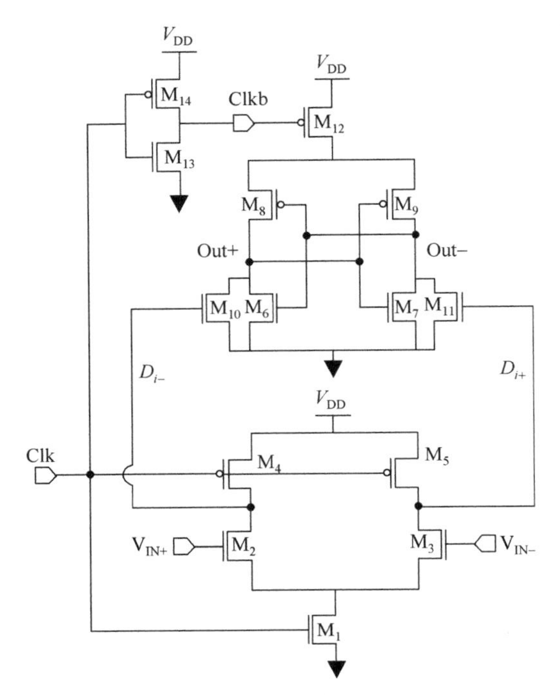

图 2.7　双尾电流型动态比较器

2.2.3　动态比较器的失调

动态比较器的失调主要分为两部分：静态失调（static offset）和动态失调（dynamic offset），下面分别对其进行简要的介绍。

（1）静态失调主要是指相同器件之间的失配，例如，比较器中对称晶体管的长宽尺寸、迁移率μ、C_{ox}参数、阈值电压等，这些失配一般都能够通过优化版图或者增大晶体管尺寸等方法来减小其影响。

对比较器影响最大的往往是差分输入对管，而关键节点的负载对管也有较大的影响。在近似计算比较器的静态失调电压时，可以把多对需要匹配的对管看成相互独立的变量，而比较器整体的静态失调就等于每一对需要匹配的对管引入的参考失调电压的总和。

（2）动态失调是指在比较器工作过程中，例如，差分路径内部节点上的寄生电容不匹配导致的动态失调误差，对于这部分误差，一般来说增大尺寸的方法并不能减轻其影响。

电路对称节点寄生电容失配的影响只会在电路工作的瞬态才会显示出来，所以被称为动态失调电压。例如，如果比较器差分输出节点到地的寄生电容不匹配，则在比较器进行比较的过程中，会因为寄生电容的充放电不一致而得到错误的比较结果。

对于 SAR A/D 转换器，比较器的输入失调电压在传输曲线上表现为一个水平的位移，不会影响 A/D 转换器的精度，但是会减小信号的输入范围。输入信号范围的减小只会在很小的程度上降低 SNDR，从而对 ENOB 的影响也在可接受范围内。为了减小失调电压，版图布局时必须充分考虑关键管的对称一致性，同时增加必要的 Dummy 管和 Dummy 布线。采用数字校准技术[9, 10]可以进一步减小失调电压，但是会增加额外的功耗，对于低功耗 SAR A/D 转换器不是必须的。

2.2.4 动态比较器的噪声

对于 SAR A/D 转换器，比较器的噪声会直接影响整体 A/D 转换器的性能。随着 CMOS 工艺的特征尺寸不断减小，电路的电源电压不断下降，这使得晶体管的噪声变得更大，而输入信号摆幅也随着工作电压的降低而逐渐减小，从而比较器的噪声对 A/D 转换器的影响变得更加显著。

为了考察比较器噪声对 A/D 转换器性能的影响，采用 MATLAB 对 10 位差分 SAR A/D 转换器进行了行为级建模，得出了 A/D 转换器的 ENOB 随比较器的等效输入噪声标准差的变化关系，如图 2.8 所示，其中参考电压设为 1.0V。由图 2.8 可知，当等效输入噪声为 0.5mV(0.25LSB)时，比较器的 ENOB 下降到 9.6 位，当等效输入噪声为 1.0mV(0.5LSB)时，比较器的 ENOB 仅有 9.0 位了。

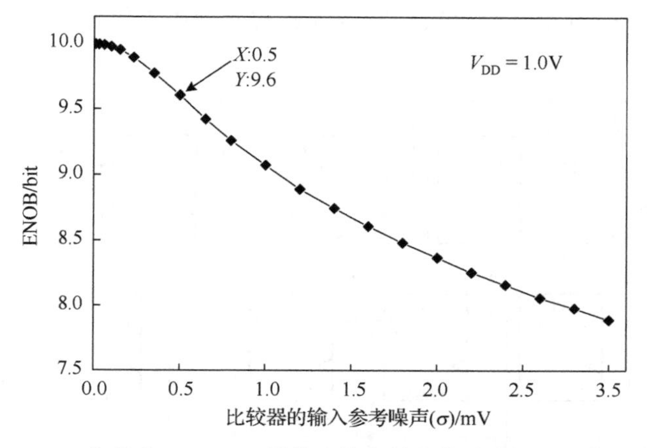

图 2.8　10 位差分 SAR A/D 转换器的有效位数随比较器噪声的变化

对于动态比较器，由于其工作状态的非线性，目前暂时缺乏较成熟的噪声模型，一般来说只能凭实际经验和不断的仿真验证来设计低噪声比较器。不过近几年已经有相关的文献通过对特定结构动态比较器的工作状态进行较为详细的分析，提出了一些相应的分析模型和较精确的噪声仿真方法。

2.3　SAR 控制实现技术

SAR A/D 转换器通过 SAR 控制逻辑来实现逐次逼近的过程。SAR 控制逻辑根据比较器的输出结果来持续地确定每一位的数字输出并产生控制信号切换电容阵列。一般来说，主要有两种基本的控制技术来实现 SAR 逻辑：一种是由 Anderson 提出来的，主要由环形计数器和移位寄存器组成，这种 SAR 逻辑至少需要 $2N$ 个触发器（N 为 A/D 转换器的位数），因而功耗较大[11]；另一种由 Rossi 等提出，主要由 N 个触发器和一些组合逻辑构成，相比于第一种 SAR 逻辑，功耗有一定程度的减小[12]。为了进一步减小 SAR 逻辑的功耗，研究人员不断对 SAR 控制模块电路进行改进，如采用单独设计触发器结构和动态逻辑控制单元。下面将对传统的 SAR 控制逻辑和基于动态逻辑的 SAR 控制技术进行简单的介绍。

2.3.1　传统的 SAR 控制逻辑

图 2.9 示意了由 Anderson 提出的 SAR 逻辑的简要框图。采样阶段，reset 信号把移位寄存器中第一个触发器的输出置 1，同时其余触发器的输出置 0，从而 D_8 也被置 1，D_7～D_0 被置 0。转换周期到来时，在时钟信号（Clk）的控制下，上面一排触发器的输出依次变成高电平，从而下面一排的触发器输出被依次置 1，同时它们各自的输出作为前一级触发器的时钟信号，因此 D_8～D_0 分别在被置位后根据比较器的输出结果（COMP）在下一个时钟上升沿再次触发得到逐次逼近逻辑信号。

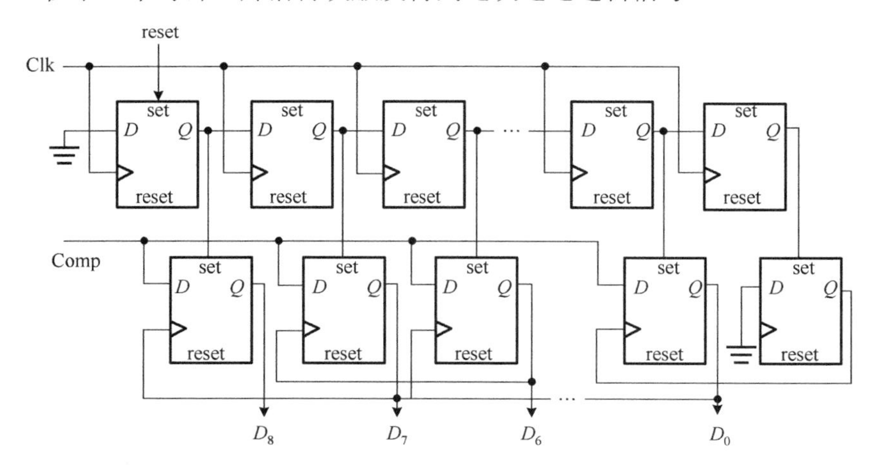

图 2.9　Anderson 提出的 SAR 逻辑

为了减少寄存器的数量，Rossi 提出了一种无冗余的 SAR 逻辑，对于 N 位 SAR A/D 转换器，只需要 N 个寄存器，如图 2.10 所示。寄存器有三个功能：移位、导入数据和记忆，其内部结构如图 2.11 所示。由于有 3 个输入信号，这种寄存器需要一个选择器

（MUX）和译码器为后接的 D 触发器（DFF）选择所需要的输入，Shift 是控制移位信号。译码逻辑如表 2.1 所示。

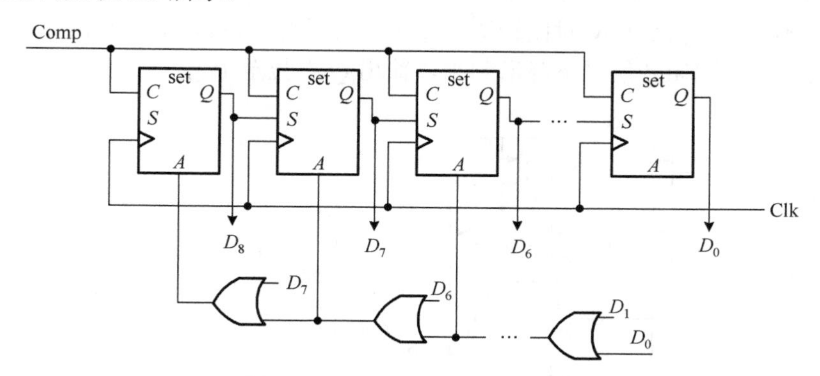

图 2.10　Rossi 提出的 SAR 逻辑

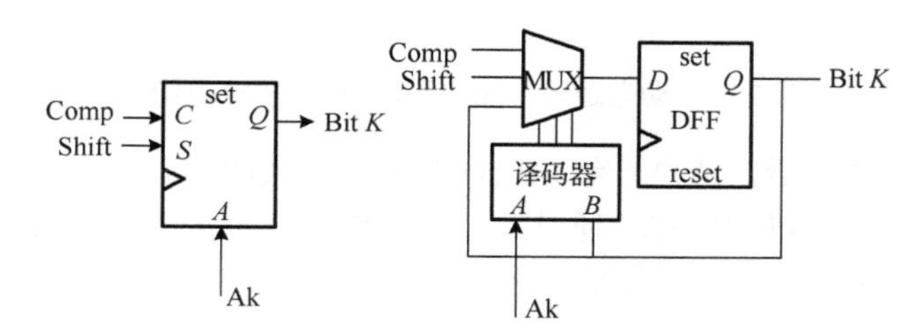

图 2.11　寄存器内部结构

表 2.1　译码逻辑

A	B	功能
1	—	记忆
0	1	导入数据
0	0	移位

2.3.2　SAR 动态逻辑实现技术

SAR A/D 转换器在 SAR 逻辑的控制下实现逐次逼近的过程。SAR 控制逻辑根据比较器的输出结果确定每一位的数字输出，并同时产生控制信号来切换电容阵列。当所有转换完成之后，对所有转换码锁存并统一输出。

基于传统 SAR 控制逻辑的数字电路的功耗仍然十分显著，为了降低数字电路的功耗，可以采用基于动态逻辑的 SAR 控制技术[13]。采用基于动态逻辑的 SAR 控制技术取代传统的 SAR 控制逻辑，很大程度上减小了数字电路的复杂程度，同时由于使用的晶体管数目较少，功耗大大降低而且速度也有较大的提升。

SAR 动态逻辑单元的原理和时序如图 2.12 所示，其动态逻辑单元的工作过程如下：采样阶段，输入 D 为低电平，动态逻辑单元的输出 P_i 和 N_i 复位清零，同时节点 Q 也放电至地。当输入 D 由低变高后，Clk_i 下拉至地。当比较器的输出 Out_P 和 Out_N 有效之后，输出节点 P_i 和 N_i 对比较器的输出进行采样。Valid 信号是由比较器的输出异或生成的，同时 Valid 信号下降沿到来，输出 Q 上拉至 V_{DD}，表明本次转换结束。

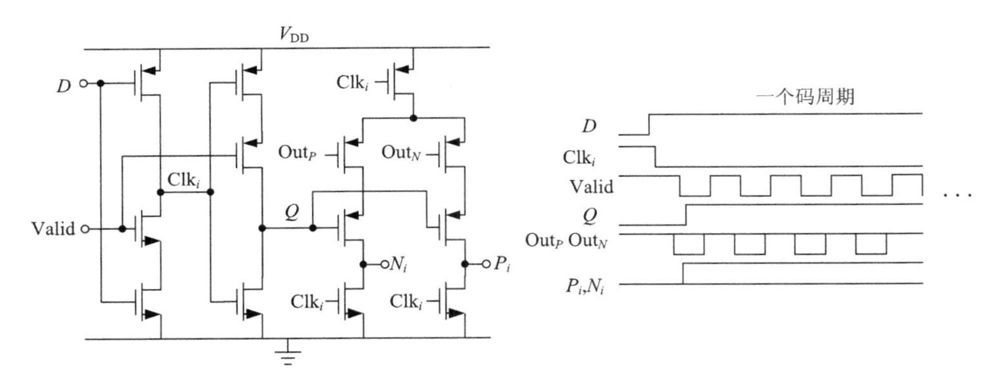

图 2.12　动态逻辑单元的原理图和时序波形图

当所有转换完成之后，通过一组输出锁存器对转换码进行锁存并统一输出。动态逻辑单元的输出 $P_1 \sim P_{12}$ 和 $N_1 \sim N_{12}$ 通过组合逻辑电路产生控制信号去控制电容驱动开关切换 DAC 阵列中的电容，完成逐次逼近过程。

参 考 文 献

[1] Sekimoto R, Shikata A, Yoshioka K, et al. A 0.5-V 5.2-fJ/conversion-step full asynchronous SAR ADC with leakage power reduction down to 650pW by boosted self-power gating in 40-nm CMOS. IEEE J Solid-State Circuit, 2013, 48(11): 2828-2836.

[2] Zhou X, Li Q. A 160mV 670nW 8-bit SAR ADC in 0.13μm CMOS. IEEE Custom Integrated Circuits Conference (CICC), 2012: 1-4.

[3] Zhu Z M, Qiu Z, Shen Y, et al. A 2.67fJ/C.-s 27.8KkS/s 0.35V 10-bit successive approximation register analogue-to-digital converter in 65nm CMOS. IET Circuits, Devices and Systems, 2014, 8(6): 427-434.

[4] Chang Y K, Wang C S, Wang C K. A 8-bit 500-KS/s low power SAR ADC for bio-medical applications. IEEE Asian Solid-State Circuits Conference, 2007:228-231.

[5] Liu C C, Chang S J, Huang G Y, et al. A 10-bit 50-MS/s SAR ADC with a monotonic capacitor switching procedure. IEEE J Solid-State Circuits, 2010, 45(4): 731-740.

[6] Zhu Y, Chan C H, Chio U F, et al. A 10-bit 100-MS/s reference-free SAR ADC in 90nm CMOS. IEEE J Solid-State Circuits, 2010, 45(6): 1111-1121.

[7] Kobayashi T, Nogami K, Shirotori T, et al. A current-controlled latch sense amplifier and a static power-saving input buffer for low-power architecture. IEEE J Solid-State Circuits, 1993, 28(4): 523-527.

[8] Schinkel D, Mensink E, Kiumperink E, et al. A double-tail latch-type voltage sense amplifier with 18ps setup+hold time. IEEE ISSCC 2007, 2007:314-315.

[9] Cranninckx J, Van der Plas G. A 65fJ/conversion-step 0-to-50MS/s 0-to-0.7mW 9b charge-sharing SAR ADC in 90nm digital CMOS. IEEE ISSCC, 2007: 246-248.

[10] Chan C, Zhu Y, Chio U, et al. A voltage-controlled capacitance offset calibration technique for high resolution dynamic comparator. IEEE Int SoC Design Conf, 2009:392-395.

[11] Anderson T O. Optimum control logic for successive approximation analog-to-digital converters. Computer Design, 1972, 11(7): 81-86.

[12] Rossi A, Fucili G. Nonredundant successive approximation register for A/D converter. Electronics Letters, 1996, 32(12): 1055-1057.

[13] Harpe P. A 26μW 8bit 10MS/s asynchronous SAR ADC for low energy radios. IEEE J Solid-State Circuits, 2010, 46(7): 1585-1595.

第 3 章　低功耗 SAR A/D 转换器

本章主要介绍近年来所设计的几种低压低功耗 CMOS SAR A/D 转换器的设计实现和流片测试结果。

3.1　一种 10 位 1.0V 300kS/s SAR A/D 转换器

本节主要介绍了一种基于 0.18μm CMOS 工艺的 1.0V 300kS/s SAR A/D 转换器的设计，给出了 SAR A/D 转换器的整体结构，提出了一种新颖高效的电容开关时序，并对其开关功耗和线性度进行了详细的分析。研究了所设计动态比较器的失调和噪声性能，给出了 SAR 控制电路的动态逻辑实现方法。SAR A/D 转换器的后仿真和流片测试结果表明 A/D 转换器的性能良好。

3.1.1　10 位 SAR A/D 转换器结构

图 3.1 为本章所设计的 10 位 300kS/s SAR A/D 转换器的结构框图。为了提高共模噪声抑制能力和转换精度，A/D 转换器采用差分结构。A/D 转换器基本的模块包括自举开关、差分电容阵列、动态比较器和 SAR 逻辑。采样阶段，差分电容阵列通过自举开关对输入信号进行采样以减小信号失真。转换阶段，比较器比较差分 DAC 输出的大小并将比较结果传递到 SAR 控制逻辑。SAR 根据比较器输出得到数字码并将其锁存进行统一输出，同时通过相应的逻辑产生控制信号控制电容 DAC 完成逐次逼近的过程[1-4]。

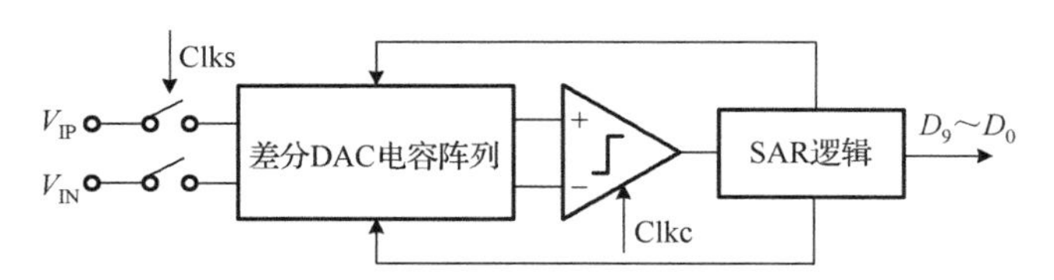

图 3.1　10 位 300kS/s SAR A/D 转换器结构框图

3.1.2　基于电容拆分技术的 V_{CM}-based 电容开关时序

本书第 2 章介绍了 V_{CM}-based 电容开关时序，相比于传统电容开关时序，该方法节省了 87%的开关功耗。但是，对于 V_{CM}-based 电容开关时序，如果当前位电容的开关方向与前一位电容的开关方向相反，则需要消耗更多的开关能量。为了充分发挥共

模电压 V_{CM} 的作用，这里提出了一种基于电容拆分技术的 V_{CM}-based 电容开关时序，通过把 MSB 电容进行拆分，优化电容开关顺序，进一步减小电容开关功耗，下面对这种开关时序进行详细的介绍。

图 3.2 示意了基于电容拆分技术的 V_{CM}-based 电容开关时序采用的电容 DAC 结构[5-7]。与 V_{CM}-based 电容开关时序相比，该电容 DAC 的 MSB 电容被拆分成与剩余低位电容完全相同的二进制电容阵列。该时序实现 10 位 A/D 转换器仅需要 512 个单位电容，比传统结构减少了 50%。

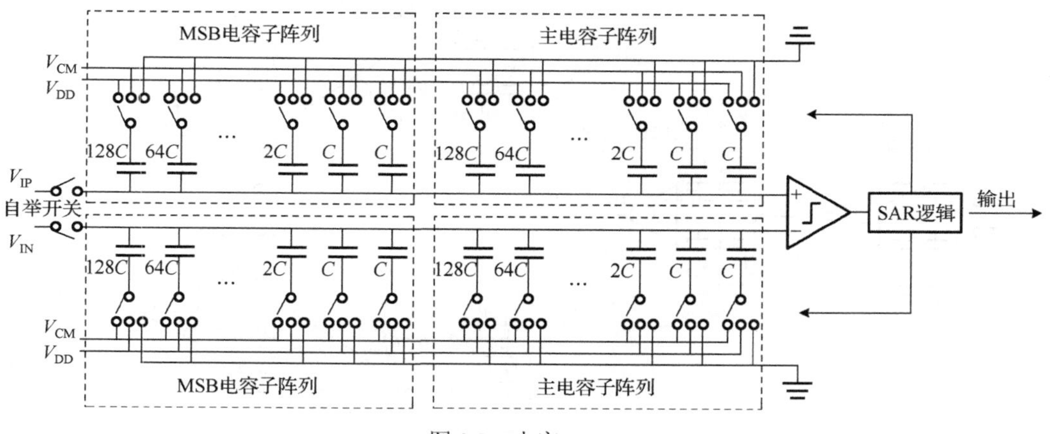

图 3.2　电容 DAC

采样阶段，差分输入信号 V_{IP} 和 V_{IN} 通过自举开关被电容的上极板采样，同时所有电容的下极板连接到共模电压 V_{CM}。采样结束后，自举开关断开，比较器进行第一次比较，这一步不消耗开关能量。MSB 确定后，根据比较器输出结果，把输入信号较大一端电容阵列的 MSB 电容子阵列的下极板由接 V_{CM} 切换到接地，同时输入信号较小一端电容阵列的 MSB 电容子阵列的下极板由接 V_{CM} 切换到接 V_{REF}，而剩余低位电容构成主电容子阵列的接法保持不变。这样，比较器两端的输入电压均向共模电平 V_{CM} 平移了 $1/4V_{REF}$。在后续逐次逼近过程中，根据 MSB 为 1 或 0，为电容阵列选择不同的电压作为基准电压。如果 MSB=1，则比较器正输入端一侧的电容阵列的正负基准电压分别为 V_{CM} 和地，比较器负输入端一侧的电容阵列的正负基准电压分别为 V_{REF} 和 V_{CM}。反之 MSB=0，则比较器正输入端一侧的电容阵列的正负基准电压分别为 V_{REF} 和 V_{CM}，比较器负输入端一侧的电容阵列的正负基准电压分别为 V_{CM} 和地。然后比较器进行第二次比较。如果 MSB=1 而且 2nd-MSB=1，则比较器正输入端一侧主电容子阵列的最大电容下极板由接 V_{CM} 切换到接地，同时比较器负输入端一侧主电容子阵列的最大电容下极板由接 V_{CM} 切换到接 V_{REF}。如果 MSB=1 而且 2nd-MSB=0，则比较器正负输入端 MSB 电容子阵列的最大电容下极板均重新切换到接 V_{CM}，而主电容子阵列中的最大电容均保持不变。这个过程一直重复直到 LSB 确定。

为了更直观详细地理解这种电容开关时序，图 3.3 给出了一个 3 位差分 SAR A/D 转换器的示例，标注了每一步可能发生的开关过程所消耗的开关能量。

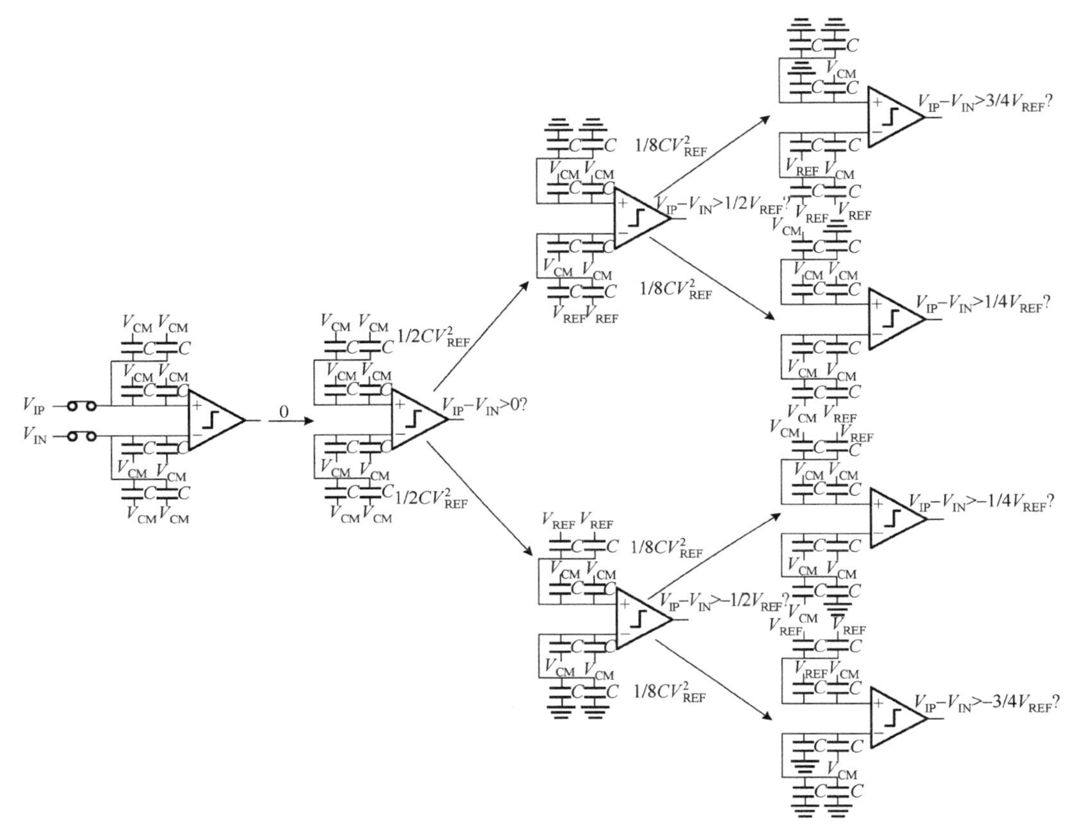

图 3.3　3 位差分 SAR A/D 转换器的示例

对于 N 位 SAR A/D 转换器，采用基于电容拆分技术的 V_{CM}-based 电容开关时序，假设每一种电容开关转换都是等概率发生的，则总的平均开关功耗可以计算为

$$E_{\text{proposed}} = 2^{N-4}CV_{\text{REF}}^2 + \sum_{i=1}^{N-2} 2^{N-4-2i}(2^i - 1)CV_{\text{REF}}^2 (N \geqslant 3) \tag{3.1}$$

对于 10 位 SAR A/D 转换器，总的平均开关功耗为 $107CV_{\text{REF}}^2$，比 V_{CM}-based 电容开关时序节省 37%，分别比传统和单调电容开关时序节省 92%和 58%。本节采用 MATLAB 建立分别基于这三种电容开关时序的 10 位差分 SAR A/D 转换器的行为级模型。图 3.4 示意了开关功耗随数字码的变化情况。

从功耗的角度考虑，电容阵列的单位电容取值应当尽量小。但是在实际应用中，其最小电容值一般由热噪声和电容匹配决定，而且大部分情况下电容匹配起决定性作

用。假设单位电容服从均值为 C_u 和方差为 σ_u 的高斯分布，则电容阵列的每组位电容可以表示为

$$
\begin{gathered}
C_i = 2^{i-1}C_u + 2^{\frac{i-1}{2}}\sigma_u (i = 1, \cdots, N-1) \\
C_1 = C_0 \\
E(\delta_i^2) = 2^{i-1}\sigma_u^2
\end{gathered}
\tag{3.2}
$$

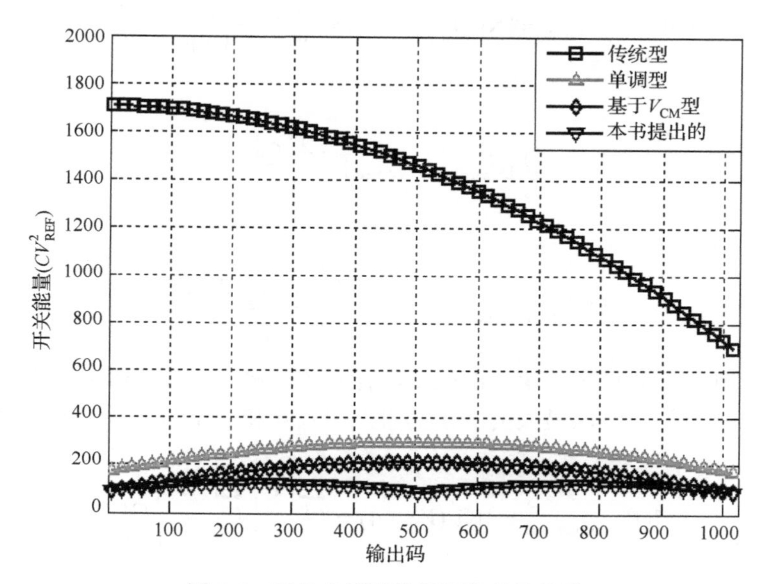

图 3.4 开关功耗随数字码的变化关系

为了计算对于给定数字输入对应的电容 DAC 的模拟输出 $V_{\text{DAC}}(X)$，假设阵列中电容存储的初始电荷为零 ($V_{\text{IN}} = 0$)，则 N 位电容 DAC 的模拟输出可以表示为

$$
V_{\text{DAC}}(X) = \frac{\sum_{i=1}^{N-1}(2^{i-1}C_u + \delta_i)S_i + (C_u + \delta_0)S_0}{2^{N-1}C_u + \sum_{i=0}^{N-1}\delta_i}
\tag{3.3}
$$

式中，DAC 的数字输入 $X = [S_i \cdots S_0]$，S_i 根据 DAC 的第 i 位电容是接 V_{REF}，V_{CM} 还是对应取 V_{REF}、$1/2V_{\text{REF}}$ 或者 0。

为了简化计算，在后面的讨论中忽略式（3.3）中分母项 $\sum_{i=0}^{N-1}\delta_i$ 的影响。INL 定义为 DAC 实际输出减去理想输出，即

$$
\text{INL}(X) = \frac{V_{\text{DACP,real}}(X) - V_{\text{DACP,ideal}}(X)}{\text{LSB}}
\tag{3.4}
$$

而DNL可以定义为

$$\mathrm{DNL}(X)=\mathrm{INL}(X)-\mathrm{INL}(X-1) \tag{3.5}$$

对于 V_{CM}-based 电容开关时序，采样结束后电容无切换动作，比较器即开始第一次比较得到MSB，即MSB的确定与电容失配无关，所以中间码 $V_{\mathrm{FS}}/2$ 的INL恒为0，而最大的INL发生在 $V_{\mathrm{FS}}/2-1$ 这一步转换中，则

$$\mathrm{INL}_{\max,V_{\mathrm{CM}}\text{-based}}=\mathrm{INL}(V_{\mathrm{FS}}/2-1)=\frac{\delta_{N-1}}{2^{N-1}C_u}\frac{V_{\mathrm{REF}}}{\mathrm{LSB}}=\frac{2\delta_{N-1}}{C_u} \tag{3.6}$$

方差为

$$E[\delta^2_{\max,\mathrm{INL},V_{\mathrm{CM}}\text{-based}}]=\frac{2^N\sigma_u^2}{C_u^2} \tag{3.7}$$

则DNL为

$$E[\delta^2_{\mathrm{DNL},V_{\mathrm{CM}}\text{-based}}]=E\left(0-\frac{2^N\sigma_u^2}{C_u^2}\right)=\frac{2^N\sigma_u^2}{C_u^2} \tag{3.8}$$

对于基于电容拆分技术的 V_{CM}-based 电容开关时序，由于MSB和2nd-MSB的确定均与电容失配无关，所以最大的INL发生在 $V_{\mathrm{FS}}/4$ 和 $3V_{\mathrm{FS}}/4$ 这两步转换中，有

$$\mathrm{INL}_{\max,\mathrm{proposed}}=\mathrm{INL}(V_{\mathrm{FS}}/4)=\frac{\sum_{i=0}^{N-3}\delta_i+\sum_{i=0}^{N-3}\delta_{i,b}}{2^{N-1}C_u}\frac{V_{\mathrm{CM}}}{\mathrm{LSB}} \tag{3.9}$$

方差为

$$E\left[\delta^2_{\max,\mathrm{INL},\mathrm{proposed}}\right]=\frac{2^{N-2}\sigma_u^2}{2^{2N-2}C_u^2}\frac{V_{\mathrm{CM}}^2}{\mathrm{LSB}^2}=\frac{1}{4}\frac{2^N\sigma_u^2}{C_u^2} \tag{3.10}$$

则DNL为

$$\begin{aligned}E[\delta^2_{\max,\mathrm{DNL},\mathrm{proposed}}]&=E\left[\left(\frac{\delta_{N-2}+\delta_{N-2,b}-\sum_{i=0}^{N-3}\delta_i-\sum_{i=0}^{N-3}\delta_{i,b}}{2^{N-1}C_u}\frac{V_{\mathrm{CM}}}{\mathrm{LSB}}\right)^2\right]\\&=\frac{1}{2}\frac{2^N\sigma_u^2}{C_u^2}\end{aligned} \tag{3.11}$$

为了验证上述分析，基于MATLAB分别建立了采用两种电容开关时序的10位差分电容 SAR A/D 转换器的行为级模型，并假设电容的失配度为3%($\sigma_u/C_u=0.03$)。图3.5示意了1000次Monte-Carlo的仿真结果。行为级仿真中只考虑了电容之间的随机失配，而比较器失调和噪声等其他非理想因素都没有考虑。从图3.5可知，基于电

容拆分技术的 V_{CM}-based 电容开关时序 INL 比 V_{CM}-based 电容开关时序减小了一半，DNL 也减小为原来的 $1/\sqrt{2}$ 。

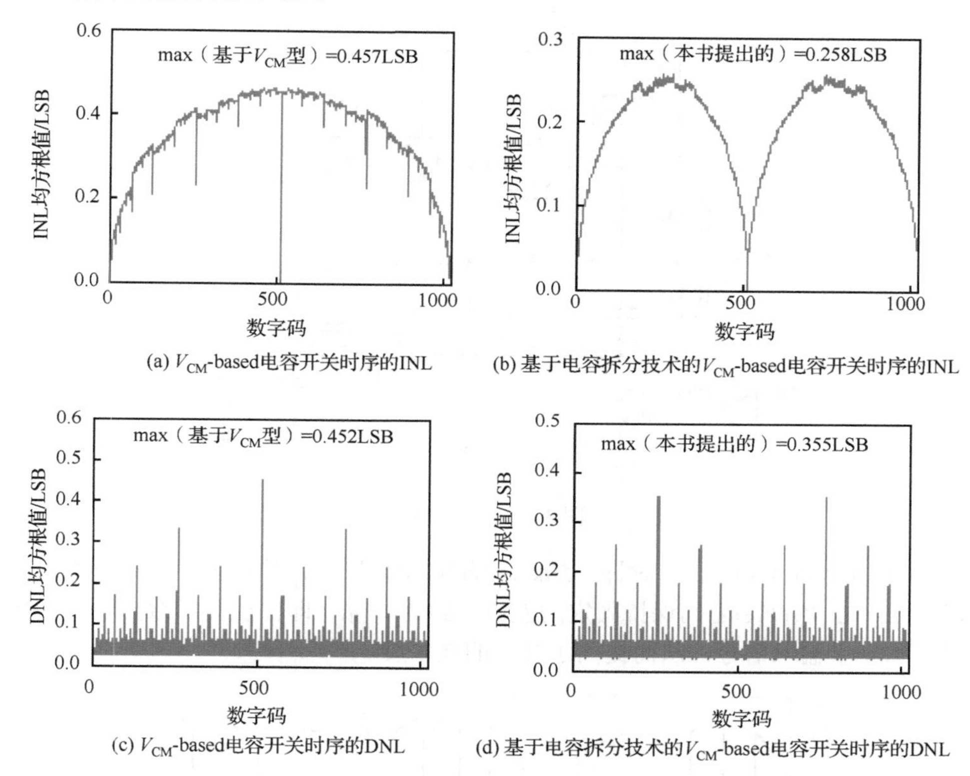

(a) V_{CM}-based电容开关时序的INL　(b) 基于电容拆分技术的V_{CM}-based电容开关时序的INL

(c) V_{CM}-based电容开关时序的DNL　(d) 基于电容拆分技术的V_{CM}-based电容开关时序的DNL

图 3.5　两种电容开关时序的 INL 和 DNL 仿真结果

3.1.3　自举开关

由于采用 SMIC 0.18μm CMOS 工艺，在 V_{DD}=1V 时，普通 CMOS 传输门已经不能满足性能要求，所以设计中采用自举开关来提高采样线性度，其电路结构如图 3.6 所示。Clks 为低时，C_1 通过 M_2/M_3 充电至 V_{DD}，同时 M_1/M_4 把采样开关管 M_s 隔离，Clks 为高时，M_1/M_4 导通，将 M_s 的 V_{GS} 钳制在 V_{DD} 左右。M_5 和 M_9 是为了提高电路可靠性而增加的。

其中的 C_1 取值应该足够大，应该远大于寄生电容，一般取 0.5～1pF。同时，为了降低功耗和减小寄生电容，所有 MOS 管的尺寸都应该尽量保持在较小值。假设自举开关需要满足 N 位的精度，而且采样误差小于 1/2 LSB，则自举电路的最小 3dB 带宽为

$$f_{3\mathrm{dB}} = \frac{1}{2\pi R_{\mathrm{on}}(C_s + C_p)} \geqslant \frac{(N+1)\ln 2}{\pi T_s} \tag{3.12}$$

式中，R_{on} 是 M_s 的导通电阻；C_s 和 C_p 分别是采样电容和总的寄生电容；T_s 是采样时间。

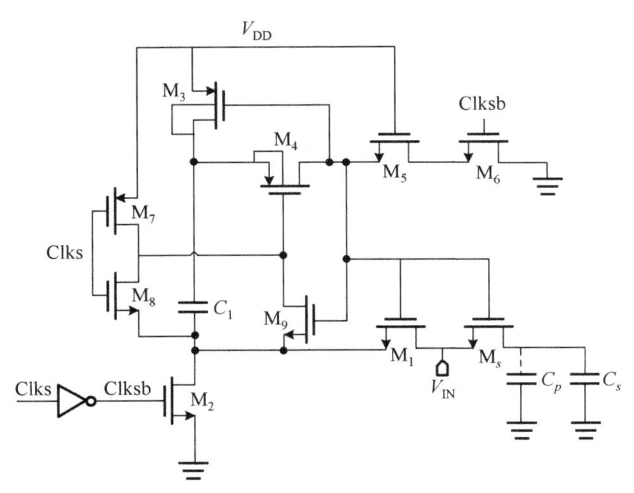

图 3.6　自举开关

图 3.7 所示为在 400kHz 时钟，50kHz 输入幅值为 $1V_{pp}$ 的正弦输入波形下的输出波形图，V_G 与 $V_S(V_{IN})$之间保持固定的差值，约为 V_{DD}，即保证栅压跟随输入变化，V_{GS} 相对独立于输入信号，从而提高了开关的线性度。

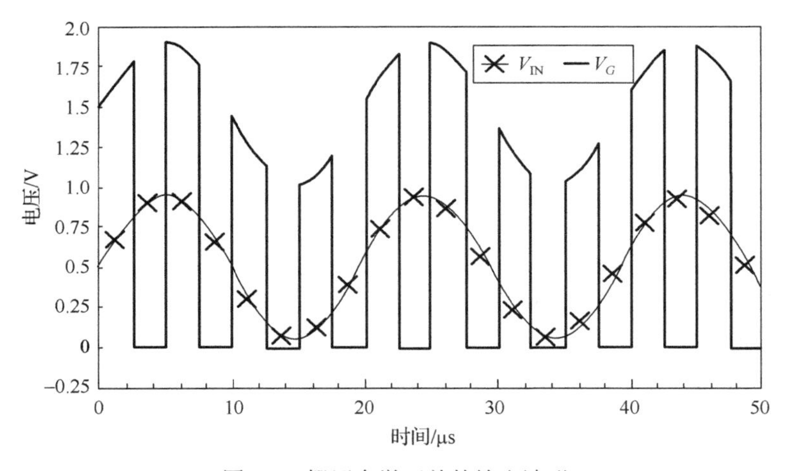

图 3.7　栅压自举开关的输出波形

图 3.8 所示为栅压自举开关电路的输出频谱，在采样频率 200kHz，输入频率 20.5078125kHz，1024 个采样点的情况下，可以得到 SNDR 为 77.34dB，能满足 12 位 A/D 转换器的应用要求。

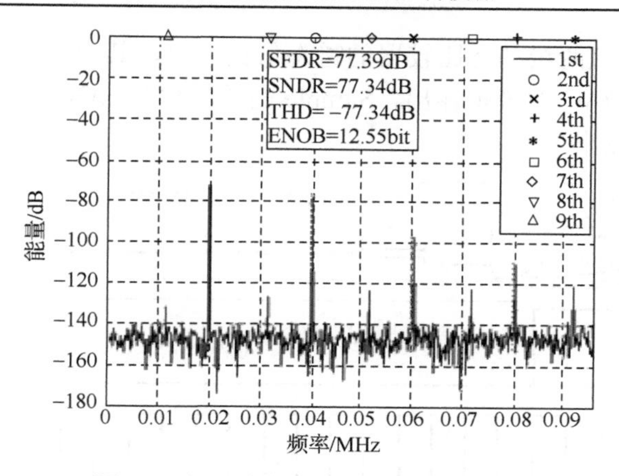

图 3.8　栅压自举开关电路的输出频谱

3.1.4　动态比较器

为了减小功耗，设计中采用如图 3.9 所示的两级低失调低回踢噪声全动态比较器。第一级为动态预放大级，V_P/V_N 为差分输入，A_N/A_P 为差分输出。第二级为含放大和完成轨到轨输出的正反馈功能的锁存级。复位阶段 Clkb 为低，M_3/M_4 将节点 A_N/A_P 预充电至 V_{DD}，第二级输出节点 S_N/S_P 也被下拉复位到地。再生阶段 Clkb 变高，A_N/A_P 节点开始放电，由于输入电压的不同，放电速度也有所差异。放电较快的一端电压逼近第二级输入管阈值时，会先将对应的第二级输入管导通，从而第二级开始放大。当输出节点 S_N/S_P 电压升高到阈值后，正反馈开始作用，正反馈使第二级输出一端快速上升到 V_{DD}，另一端下拉到地。

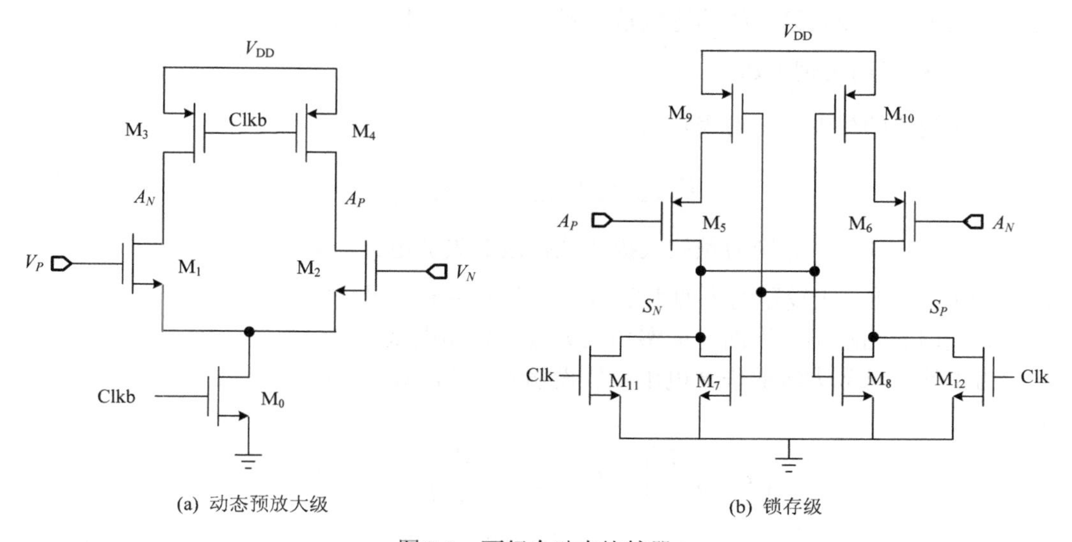

图 3.9　两级全动态比较器

图 3.10 给出了该两级动态比较器的瞬态仿真结果，其中 DACP/DACN 是比较器输入，也就是电容 DAC 的模拟输出，Sample 是采样信号，Out_P/Out_N 是比较器经过一级反相器整形后的输出。

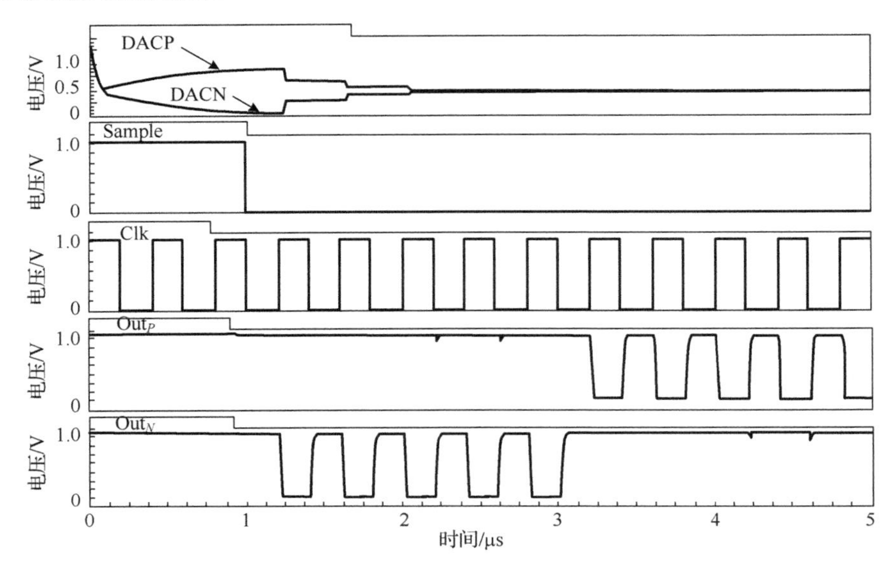

图 3.10　比较器的瞬态仿真波形图

这种比较器工作阶段只有第一级输出节点放电和第二级放大再生阶段才产生功耗，因此具有较低的功耗。第一级动态预放大级主要是为了在获得一定增益时消耗更少的能量，即提高比较器的能量利用效率。一般设计第一级的增益为 4～6 倍，从而能明显地减小第二级到第一级的等效输入噪声而不至于增加太多的功耗。

1．比较器的失调电压

该比较器的失调电压可表示为

$$V_{\text{os,total}} = \sqrt{V_{\text{os,pre}}^2 + \frac{1}{A^2} \cdot V_{\text{os,latch}}^2} \tag{3.13}$$

式中，$V_{\text{os,pre}}$、$V_{\text{os,latch}}$ 分别为预放大级和锁存级的失调电压；A 为预放大级的增益。由式（3.13）可知，比较器的失调主要由预放大级决定，同时预放大级增益 A 越大，第二级的失调影响越小。下面对动态预放大级的失调电压进行简要的分析。

为了计算预放大级的失调电压，假设输入管 M_1/M_2 和 A_N/A_P 节点的电容都略有失配，则

$$\left(\mu_n C_{\text{ox}} \frac{W}{L}\right)_1 = \beta, \quad \left(\mu_n C_{\text{ox}} \frac{W}{L}\right)_2 = \beta + \Delta\beta \tag{3.14}$$

$$V_{\text{tn1}} = V_{\text{tn}}, \quad V_{\text{tn2}} = V_{\text{tn}} + \Delta V_{\text{tn}} \tag{3.15}$$

$$C_{\mathrm{AN}} = C,\quad C_{\mathrm{AP}} = C + \Delta C \tag{3.16}$$

失调电压 $V_{\mathrm{os,pre}}$ 可表示为

$$V_{\mathrm{os,pre}} = V_{\mathrm{GS1}} - V_{\mathrm{GS2}} \tag{3.17}$$

即

$$V_{\mathrm{os,pre}} = \sqrt{\frac{2I_{D1}}{\beta_1}} + V_{\mathrm{tn1}} - \sqrt{\frac{2I_{D2}}{\beta_2}} - V_{\mathrm{tn2}} \tag{3.18}$$

式中，I_{D1}，I_{D2} 可以表示为

$$I_{D1} = C_{\mathrm{AN}}\frac{\mathrm{d}V_{\mathrm{AN}}}{\mathrm{d}t},\quad I_{D2} = C_{\mathrm{AP}}\frac{\mathrm{d}V_{\mathrm{AP}}}{\mathrm{d}t} \tag{3.19}$$

失调电压 $V_{\mathrm{os,pre}}$ 也可以认为是满足 $V_{\mathrm{AN}} - V_{\mathrm{AP}} = 0$ 时的输入电压差，可得

$$I_{D1}C_{\mathrm{AP}} = I_{D2}C_{\mathrm{AN}} \tag{3.20}$$

假设

$$I_{D1} = I_D,\quad I_{D2} = I_D + \Delta I_D \tag{3.21}$$

则

$$\frac{\Delta I_D}{I_D} = \frac{\Delta C}{C} \tag{3.22}$$

从而式（3.18）可表示为

$$V_{\mathrm{os,pre}} = \sqrt{\frac{2I_D}{\beta}}\left[1 - \sqrt{\frac{1 + \dfrac{\Delta I_D}{I_D}}{1 + \dfrac{\Delta\beta}{\beta}}}\right] - \Delta V_{\mathrm{tn}} \tag{3.23}$$

因为对于 $a = 1, \sqrt{1+\alpha} \approx 1 + \dfrac{\alpha}{2}, \sqrt{1+\alpha}^{-1} \approx 1 - \dfrac{\alpha}{2}$，则式（3.23）可以化简为

$$V_{\mathrm{os,pre}} = \sqrt{\frac{2I_D}{\beta}}\left[1 - \left(1 + \frac{\Delta I_D}{2I_D}\right)\left(1 - \frac{\Delta\beta}{2\beta}\right)\right] - \Delta V_{\mathrm{tn}} \tag{3.24}$$

即

$$V_{\mathrm{os,pre}} = \frac{V_{\mathrm{GS1,2}} - V_{\mathrm{tn}}}{2}\left(-\frac{\Delta C}{C} + \frac{\Delta\beta}{\beta}\right) - \Delta V_{\mathrm{tn}} \tag{3.25}$$

那么预放大级的失调可表示为

$$V_{\mathrm{os,pre}}^2 = \Delta V_{\mathrm{th1,2}}^2 + \left(\frac{V_{\mathrm{GS1,2}} - V_{\mathrm{th1,2}}}{2}\right)^2\left\{\left(\frac{\Delta C_{\mathrm{AP,AN}}}{C_{\mathrm{AP,AN}}}\right)^2 + \left(\frac{\Delta\beta_{1,2}}{\beta_{1,2}}\right)^2\right\} \tag{3.26}$$

式中，$\Delta V_{\text{th1,2}}$ 为 M_1/M_2 的 V_{th} 失配；$C_{\text{AP,AN}}$ 为 A_P/A_N 节点电容；$\beta=\mu_n C_{\text{ox}}\dfrac{W}{L}$。

增大 M_1/M_2 尺寸能显著减小失调电压，但是同时也增加了回踢噪声和功耗，需要折中考虑。为了测量该比较器的输入失调电压，进行了 Monte-Carlo 仿真并用 MATLAB 对数据进行处理，结果如图 3.11 所示。

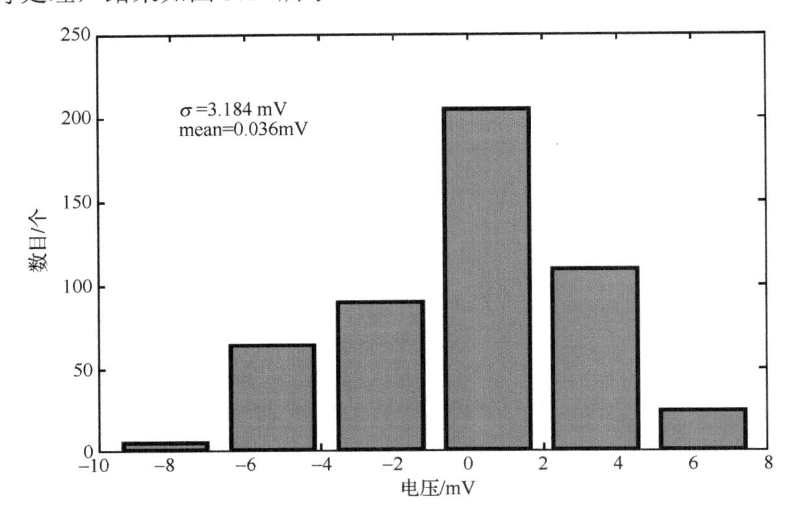

图 3.11　比较器失调电压 Monte-Carlo 仿真结果

Monte-Carlo 仿真表明比较器失调电压的平均值为 36μV，σ 为 3.184mV，考虑 3σ，则总失调电压为 9.588mV。由分析可知，对于 SAR A/D 转换器，比较器失调不会影响其精度，只会引入一个系统失调和减小信号输入范围。输入信号范围的减小只会在很小的程度上降低 SNDR，从而对 ENOB 的影响也在可接受范围内。同时，为了减小失调电压，版图布局时必须增加 Dummy 管和 Dummy 布线。采用数字校准技术可以进一步减小失调电压。

2. 比较器的噪声

由前面的分析可知，由于第一级预放大级一般具有 4～6 倍增益，所以比较器的噪声主要也由第一级决定，而第二级引入的噪声会被第一级增益大大衰减。第一级的主要噪声源是差分输入管。单个 MOS 管的热噪声可以用在其栅极串联的等效电阻 $R_{n,\text{MOS}}$ 来近似估计，即

$$R_{n,\text{MOS}}=\frac{\gamma}{g_{m\text{MOS}}} \tag{3.27}$$

式中，噪声系数因子 γ 近似等于 1。输入管的等效噪声电阻 $R_{n,\text{FS}}$ 可以等效为

$$R_{n,\text{FS}}=\frac{2}{g_{m\text{MOS}}} \tag{3.28}$$

比较器第一级的噪声主要由输入信号和等效噪声电阻引入的噪声组成，所以总的输入等效积分噪声可表示为

$$\sigma_V \approx \sqrt{4 \cdot K \cdot T \cdot R_{n,\mathrm{FS}} \cdot \mathrm{NBW}} \approx \sqrt{4 \cdot K \cdot T \cdot \frac{2}{g_{m\mathrm{MOS}}} \cdot \mathrm{NBW}} \tag{3.29}$$

式中，在积分时间 T_{int} 内的噪声带宽 NBW 可表示为

$$\mathrm{NBW} = \frac{1}{2 \cdot T_{\mathrm{int}}} \tag{3.30}$$

积分时间 T_{int} 可以表示为当 A_P/A_N 节点电压从 V_{DD} 放电到逼近第二级输入管阈值电压 V_{th} 时的这段时间，即

$$T_{\mathrm{int}} = \frac{V_{\mathrm{th}} \cdot C_{\mathrm{AP,AN}}}{I_{D1,2}} \tag{3.31}$$

则式（3.29）可以重新写为

$$\sigma_V \approx \sqrt{4 \cdot k \cdot T \cdot \frac{I_{D1,2}}{g_{m\mathrm{MOS}}} \cdot \frac{1}{V_{\mathrm{th}} \cdot C_{\mathrm{AP,AN}}}} \tag{3.32}$$

为了提高第一级的能量效率，输入管应该偏置在弱反型区域，而工作在弱反型区域 MOS 管的跨导主要由弱反型斜率因子 n 决定，可以表示为

$$g_{m,\mathrm{MOS}} = \frac{I_{D1,2}}{n \cdot V_{\mathrm{thermal}}} \tag{3.33}$$

式中，V_{thermal} 为热电压 KT/q。

把式（3.33）代入式（3.32）可得

$$\sigma_V \approx \sqrt{4 \cdot \frac{V_{\mathrm{thermal}}}{V_{\mathrm{th}}} \cdot \frac{k \cdot T}{C_{\mathrm{AP,AN}}}} \tag{3.34}$$

根据版图后寄生参数提取得到 A_P/A_N 节点的寄生电容大约为 10fF，则可以得到比较器第一级的输入等效噪声大约为 0.5mV。

3.1.5　基于动态逻辑的 SAR 控制技术

为了提高 A/D 转换器模拟部分的能量效率，本节提出了基于电容拆分技术的 V_{CM}-based 电容开关时序和采用了两级全动态比较器[5, 6]。但是，基于传统 SAR 控制逻辑的数字电路功耗仍然十分显著。为了降低数字电路的功耗，本节提出了基于动态逻辑的 SAR 控制实现方法，如图 3.12 所示。采用基于动态逻辑的 SAR 控制代替传统 SAR 控制方法，由于使用了较少的晶体管，所以功耗大大减少，速度也有较大提升。

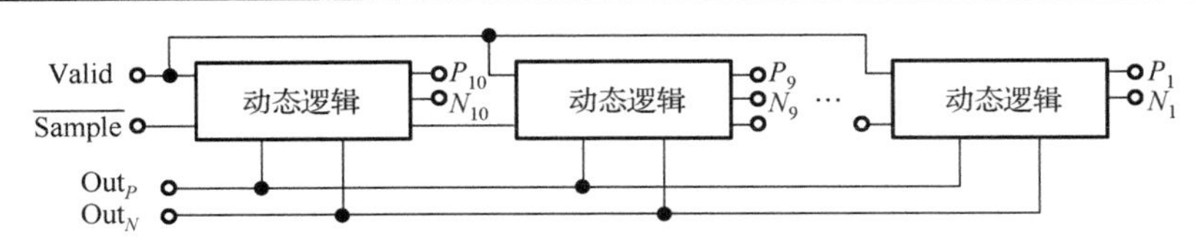

图 3.12　SAR 控制逻辑框图

动态逻辑单元的原理图如图 3.13 所示，其具体工作过程如下：采样阶段，动态逻辑单元的输出 P 和 N 复位清零。当输入 D 由低变高后，Clk_i 被下拉到地。Valid 信号由比较器的输出生成。Valid 下降沿到来时，输出 Q 由地上拉到 V_{DD}。在比较器输出 Out_P 和 Out_N 有效后，输出节点 P 和 N 对比较器输出进行采样。最后所有转换完成后，控制信号 Clk_1 上升沿到来，然后通过一组输出锁存器对转换码进行锁存并统一输出。图 3.14 示意了动态逻辑单元的时序波形图。动态逻辑的输出 P_1～P_{10}/N_1～N_{10} 通过组合逻辑电路产生控制信号去控制电容驱动开关切换电容阵列中相应的位电容，完成逐次逼近的过程，具体电路实现方法如图 3.15 所示。

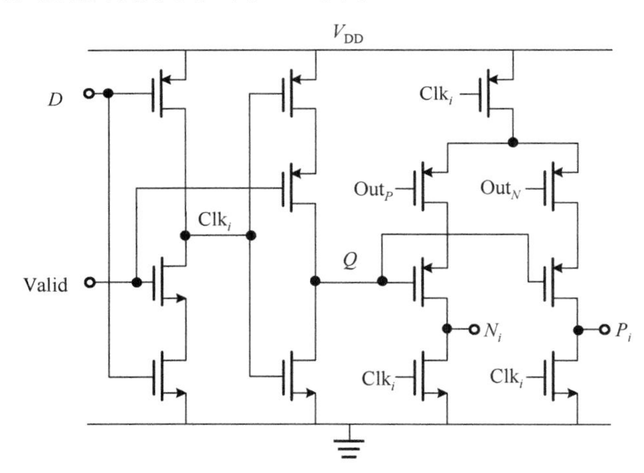

图 3.13　动态逻辑单元的原理图

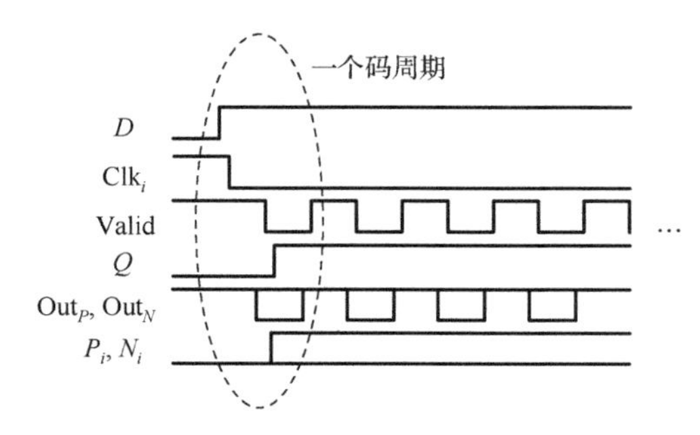

图 3.14　动态逻辑单元的时序波形图

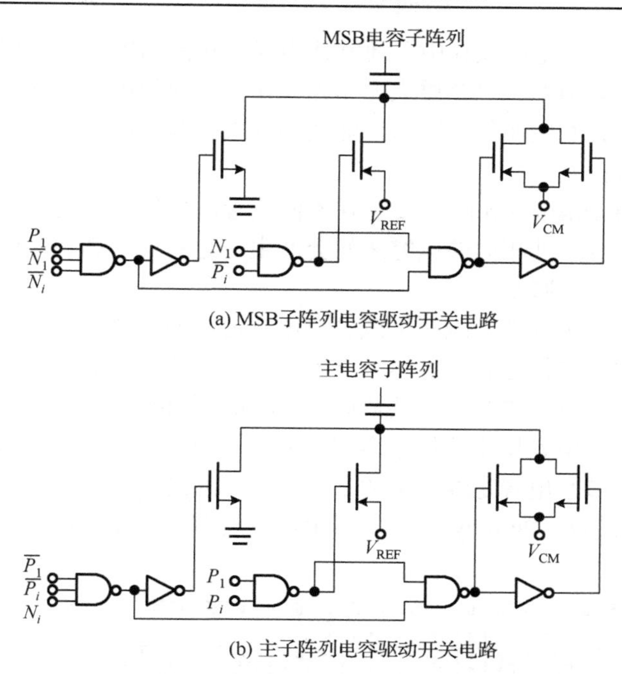

(a) MSB子阵列电容驱动开关电路

(b) 主子阵列电容驱动开关电路

图 3.15　电容开关驱动电路逻辑原理图

3.1.6　版图设计

SAR A/D 转换器的整体版图布局如图 3.16 所示，其中差分输入 V_{IP} 和 V_{IN} 在芯片左中位置，系统时钟 Clk 在芯片左上角输入（图 3.16 中未标出），数字码 $B[9:0]$输出在芯片的右边，需要精确匹配的电容阵列分别放置在芯片的上下两侧，电容阵列中间从左至右依次是自举开关、比较器和 SAR 逻辑。为了隔离数字电路噪声对模拟电路的影响，模拟数字部分都保留了一定的间距，并且在对噪声较为敏感的比较器电路四周添加了保护环（guarding ring）。

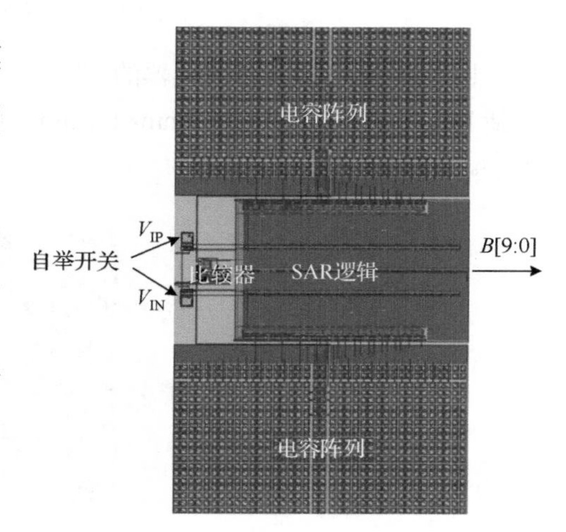

图 3.16　SAR A/D 转换器的整体版图布局

二进制权重的电荷再分配 D/A 转换电路的输出模拟值与电容之间的比值直接相关，但是由于电容失配的影响，权重较高的位电容与 LSB 的单位电容之间很难做到精确匹配。SAR A/D 转换器中电容阵列版图的匹配设计时需要特别注意。电容匹配误差分为随机误差和系统误差。

随机误差（random error）是在集成芯片

制造过程中引入的。在电路设计中，通常认为尺寸相同的电容有着相同的电容值。然而实际中，由于制版偏差、电介质失配和光刻误差等的随机因素波动的影响，每个电容的实际等效宽长会发生变化，所以只能做到有限的匹配，即存在随机的、极细微的差别，这就是随机误差。

系统误差（systematic error）主要是在不同位置的单位电容的电容值电压不一致引起的，以及相邻的且尺寸相同的电容之间会产生一定的误差影响，通常这类误差可以通过合理的版图布局来减小。

一般来说，为了更好地匹配两个或多个电容之间的比值，需要将大电容拆分为小电容，即通常所说的单位电容。虽然小电容的随机误差较之原来的大电容变大了，但是可以通过将多个小电容进行交叉共质心（common centroid）的方法有效减小系统误差。在本设计中，大电容均由单位电容并联而成，同时由于采用了 MIM 电容，受限于版图规则，为了减小电容走线带来的寄生效应，通过局部共质心的方法进行排布，并在电容阵列四周加入 Dummy 电容以尽量保持所有需匹配的电容环境一致，具体布局如图 3.17 所示。

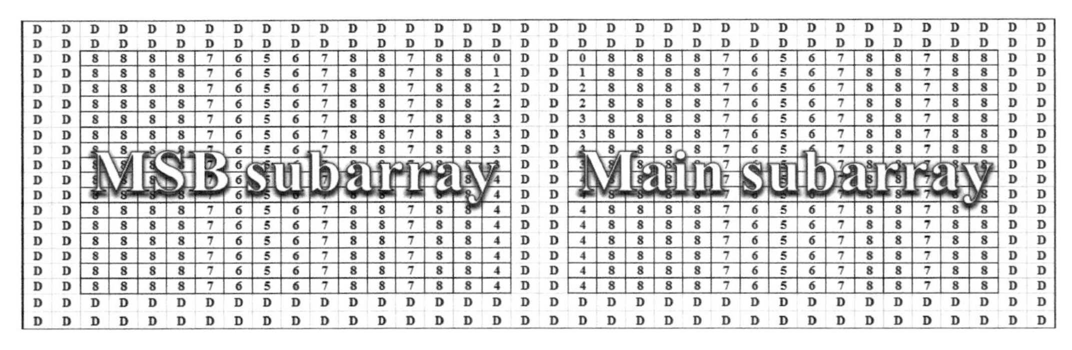

图 3.17　电容阵列的局部共质心布局

图 3.18 为 SAR A/D 转换器的实际版图，A/D 转换器核的实际面积为 0.6 mm×0.35mm，包括 PAD 的整体面积为 1.2mm×1.2mm，其中除 A/D 转换器核的空余部分均填充了 MOS 电容。

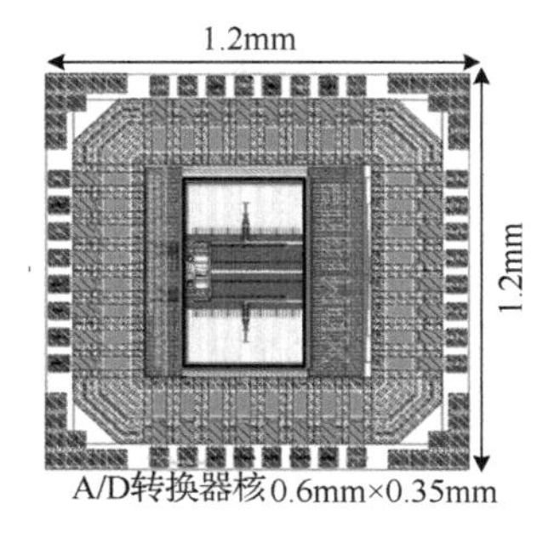

图 3.18　SAR A/D 转换器的实际版图

3.1.7　SAR A/D 转换器测试

前面具体阐述了 1.0V 10 位 300kS/s SAR A/D 转换器的关键电路和版图设计。本节所设计的 SAR A/D 转换器采用了 SMIC 0.18μm 1.8V CMOS 工艺完成了流片。图 3.19 为未封装的裸芯片照片，其中 A/D 转换器实际有效面积大小为 600μm× 350μm。最后，通过搭建 A/D 转换器测试平台来对本设计的 SAR A/D 转换器进行了性能测试。

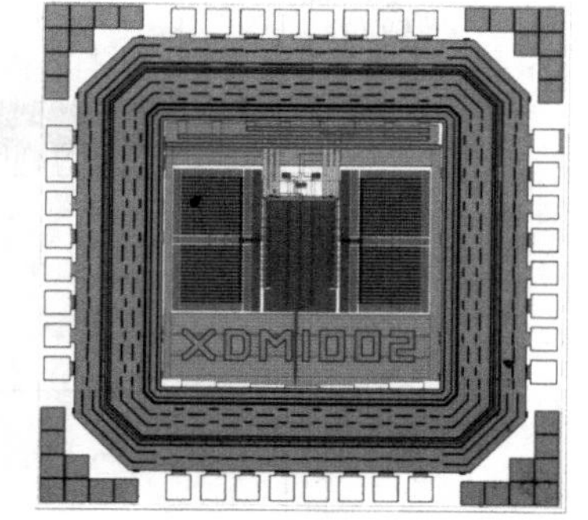

图 3.19　SAR A/D 转换器裸芯片照片

图 3.20 为本节所设计的 SAR A/D 转换器的测试非线性误差，包括积分非线性误差（INL）和微分非线性误差（DNL）。DNL 和 INL 的测试值分别为 0.52/−0.47 LSB 和 0.72/−0.79 LSB，最大的 INL 值出现在 $V_{FS}/4$ 和 $3V_{FS}/4$。

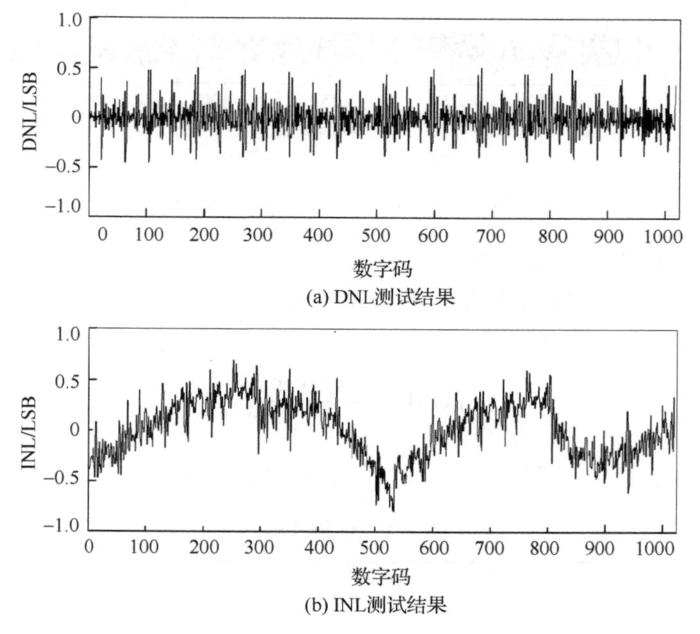

(a) DNL测试结果

(b) INL测试结果

图 3.20　测试的 DNL 和 INL

在 1.0V 电源电压，300kS/s 采样速率时，给 SAR A/D 转换器输入一个频率为 F_{in}=14kHz 的正弦信号，对输出进行 32768 个点采样并进行 FFT 分析，得到频谱如图 3.21(a)所示，结果表明，A/D 转换器的 SFDR 和 SNDR 分别为 70.25dB 和 57.15dB，ENOB 为 9.20 位。当输入改为 146kHz 的正弦信号时，A/D 转换器的 SFDR 和 SNDR 分别为 66.98dB 和 55.48dB，ENOB 为 8.92 位。

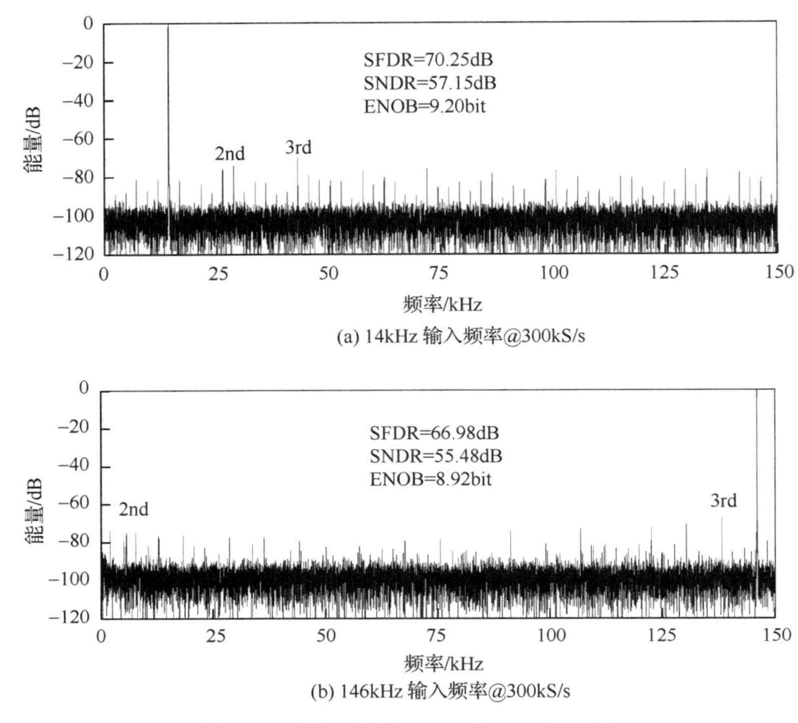

(a) 14kHz 输入频率@300kS/s

(b) 146kHz 输入频率@300kS/s

图 3.21　测试所得 32768 点 FFT 频谱图

在 1.0V 电源电压，300kS/s 采样速率下，A/D 转换器消耗的功耗为 2.13μW。表 3.1 总结了本设计各个性能的测试结果，并与参考文献中的 SAR A/D 转换器进行了对比。其中功耗优值（FOM）定义为

$$\text{FOM} = \frac{\text{Power}}{2 \cdot f_s \cdot 2^{\text{ENOB}}} \tag{3.35}$$

从表 3.1 可以看出，本设计 A/D 转换器的 FOM 已经达到了国际较为先进的水平。

表 3.1　性能比较

性能参数	文献[1]	文献[2]	文献[3]	文献[4]	本设计
工艺技术特征尺寸/nm	180	65	65	65	180
分辨率/位	10	10	10	10	10
电源电压/V	0.6	0.55	1.0	0.6	1.0
采样速率/kHz	200	20	25	40	300
功耗/μW	1.04	0.206	0.28	0.072	2.13
SNDR/dB	58.0	55.0	50.3	56.6	55.48
ENOB /位	9.34	8.84	8.0	9.4	8.92
FOM/fJ/Conv.-Step	8	22	43	2.7	14.66

3.2 10 位 20kS/s 0.6V 超低功耗 SAR A/D 转换器

本节设计了一款基于 0.18μm CMOS 工艺的 10 位 20kS/s 0.6V 超低功耗 SAR A/D 转换器。该 SAR A/D 转换器采用了电荷再分配型的结构，由于基于电荷再分配的 SAR A/D 转换器的功耗主要集中在电容阵列部分，所以优化开关时序可以极大地降低电容阵列部分的面积和功耗，使 A/D 转换器具有更好的性能。针对电容 DAC 模块低功耗要求提出了一种新型电容开关时序，相对于传统结构，可以将电容阵列的面积优化 75%，功耗优化 95.3%。

3.2.1 10 位 SAR ADC 的系统结构

图 3.22 为 10 位 20kS/s 0.6V 超低功耗 SAR A/D 转换器的结构框图，本设计共分为 4 个模块，分别为自举开关、差分电容阵列、比较器和 SAR 逻辑。与电压、电流按比例缩放型 DAC 结构相比，采用电荷再分配型 DAC 网络没有静态功耗，更加适合低功耗 SAR A/D 转换器的设计，差分电容阵列采用全差分结构，有利于抑制共模误差，同时对于采样保持模块的电荷注入效应也有很好的抑制作用。该 A/D 转换器的工作过程如下：采样阶段，输入信号通过自举开关连接到差分电容阵列，完成采样保持。自举开关的使用，有效地降低了非线性。保持转换阶段，比较器将差分电容阵列的正负端输入信号进行比较，并将比较结果送入 SAR 控制逻辑部分进行逻辑运算，产生控制信号控制差分电容阵列部分的开关进行下极板所接电位的切换，完成逐次逼近过程。同时产生输出信号，将 SAR 控制逻辑部分锁存的数字码输出。

V_{IP}
V_{IN}
自举开关
差分电容阵列
比较器
+
−
SAR逻辑
数字输出

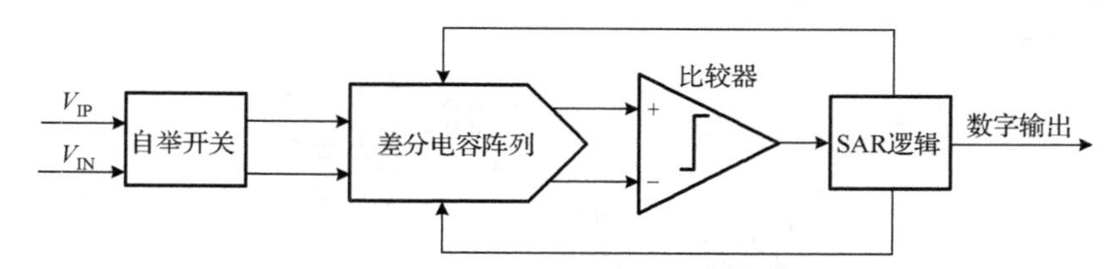

图 3.22 10 位 20kS/s 0.6V 超低功耗 SAR A/D 转换器的结构框图

图 3.23 为控制逻辑的时序图，采样周期为 48μs，占空比为 1∶6，比较器时钟周期为

$$48\mu s \times \frac{5}{6} \Big/ 10 = 4\mu s \tag{3.36}$$

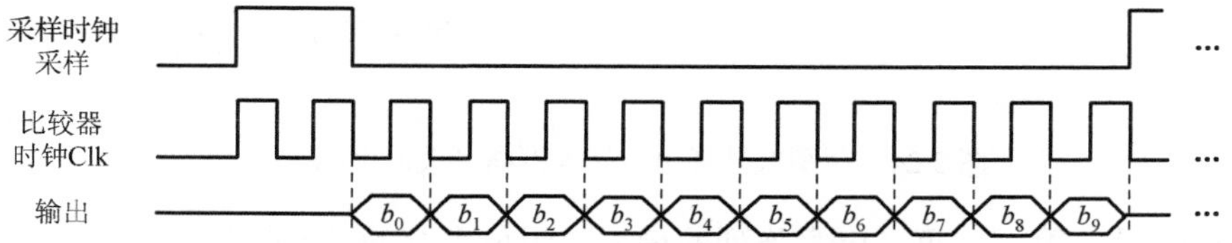

采样时钟
采样
比较器
时钟Clk
输出
b_0 b_1 b_2 b_3 b_4 b_5 b_6 b_7 b_8 b_9
…

图 3.23 SAR A/D 转换器的整体时序图

在时钟上升沿时比较器开始工作。

3.2.2　新型低功耗DAC电容开关时序

图3.24是新型电容转换网络开关时序示意图，标明了各步转换能量变化。电容开关时序的工作过程如下。

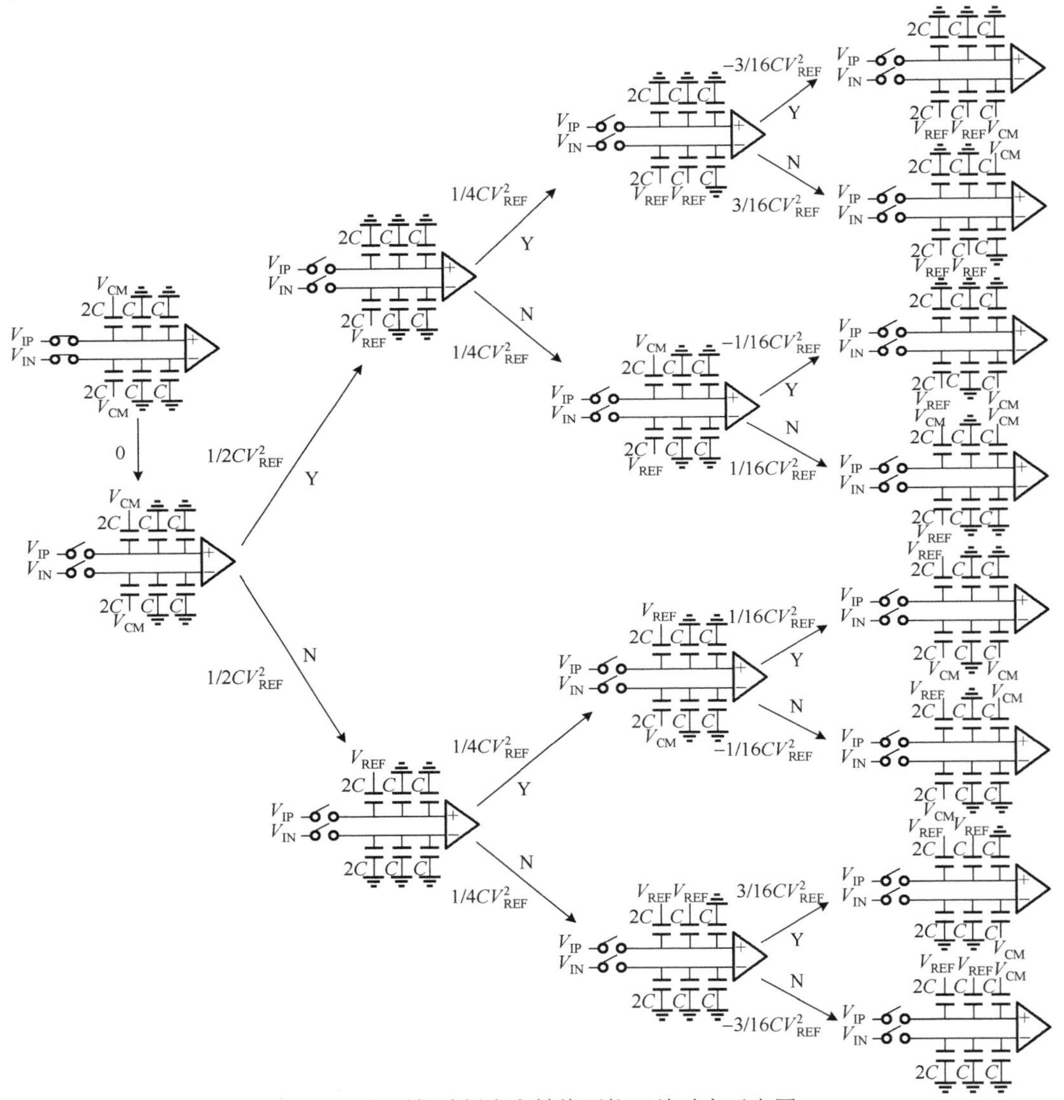

图3.24　新型低功耗电容转换网络开关时序示意图

采样阶段：第一、第二电容阵列的最大一组位电容的下极板均接 V_{CM}，剩余所有位电容的下极板接地，第一电容阵列的上极板通过一个自举开关对差分输入信号的正向信号进行采样，第二电容阵列的上极板通过另一个自举开关对差分输入信号的反向信号进行采样。

初次比较阶段：电容的上极板断开与正向、反向模拟输入信号的连接，当正向输入信号小于反向输入信号时，第一电容阵列的最大一组位电容下极板由接 V_{CM} 切换为接 V_{REF}，第二电容阵列的最大一组位电容由接 V_{CM} 切换为接地；当正向输入信号大于反向输入信号时，第二电容阵列的最大一组位电容下极板由接 V_{CM} 切换为接 V_{REF}，第一电容阵列的最大一组位电容由接 V_{CM} 切换为接地。

后续比较过程：如果初次比较阶段的正向输入信号小于反向输入信号，那么后续比较过程中，若正向输入信号小于反向输入信号，则第一电容阵列对应的位电容下极板由地切换为 V_{REF}，第二电容阵列对应的位电容接法不变；若正向输入信号大于反向输入信号，则第一电容阵列对应的位电容接法不变，第二电容阵列对应的位电容下极板接法不变，对应位电容的前一个位电容下极板由地切换为 V_{CM}，以此类推，在最后一次比较时，若正向输入信号小于反向输入信号，则第一电容阵列的最后一位单位电容由接地切换为 V_{CM}，第二电容阵列对应的位电容接法不变；若正向输入信号大于反向输入信号，则第一电容阵列对应的位电容接法不变，第二电容阵列的最后一位单位电容由接地切换为 V_{CM}。

如果初次比较阶段的正向输入信号大于反向输入信号，那么后续比较过程中，若正向输入信号小于反向输入信号，则第一电容阵列对应的位电容下极板接法不变，对应位电容的前一个位电容下极板由地切换为 V_{CM}，第二电容阵列对应的位电容接法不变；若正向输入信号大于反向输入信号，则第一电容阵列对应的位电容接法不变，第二电容阵列对应的位电容下极板由地切换为 V_{REF}，以此类推，在最后一次比较时，若正向输入信号小于反向输入信号，则第一电容阵列的最后一位单位电容由接地切换为 V_{CM}，第二电容阵列对应的位电容接法不变；若正向输入信号大于反向输入信号，则第一电容阵列对应的位电容接法不变，第二电容阵列的最后一位单位电容由接地切换为 V_{CM}。

完成一次逐次逼近过程后，输出比较得到的二进制码和转换完成信号，等待下一次的转换。

假设电容阵列开关转换都是等概率发生的，则总的平均开关功耗为

$$E_{avg} = \sum_{i=1}^{n-2} 2^{n-i-4} C V_{REF}^2 \tag{3.37}$$

而传统型开关时序的平均转换功耗为

$$E_{avg,conv} = \sum_{i=1}^{N} 2^{N+1-2i}(2^i - 1) C V_{REF}^2 \tag{3.38}$$

单调开关时序平均转换功耗为

$$E_{avg,mono} = \sum_{i=1}^{N-1} (2^{N-2-i}) C V_{REF}^2 \tag{3.39}$$

V_{CM}-based 开关时序的平均功耗为

$$E_{\text{avg},V_{CM}\text{-based}} = \sum_{i=1}^{N-1} 2^{N-2-2i}(2^i - 1)CV_{\text{REF}}^2 \tag{3.40}$$

对于本节设计的 10 位 SAR A/D 转换器的总的平均功耗为 $63.9365\,CV_{\text{REF}}^2$，相对于单调开关时序和 V_{CM}-based 开关时序更加节省功耗。不同开关时序的平均功耗比较如表 3.2 所示，本节所提出的低功耗电容开关时序能节省能量超过 95%，节省面积 75%。

表 3.2　不同开关时序的平均功耗对照表

开关时序类型	平均开关功耗/ CV_{REF}^2	节省能量	节省面积
传统型时序	1363.33	0	0
单调性时序	255.5	81.2%	0
V_{CM}-based	170.16	87.54%	50%
本节的低功耗时序	63.94	95.3%	75%

通过 MATLAB 进行行为级建模，对各个时序的功耗进行了仿真，图 3.25 表示了这几种电容开关时序功耗随数字码的变化情况。如图 3.25 所示，本节提出的新型节能时序能够极大地减小在电容阵列开关转换时的功耗，这种时序能降低功耗的原因为：一是继承了单调时序的优点，在逐次逼近过程中，差分电容阵列只有一侧进行开关切换，相对于两次切换时序，如传统时序和 V_{CM}-based 时序更加节省转换能量；二是继承了 V_{CM}-based 时序的优点，在开关切换过程中，电容阵列中有一侧只在 V_{CM} 和地之间切换，相对于单调时序和传统时序切换 V_{REF} 更加节省功耗；三是实现了耦合电容的复用，在新时序中，耦合电容纳入了逐次逼近中的转换位，将转换网络的电容数量（面积）降低了一半；四是具有很低的复位功耗，从完成一次逐次逼近过程到复位到初始状态

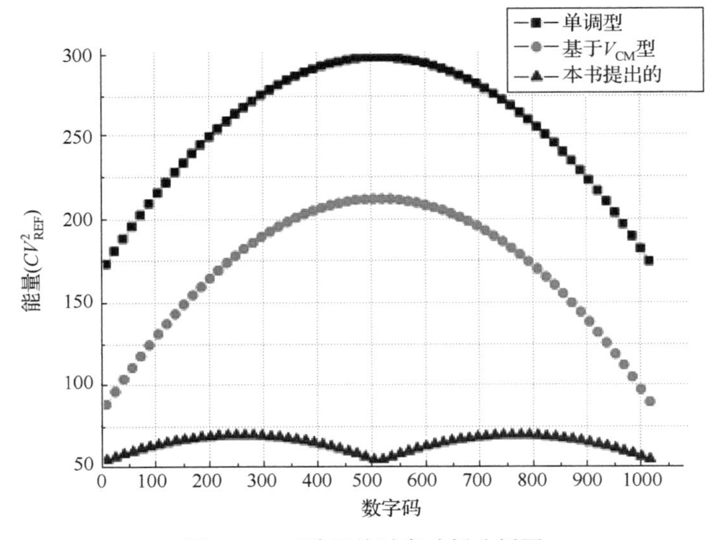

图 3.25　三种开关时序功耗分析图

迎接下一次转换时会有开关切换过程，同样产生功耗，由于每次逐次逼近过程千差万别，不容易定量描述复位功耗，但是比较初始状态会发现，在同样情况下，新开关时序只有最高位接到 V_{CM}，相对于其他时序，具有更低的复位功耗。综合以上四点原因，本节提出的新型开关时序有效地降低了电容转换网络的功耗，从而为实现超低功耗 SAR A/D 转换器奠定了基础。

3.2.3 自举开关

图 3.26 为自举开关的工作原理图，工作过程包括预充电和自举导通两个过程。在预充电阶段，MOS 管栅极接地，处于关断状态。电容 C_1 的上下极板分别接 V_{DD} 和地，C_1 充电完成后上下极板有 V_{DD} 的电压差。在钟控信号控制下，MOS 开关进入导通状态，此时电容 C_1 上下极板分别接到 MOS 管的栅源两端，因为电容两端电压不会突变，所以 MOS 开关栅源电压总是保持 V_{DD}，即 $V_{GS}=V_{DD}$，这样就使得 MOS 开关的导通电阻能够保持恒定。

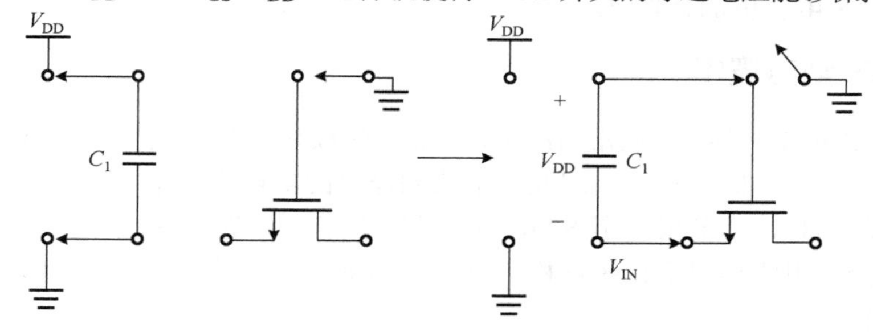

图 3.26　自举开关的工作原理图

本节所设计的 SAR A/D 转换器结合低功耗特点采用了如图 3.27 所示的自举开关，其中 Sample 是采样时钟信号，Sample_eb 是采样时钟的反相信号。

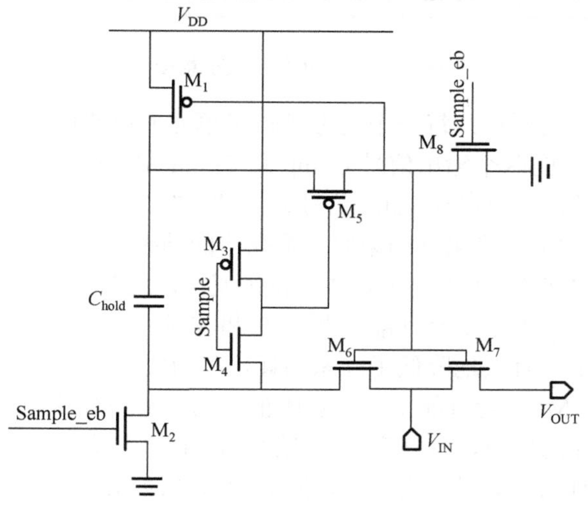

图 3.27　自举开关电路的原理图

自举开关在预充电阶段，Sample 为“0”，此时，NMOS 管 M_2 和 M_8 导通，M_1、M_6 和 M_7 的栅极通过 M_8 接地，M_1 导通，M_6 和 M_7 断开，电容 C_1 上下极板通过 M_1 和 M_2 分别接 V_{DD} 和地，完成预充电过程。电容 C_1 上下极板电压保持 V_{DD} 的电压差。当 Sample 变为“1”时，M_1、M_2 关断，M_5 导通，此时电容 C_1 两端分别接到 M_7 的栅源两端。这样就保证了 M_7 导通电阻不随输入信号 V_{IN} 的变化。对于 M_5 要特别注意，因为自举电容的电压可能高于 V_{DD}，接到 M_5 的源端会引起闩锁效应，为避免这种情况，在设计电路时要将其衬底与源端接到一起。

对于自举开关中的自举电容 C_{hold}，在很多设计方案中采用 MOS 电容，但本节设计采用了 MIM 电容。原因在于，对于 SAR A/D 转换器在 0.6V 低工作电压下，MOS 管工作在亚阈值区，MOS 电容具有低且不稳定的电容密度，而 MIM 电容可以相对容易地控制大小。当然，使用 MIM 电容会增大芯片面积，但是折中考虑还是采用 MIM 电容要比 MOS 电容更加合理[8]。

3.2.4 SAR 动态逻辑

对于 SAR A/D 转换器，通常情况下，控制逻辑模块的功耗仅次于 DAC 转换网络，在整体功耗中所占的比例较大，因此对于控制逻辑的功耗优化十分必要。为了降低数字逻辑电路的功耗，本节采用了 SAR 动态逻辑电路，如图 3.28 所示，采用动态逻辑的方法实现控制电路相对于传统结构可以极大地降低静态功耗，同时使用较少的 MOS 管，更加节省功耗。

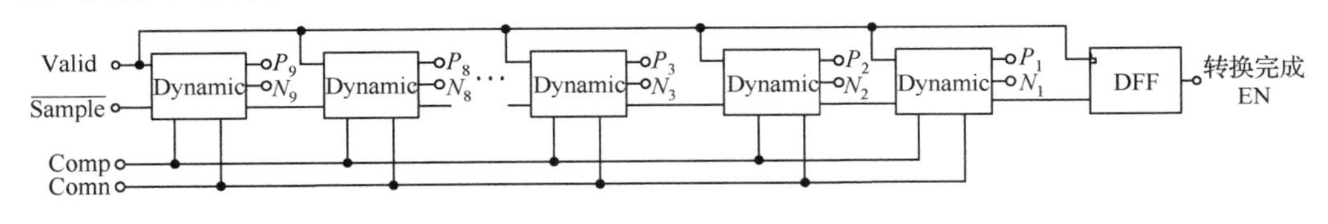

图 3.28 移位寄存器示意图

动态逻辑子电路的原理：每一个动态逻辑子单元的电路图如图 3.29 所示，其中 Valid 信号是由比较器的两个输出信号 Comp 和 Comn 相与得到，在采样阶段，比较器输出信号为“1”，经过与门得到 Valid 信号为“0”，在 Valid 信号控制下，动态逻辑单元的 P_i 和 N_i 复位到“0”。当采样结束时，最高位的动态逻辑单元的输入 D 由“0”切换到“1”，由于延时作用，此时 Valid 并未发生变化，此时 Clk_i 被下拉到地。当 Valid 下降沿到来时，输出 Q 被上拉到 V_{DD}，此时 P_i 和 N_i 完成了对比较器信号的锁存。

采用动态逻辑单元有效地降低了静态功耗，从而实现低功耗应用，然而对于超低电压低功耗设计时，MOS 管可能工作在亚阈值状态，无法有效地锁存。同时漏电现象也是本电路需要关注的地方，当 P_i 和 N_i 被锁存后，特别是高位的动态子单元中，要经过 9 个转换周期的时长，如果漏电严重，则会导致在最后统一输出转换结果时出现失码漏码的现象。可以从两个方面解决漏电问题：一是在与 P_i 和 N_i 直接相连的尾电流管

M_1、M_2 串联额外的 MOS 管，同时减小其宽长比，以减小漏电；二是通过增加反相器增大延时，使输出节点充电更加充分。

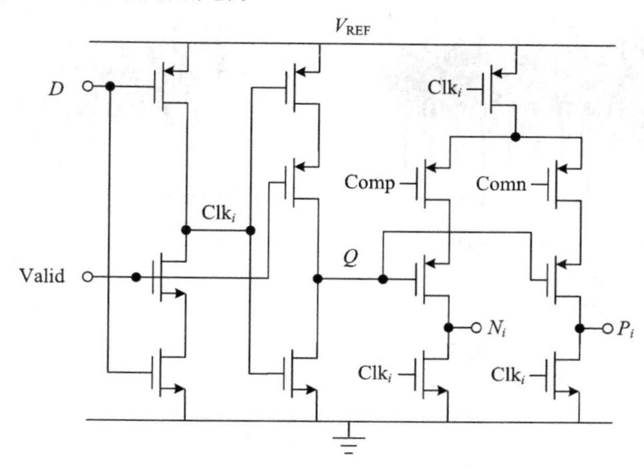

图 3.29　动态逻辑子单元的电路图

每一次产生的 P_i 和 N_i 信号通过相应组合逻辑模块控制电容阵列的开关，从而连接到相应的电压。当完成所有的逐次逼近过程后，由 D 触发器模块产生使能信号 EN，控制单相动态锁存器将锁存的数字码输出，一位模数转换过程结束，进行下一次转换。

3.2.5　实验结果

基于 SMIC 0.18μm 1P6M CMOS 工艺对 0.6V 10 位 20kS/s SAR A/D 转换器进行了流片验证，芯片有效面积约为 380μm×430μm，芯片照片如图 3.30 所示。10 位 20kS/s SAR A/D 转换器的非线性误差测试结果如图 3.31 所示，峰值 DNL 为–0.42～0.46LSB，峰值 INL 为–0.21～0.44LSB。图 3.32 为 20.833kS/s 下的奈奎斯特输入频率的频域测试结果，电源电压为 0.6V，SNDR 为 58.3dB，SFDR 为 67.7dB，折合 ENOB 为 9.4 位。整个 10 位 20kS/s SAR A/D 转换器的功耗为 10nW，折合 FOM 为 2.8fJ/Conv.-Step。

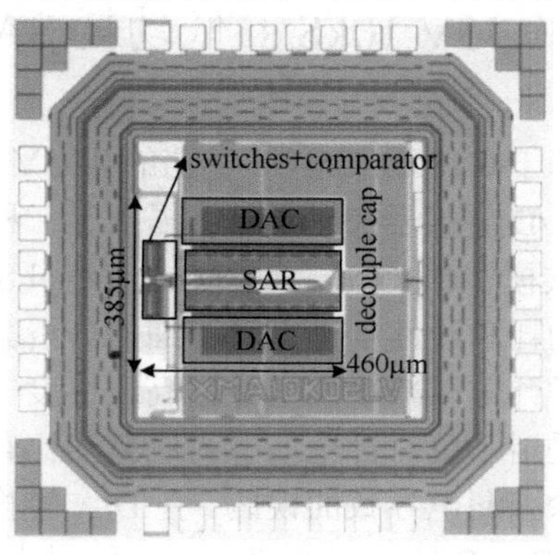

图 3.30　0.6V 10 位 20kS/s SAR A/D 转换器芯片照片

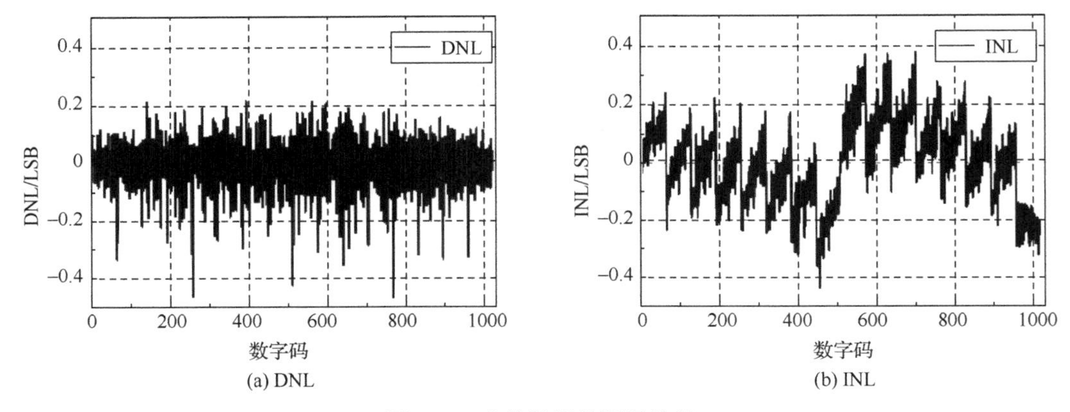

(a) DNL (b) INL

图 3.31 非线性误差测量结果

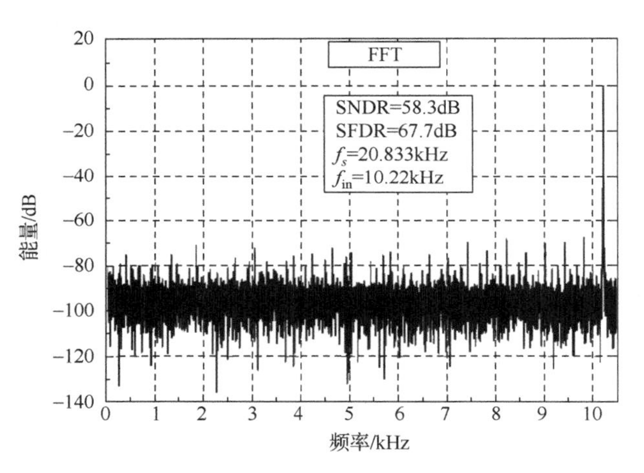

图 3.32 20.833kS/s 下奈奎斯特输入频率的频域测试结果

3.3 一种 8 位 0.35V 10kS/s 低功耗 SAR A/D 转换器

本节主要介绍了一种基于 0.18μm CMOS 工艺的 0.35V 10kS/s 低功耗 SAR A/D 转换器的设计，给出了 SAR A/D 转换器整体结构。提出了一种基于电容拆分技术的新型电容开关时序，采用 D/A 共模转移（Common Mode Level Shift，CMLS)技术，更适合低压下工作，并对其开关功耗和线性度进行了详细的分析。采用衬底偏置技术，提出了一种新型的两倍自举采样开关以减小漏电并提高线性度。为了避免偏置电路引入额外功耗和在低压下工作，采用了单时钟全动态衬底驱动比较器。采用了一种基于动态锁存结构的逻辑单元以消除因漏电导致的误码。在 D/A 转换器的电容阵列中使用了升压技术减小非线性误差。SAR A/D 转换器的流片测试结果表明 A/D 转换器的性能良好。

3.3.1　8 位 SAR A/D 转换器结构

图 3.33 示意了本设计的 8 位 10kS/s SAR A/D 转换器的结构框图。为了提高共模噪声抑制能力和转换精度，该 A/D 转换器采用差分结构。SAR A/D 转换器基本的模块包括自举开关、差分电容 DAC、比较器和 SAR 逻辑。采样阶段，差分电容 DAC 通过自举开关对输入信号进行采样以减小信号失真。转换阶段，比较器在时钟信号的控制下比较差分电容 DAC 的模拟输出，并将比较结果传递到 SAR 控制逻辑。SAR 控制逻辑根据比较器输出依次得到数字码并将其锁存以便转换完成后进行统一输出，同时通过相应的逻辑产生控制信号控制电容 DAC 完成逐次逼近的过程。

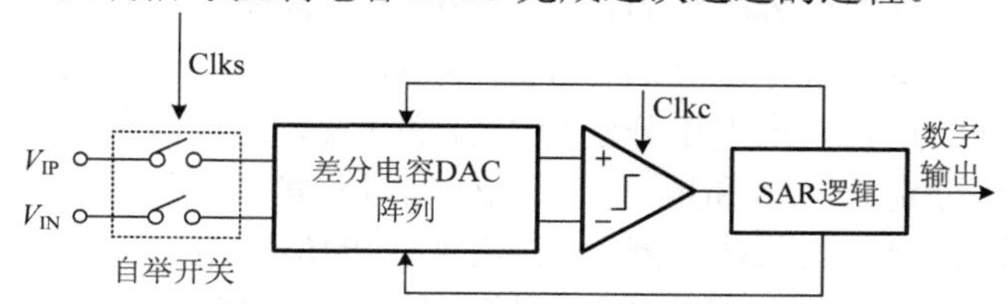

图 3.33　8 位 10kS/s SAR A/D 转换器的结构框图

3.3.2　基于电容拆分技术的新型电容开关时序

对于中低速的 SAR A/D 转换器，功耗的主要来源是电容阵列，另外电容阵列的线性度也是高精度 SAR A/D 转换器的设计瓶颈。因此对电容阵列开关时序的研究很有意义。本书提出了一种基于电容拆分技术[6]的新型电容开关时序，通过把 MSB 电容进行拆分，优化电容开关顺序，能进一步减小电容开关功耗。采用 D/A CMLS 技术，使比较器输入信号共模电平由 V_{CM} 提高到 V_{DD}，更适合低压下工作，同时利用 Dummy 电容，与传统结构相比，DAC 电容减小了 75%。图 3.34 示意了基于电容拆分技术的新型电容开关时序采用的电容结构。

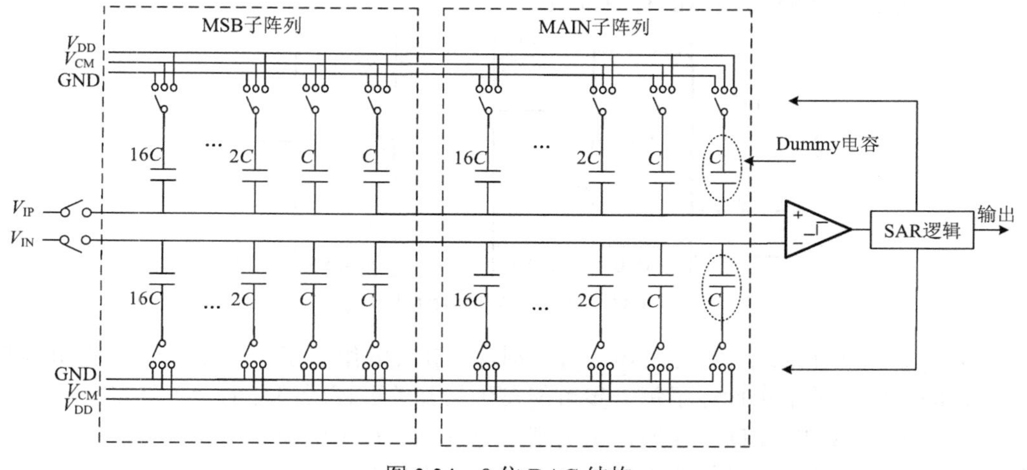

图 3.34　8 位 DAC 结构

采样阶段，差分输入信号 V_{IP} 和 V_{IN} 通过自举开关被电容的上极板采样，同时所有电容的下极板连接到GND。采样结束后，自举开关断开，在比较器复位阶段将所有电容的下极板连接到共模电平 V_{CM}，比较器进行第一次比较，这一步不消耗开关能量。MSB确定后，根据比较器输出结果，把输入信号较大一端电容阵列的MSB电容子阵列的下极板由接 V_{CM} 切换到接地，同时输入信号较小一端电容阵列的MSB电容子阵列的下极板由接 V_{CM} 切换到接 V_{REF}，而剩余低位电容构成主电容子阵列的接法保持不变。这样，比较器两端的输入电压均向共模电平 V_{CM} 平移了 $1/4V_{REF}$。在后续逐次逼近过程中，根据MSB为1或0，为电容阵列选择不同的电压作为基准电压。如果MSB=1，则比较器正输入端一侧的电容阵列的正负基准电压分别为 V_{CM} 和地，比较器负输入端一侧的电容阵列的正负基准电压分别为 V_{REF} 和 V_{CM}。反之MSB=0，则比较器正输入端一侧的电容阵列的正负基准电压分别为 V_{REF} 和 V_{CM}，比较器负输入端一侧的电容阵列的正负基准电压分别为 V_{CM} 和地。然后比较器进行第二次比较。如果MSB=1而且2nd-MSB=1，则比较器正输入端一侧主电容子阵列的最大电容下极板由接 V_{CM} 切换到接地，同时比较器负输入端一侧主电容子阵列的最大电容下极板由接 V_{CM} 切换到接 V_{REF}。如果MSB=1而且2nd-MSB=0，则比较器正负输入端MSB电容子阵列的最大电容下极板均重新切换到接 V_{CM}，而主电容子阵列中的最大电容均保持不变。这个过程一直重复直到2nd-LSB确定。2nd-LSB确定后，根据比较器输出结果，把输入信号较大一端电容阵列的主电容阵列中Dummy电容的下极板由接 V_{CM} 切换到接地，同时输入信号较小一端电容阵列的主电容阵列中Dummy电容的下极板保持不变，从而确定LSB。

图3.35给出了采用该开关时序的8位SAR A/D转换器的时序图，可以看出，采样阶段输入信号的共模电平为 V_{CM}，比较器比较阶段，输入信号共模电平由 V_{CM} 提高到 V_{DD}。同时除了最后一个转换周期，输入信号的共模电平都维持在 V_{DD}，最后一个转换周期，共模电平偏离 $1/2^8V_{DD}$，对输入信号幅度限制的影响几乎可以忽略不计，也几乎不影响SAR A/D转换器的有效位数。

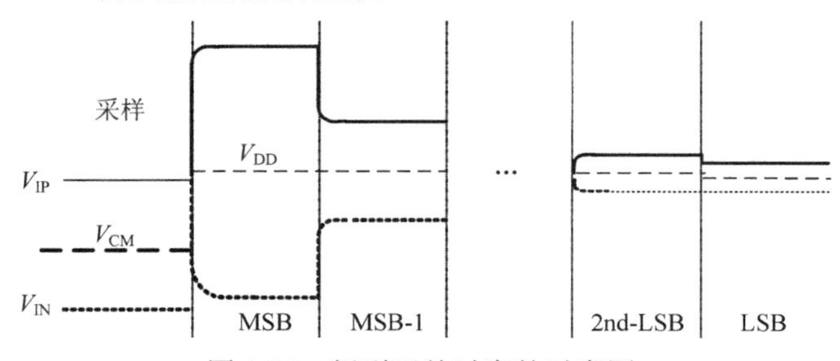

图3.35　新型开关时序的时序图

为了更直观详细地理解这种电容开关时序，图3.36给出了一个4位差分SAR A/D转换器的示例，图中也标注了每一步可能发生的开关过程所消耗的开关能量。

对于 N 位SAR A/D转换器，采用基于电容拆分技术的新型电容开关时序，假设每一种电容开关转换都是等概率发生的，则总的平均开关功耗为

$$E_{\text{proposed}} = 2^{N-5} + \sum_{i=2}^{N-2} 2^{N-3-2i}(2^{i-1}-1) - 1/2^N + \frac{1}{4}(N \geqslant 3) \tag{3.41}$$

对于 8 位 SAR A/D 转换器，总的平均开关功耗为$13.33C_uV_{\text{REF}}^2$，比传统开关时序[9]节省 96%，分别比 V_{CM}-based[10]和传统电容拆分开关时序节省 68.3%和 49.5%。图 3.37 示意了四种开关时序的开关功耗随数字码的变化情况。

DAC 电容阵列是 SAR A/D 转换器的核心部分，整个 A/D 转换器的精度主要受到电容的各种非理想因素决定。如果要降低功耗，则希望单位电容越小越好，但在实际应用中，单位电容的大小主要由失配和噪声决定，一般来说，精度低于 12 位的由电容失配来决定。假设单位电容服从均值为 C_u 和方差δ_u的高斯分布，则电容阵列的每组位电容可以表示为

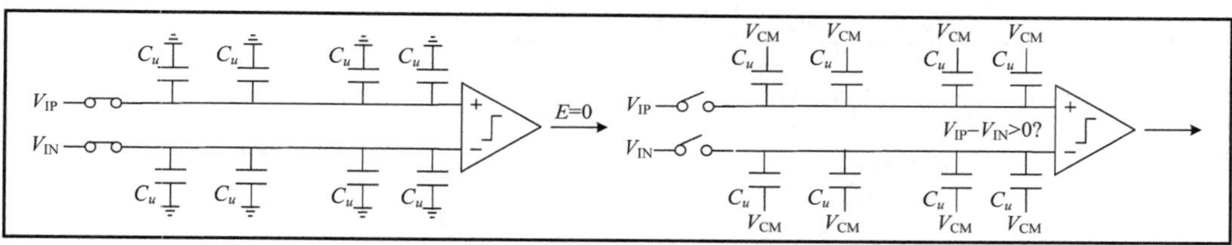

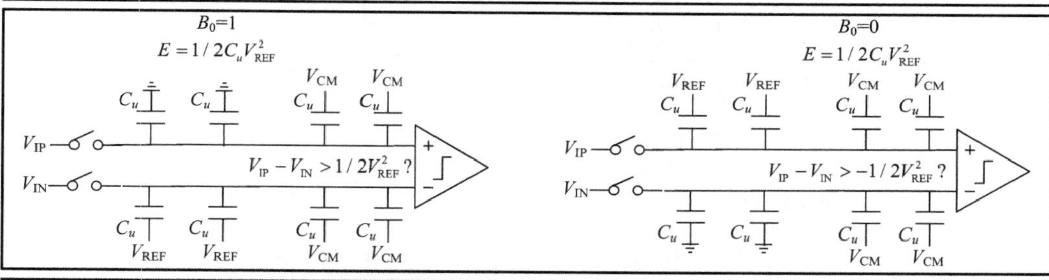

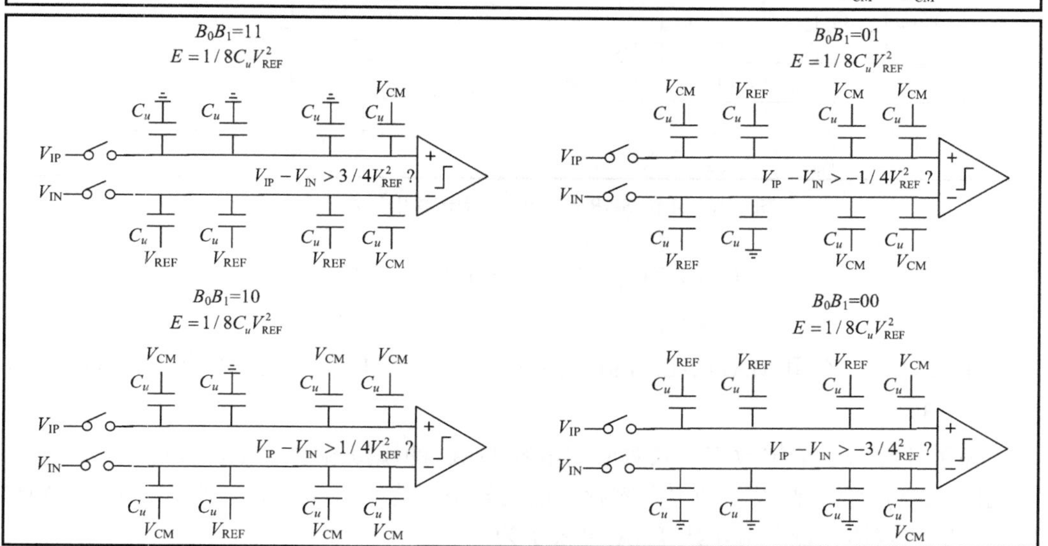

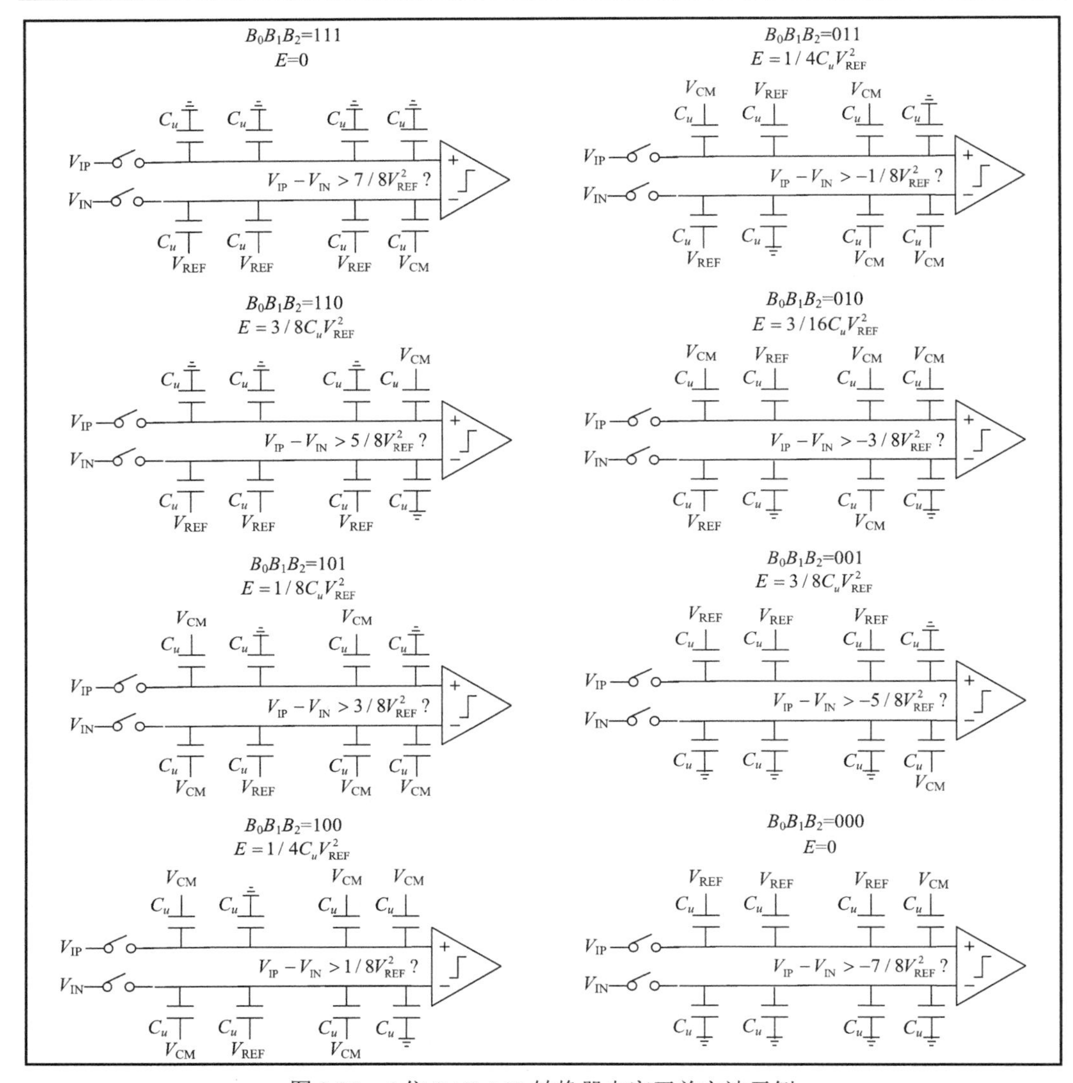

图 3.36　4 位 SAR A/D 转换器电容开关方法示例

$$
\begin{aligned}
&C_i = 2^{i-1}C_\mu + 2^{\frac{i-1}{2}}\delta_u (i = 1,2,3,\cdots,N-1) \\
&C_1 = C_0
\end{aligned}
\tag{3.42}
$$

$E(\delta_i^2) = 2^{i-1}\delta_\mu^2$。在用 MATLAB 分析线性度时，设单位电容的失配标准差为 0.03，即 $\delta_0 / C_0 = 3\%$。

为了计算对于给定数字输入对应的电容 DAC 的模拟输出 $V(X)$，以比较器正输入端电压 $V_P(X)$为例，假设阵列中电容存储的初始电荷为零（$V_{IN}=0$），则 N 位电容 DAC 所对应的比较器正输入端电压 $V_P(X)$可表示为

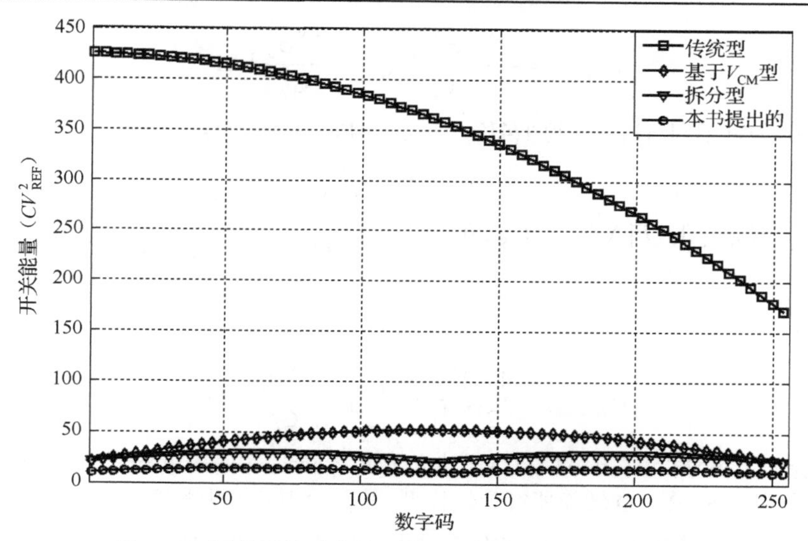

图 3.37　四种开关时序的开关功耗随数字码的变化情况

$$
\begin{aligned}
V_P(X) &= V_{IP} - \frac{\sum\limits_{GND}(C_i + C_{b,i})}{\sum\limits_{i=0}^{N-3} C_i + \sum\limits_{i=0}^{N-3} C_{b,i}} V_{CM} \\
&= V_{IP} - \frac{\sum\limits_{GND}(2^{i-1}C_0 + \delta_i + 2^{i-1}C_{b,0} + \delta_{b,i})}{2^{N-3}C_0 + 2^{N-3}C_{b,0} + \Delta C} V_{CM}
\end{aligned} \tag{3.43}
$$

式中，$\Delta C = \sum\limits_{i=0}^{N-3}\delta_i + \sum\limits_{i=0}^{N-3}\delta_{b,i}$ 。ΔC 的影响很小，可以忽略，则

$$
V_P(X) \approx V_{IP} - \frac{\sum\limits_{GND}(2^{i-1}C_0 + \delta_i + 2^{i-1}C_{b,0} + \delta_{b,i})}{2^{N-3}C_0 + 2^{N-3}C_{b,0}} V_{CM} \tag{3.44}
$$

由失配引起的误差为

$$
V_{P,\text{error}}(X) = \frac{\sum\limits_{GND}(\delta_i + \delta_{b,i})}{2^{N-3}C_0 + 2^{N-3}C_{b,0}} V_{CM} \tag{3.45}
$$

对于基于电容拆分技术的新型电容开关时序，由于 MSB 的确定与电容失配无关，所以最大的 INL 发生在 $V_{FS}/4$ 和 $3V_{FS}/4$ 这两步转换中，有

$$
E[V^2_{P,\text{error}}(V_{3FS/4})] = E[V^2_{P,\text{error}}(V_{FS/4})] = E\left[\left(\frac{\sum\limits_{i=0}^{N-3}\delta_i}{2^{N-2}C_u} V_{CM}\right)^2\right] \tag{3.46}
$$

方差为

$$\delta_{\mathrm{INL,max}}^2 = \frac{2^{N-3}\sigma_u^2}{2^{2N-4}C_u^2}V_{\mathrm{CM}}^2 = \frac{1}{2}\frac{2^N\sigma_u^2}{C_u^2}\mathrm{LSB}^2 \tag{3.47}$$

最大的 DNL 发生在 $1/4V_{\mathrm{FS}}-1$ 到 $1/4V_{\mathrm{FS}}$ 以及 $3/4V_{\mathrm{FS}}-1$ 到 $3/4V_{\mathrm{FS}}$ 转换中，有

$$E[\Delta V_{P,\mathrm{error}}^2(V_{\mathrm{3FS/4}})] = E[\Delta V_{P,\mathrm{error}}^2(V_{\mathrm{FS/4}})] = E\left[\left(\frac{\sum_{i=0}^{N-3}\delta_i}{2^{N-2}C_u}V_{\mathrm{CM}} - \frac{\delta_{N-3}+\delta_{b,N-3}}{2^{N-2}C_u}V_{\mathrm{CM}}\right)^2\right] \tag{3.48}$$

方差为

$$\delta_{\mathrm{DNL,max}}^2 = \frac{4\times 2^{N-4}\sigma_u^2}{2^{2N-4}C_u^2}V_{\mathrm{CM}}^2 = \frac{2^N\sigma_u^2}{C_u^2}\mathrm{LSB}^2 \tag{3.49}$$

为了验证上述分析，基于 MATLAB 建立了 V_{CM}-based 和基于拆分的新型电容开关时序的 10 位差分电容 SAR A/D 转换器行为级模型，并假设电容的失配度为 3%（$\delta_0 / C_0 = 3\%$）。图 3.38 示意了 500 次 Monte-Carlo 的仿真结果，从图中可知，基于电容拆分技术的新型电容开关时序 INL 比 V_{CM}-based 电容开关时序减小为原来的$1/\sqrt{2}$，DNL 相同。

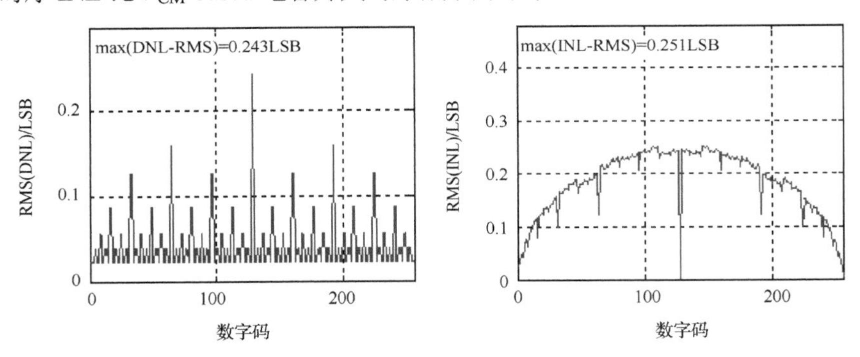

(a) V_{CM}-based开关时序

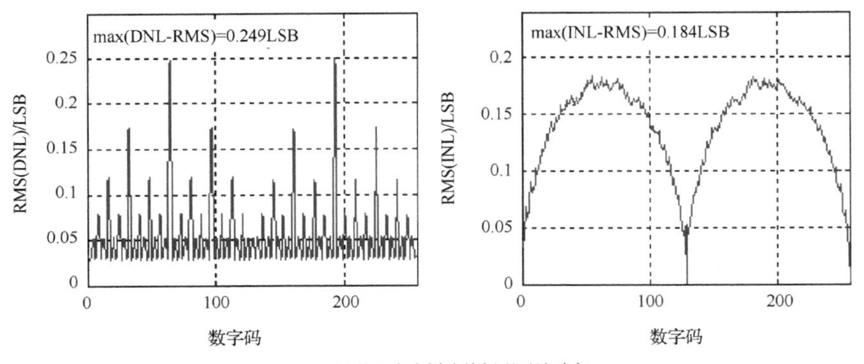

(b) 基于电容拆分的新型开关时序

图 3.38　两种电容开关时序的 INL 和 DNL 仿真结果

3.3.3 低漏电、低失真自举开关

低电源电压、低采样速率的开关电容结构的 A/D 转换器离不开一个高 R_{off}/R_{on}（R_{off} 为开关的关断电阻，R_{on} 为开关的导通电阻）的采样开关。通常采用自举开关[11]来减小开关的导通电阻，从而减小采样的非线性失真。但是在低电源电压供电下，传统的自举开关已无法满足采样非线性失真的要求。本书提出一种两倍自举的采样开关，如图 3.39 所示，采用衬底偏置技术，有效提高了 R_{off}/R_{on}，同时降低了泄漏电流。

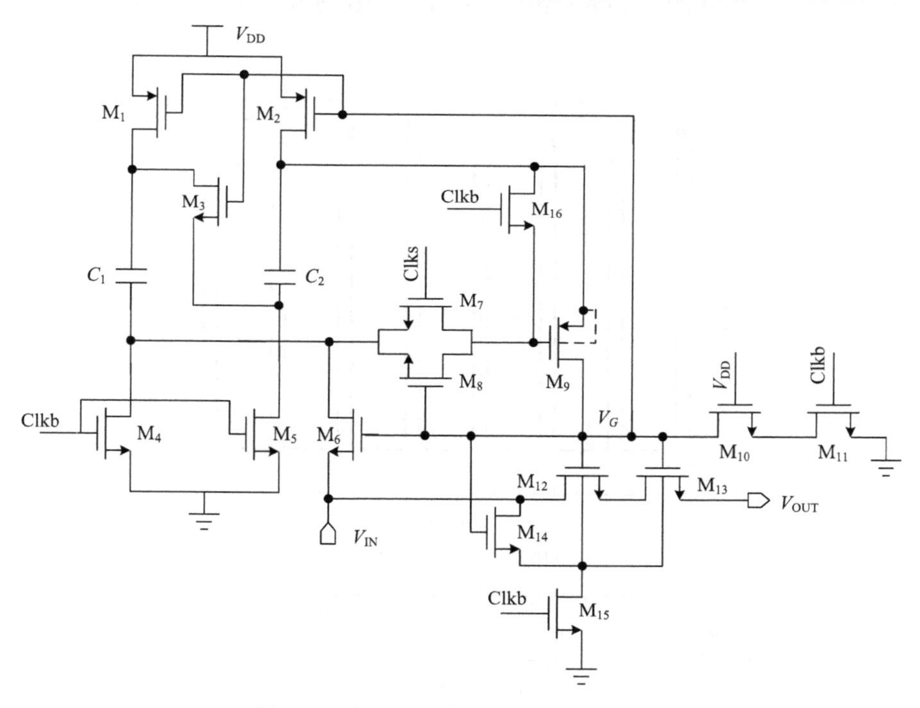

图 3.39 低漏电、低失真两倍自举开关

工作原理如下：其中 Clks 为采样时钟，Clkb 为与 Clks 反相的时钟。当 Clks 为低电平时，M_4、M_5、M_{10}、M_{11}、M_{15} 导通，M_1 和 M_2 的栅电压变为低电平，使其导通，M_3 截止，C_1 和 C_2 被充电到 V_{DD}，M_6、M_7、M_8、M_{12}、M_{13}、M_{14} 截止，输出电压保持。当 Clks 为高电平时，M_4、M_5、M_{11} 截止，M_7 导通，M_9 的栅电压为低电平，导通使得 M_{12} 和 M_{13} 的栅压为 V_{DD}，M_6 导通，M_1、M_2 截止，M_3 导通，C_1 的下极板等于输入电压 V_{IN}，上极板为 $V_{DD}+V_{IN}$，且等于 C_2 的下极板电压，电荷守恒使得 C_2 的上极板电压为 $2V_{DD}+V_{IN}$，M_9 的栅电压由于 M_7 和 M_8 构成的传输门等于 V_{IN}，所以 M_9 将源极电压 $2V_{DD}+V_{IN}$ 传输给 M_{12} 和 M_{13} 的栅极，使得 M_{12} 的 $V_{GS}=2V_{DD}$，提高了开关的线性度，如图 3.40(a)所示。

本设计中用两个串联的 $L_{\min}$ 的 MOS 管来代替一个 $2L_{\min}$ 的 MOS 管[12]，可以有效地降低 MOS 开关的亚阈值漏电流，因此使用了 M_{12} 和 M_{13} 两个串联管作为采样开关。同时采样开关 M_{12} 和 M_{13} 采用了衬底偏置技术，在采样阶段，M_{14} 导通，将开关的衬底和源连接，提高了线性度，在保持阶段，M_{15} 导通，将衬底接地，降低了泄漏电流。M_{16} 管的作用是在保持阶段将 M_9 管的栅压抬高至 V_{DD}，关断 M_2，M_9 到 V_G 的通路，进一步降低泄漏电流。

图 3.40(b)给出了采样频率为 10kHz，采样开关在 1024 个采样点下的 FFT 频谱图，可以看到自举开关的 SFDR 为 66.57dB，ENOB 为 10.75 位，满足本设计中的 8 位设计精度的要求。

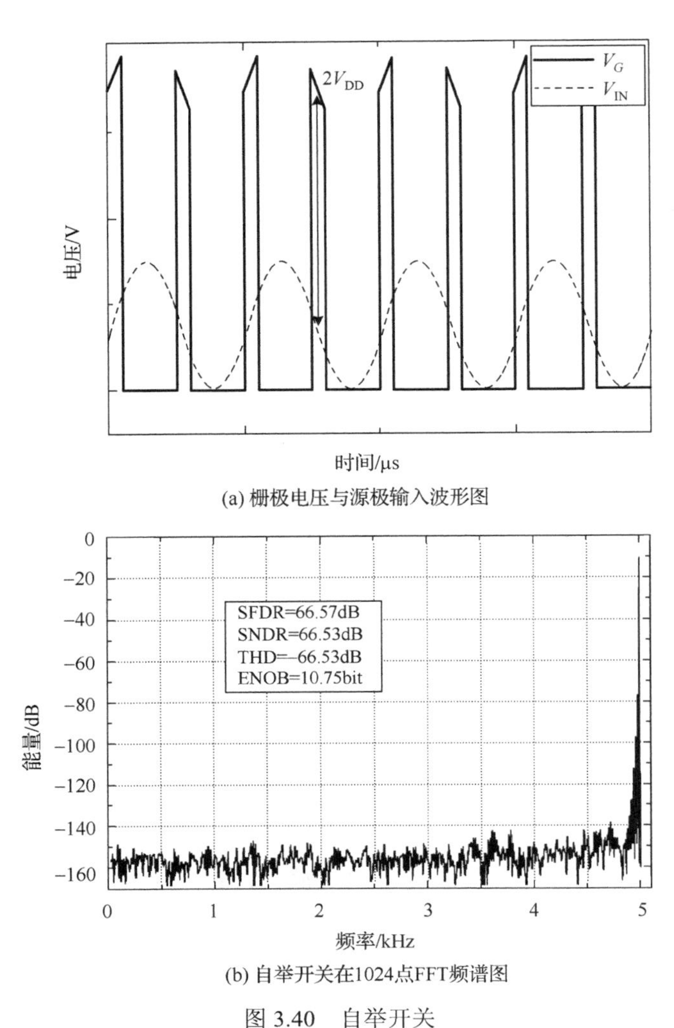

(a) 栅极电压与源极输入波形图

(b) 自举开关在1024点FFT频谱图

图 3.40　自举开关

3.3.4　衬底驱动全动态比较器

为了减小功耗，设计中采用两级低失调、低回踢噪声的全动态比较器，同时为了实现低压工作，第二级采用衬底驱动的锁存器结构，如图 3.41 所示。

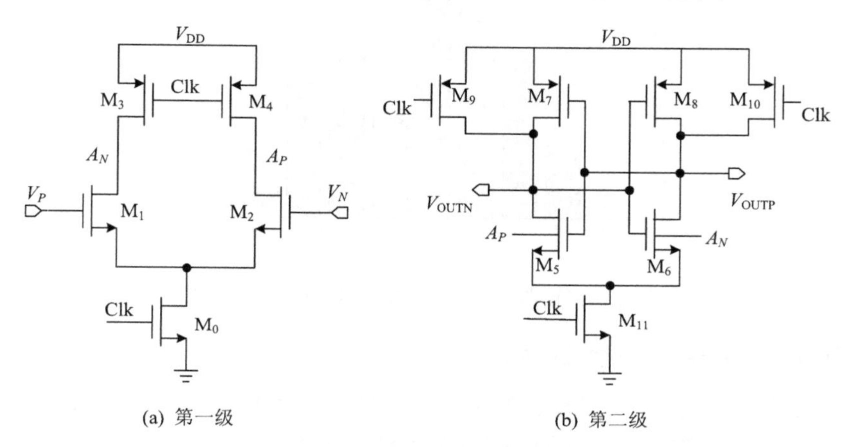

图 3.41　衬底驱动全动态比较器

在复位阶段，Clk 为低电平，尾电流管 M_0 和 M_{11} 关断，电路中没有静态电流流过，节省了功耗。M_3、M_4 导通，将 A_N 和 A_P 拉到高电位，同时 M_9、M_{10} 导通，分别将输出节点 V_{OUTP} 和 V_{OUTN} 复位到高电平。当比较器进入比较阶段时，Clk 为高电位，此时 M_0，M_{11} 导通，M_3、M_4、M_9、M_{10} 关断。节点 A_N 和 A_P 以 I/C_p 的速度开始下降。V_P 和 V_N 之间存在的电压差，使得两个节点的放电速度不同。这样，A_N 和 A_P 之间产生一个电压差通过 M_5 和 M_6 传递到第二级的锁存器。由于 M_5 管和 M_6 管对输出节点的电容放电速度的不同，这将决定 M_7 和 M_8 中哪个管子导通。触发由 M_5、M_7 和 M_6、M_8 背靠背反相器组成的正反馈，从而将输出节点 V_{OUTP} 和 V_{OUTN} 上拉到 V_{DD} 或下拉到地电位。

与传统的双尾电流型动态锁存比较器[13]不同的是，该衬底驱动比较器只采用单相时钟，避免了在低压下需要一个很大尺寸的反相器来产生反相时钟，从而降低了比较器的传输延时，提高了比较器的速度。另外，开关时序利用共模电平转移技术，将比较器的共模电平抬高到 V_{DD}，同时衬底驱动技术的采用使得低压比较器的设计成为可能。整个比较器工作阶段只有第一级放电和第二级放大再生阶段才有功耗，适合用于低功耗设计。

为了测量该比较器的输入失调电压，进行了 200 次 Monte-Carlo 仿真，并用 MATLAB 对数据进行处理，结果如图 3.42 所示：比较器的失调电压平均值为 1.6mV，失调电压的偏差为 3.5mV。对于 SAR A/D 转换器，比较器失调只会引入一个系统失调并减小信号输入范围。输入信号范围的减小只会在很小的程度上降低 SNDR，从而对整体 ENOB 的影响也在可接受范围内。

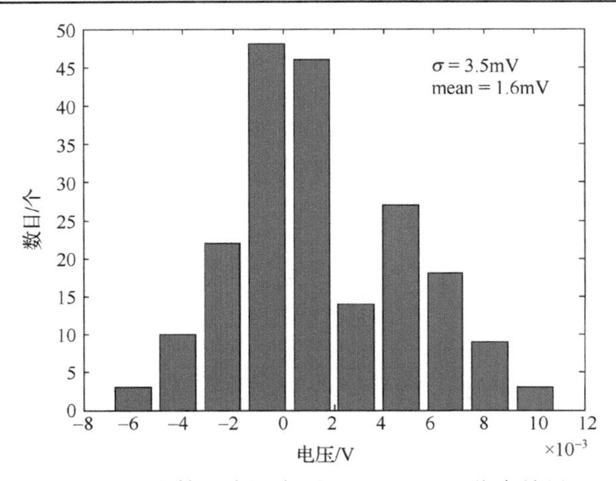

图 3.42　比较器失调电压 Monte-Carlo 仿真结果

3.3.5　DAC 阵列中的电容驱动开关

在低于 1V 电源电压的设计中，开关电容电路中的驱动开关通常需要很高的 R_{off}/R_{on} 才能满足非线性误差的要求。普通的 MOS 管开关已经不能满足这样的要求。本书采用了一种无任何静态功耗的新型驱动开关，如图 3.43 所示。在 0.35V 电源电压下，可以将开关管 M_4 的栅压抬高到近 0.7V，有效地减小了导通电阻，降低了由驱动开关

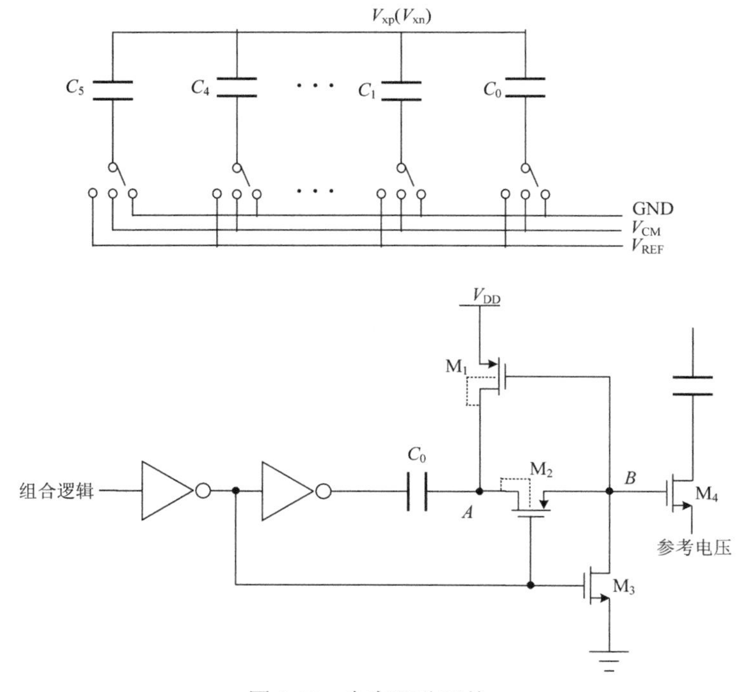

图 3.43　电容驱动开关

引入的非线性误差。当组合逻辑产生逻辑电平“0”时，M_3 管导通将 M_4 管栅极电位拉到地，M_4 管关断。与此同时，M_1 管导通，为电容 C_0 提供了一条充电的通路。当电路接到逻辑电平“1”时，M_2 管导通，M_3 管关断。此时，存储在电容 C_0 上的电荷加到了节点 B，因此使开关管 M_4 的栅极产生了 $2V_{DD}$ 的电平，从而减小了开关管的导通电阻。这个 Boost 电路仅由四个管子和两个反相器组成，因此适合嵌入在电容阵列中作为电容的驱动开关。驱动开关的尺寸随着二进制电容的缩小而成比例缩小。

3.3.6　低漏电 SAR 控制逻辑

基于传统 SAR 控制逻辑的数字电路功耗仍然十分显著。为了降低数字电路的功耗，采用基于动态逻辑的 SAR 控制[14]代替传统 CMOS 触发器实现的控制方法，如图 3.44 所示，由于使用了较少的晶体管，所以功耗大大减少，速度也有较大提升。其中主控制电路根据比较器输出信号得到控制信号 P_i/N_i 并输出数字码，信号 P_i/N_i 通过组合逻辑电路实现对电容阵列的充放电。采样阶段，主控制电路所有输出复位清零。Valid(Valid=Out_P&Out_N）下降沿到来时，控制电路对比较器输出进行采样，根据比较器输出 $\text{Out}_P/\text{Out}_N$ 决定 P_i/N_i 哪个上升为高电平。采样结束后 Q 立即上拉到 V_{DD}，关断采样通路。动态逻辑控制电路的时序图如图 3.45 所示。

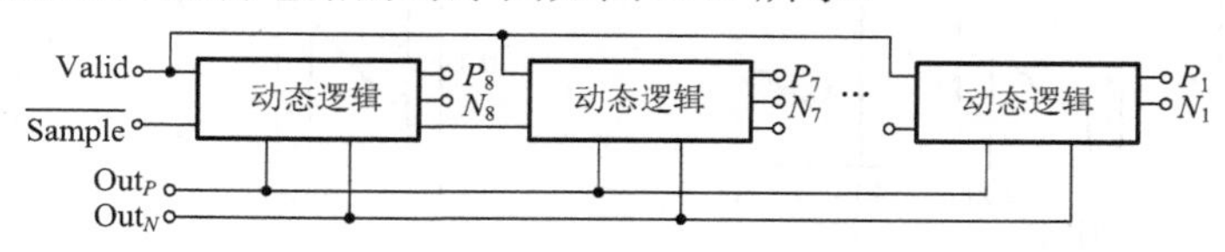

图 3.44　SAR 控制逻辑图

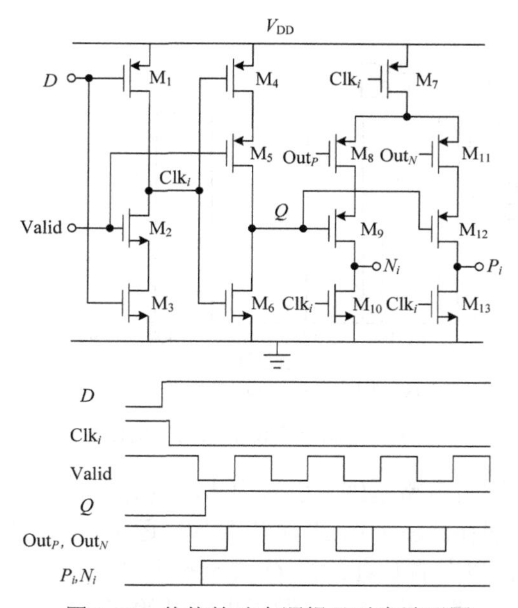

图 3.45　传统的动态逻辑及时序波形图

随着工艺尺寸的不断缩减，MOS 管的漏电逐渐成为一个受关注的问题，尤其是电路在低速工作时由于节点 P/N 在储存比较器的比较结果时处于悬空状态。因此会出现如图 3.46 所示严重的漏电现象。MOS 管亚阈值漏电电流可表示为

$$I \propto \frac{W}{L}\exp\left(\frac{V_{\mathrm{GS}}-V_T}{nkT/q}\right)\left[1-\exp\left(\frac{-V_{\mathrm{DS}}}{kT/q}\right)\right] \tag{3.50}$$

这将会导致 ADC 出现误码。增加晶体管的沟道长度可以在一定程度上缓减漏电。如图 3.46(b)所示，增加了 M_{10}、M_{13} 的沟道长度，在一定程度上减小了节点 P/N 的漏电，但在芯片实际工作过程中，比较器的亚稳态和时钟抖动均会引起 P/N 的保持时间长短变化。因此单纯地增加 M_{10}、M_{13} 的沟道长度不能彻底消除节点 P 和 N 的漏电问题。本书采用了一种新型逻辑电路单元，如图 3.47 所示。

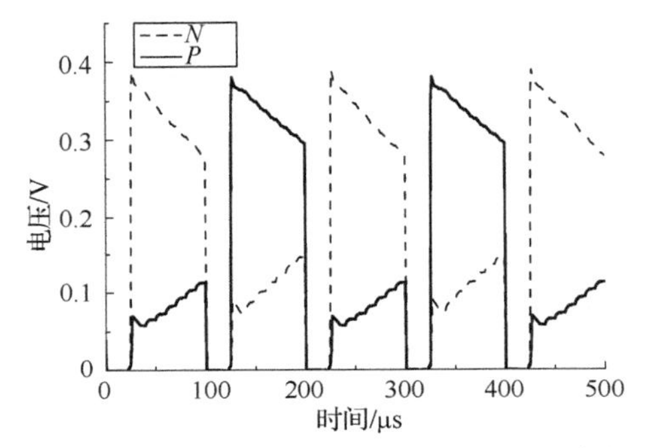

(a) 短沟MOS管实现的动态逻辑单元P和N电平变化

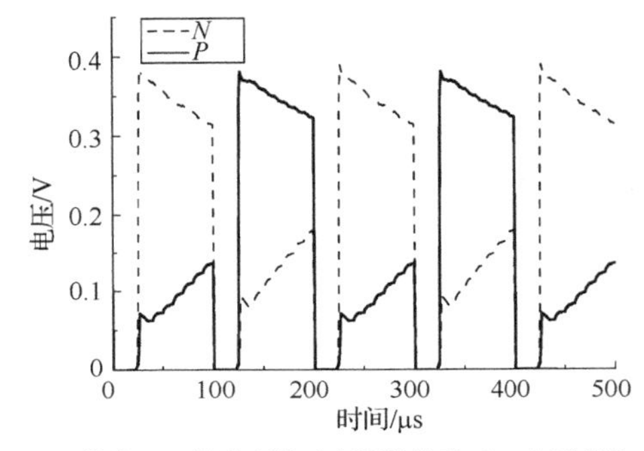

(b) 长沟MOS管实现的动态逻辑单元P和N电平变化

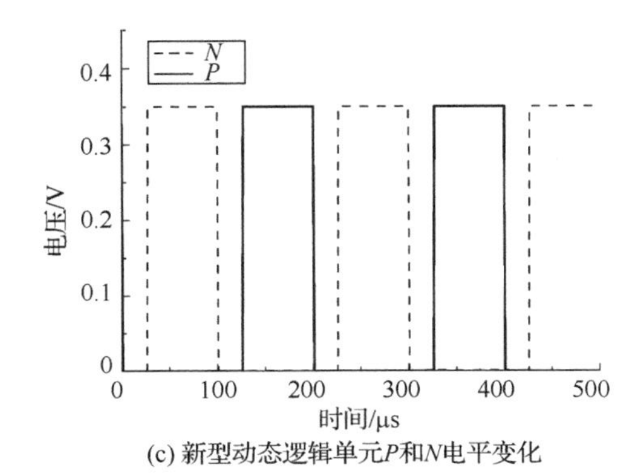

(c) 新型动态逻辑单元P和N电平变化

图 3.46　动态逻辑单元电平变化

通过在已有的传统逻辑电路基础上引入由 M_9、M_{11}、M_{12} 和 M_{14} 组成的背靠背锁存结构，将比较结果分别存储在节点 P 和节点 N。逻辑电路产生的 Q 在低电平时，M_{15} 关断动态逻辑的电流以节省功耗。当 Q 跳至高电平时，表征比较器已经完成建立过程。Q 信号打开 M_{15}，关断 M_7、M_{16}。逻辑电路开始将 CMPP 和 CMPN 结果锁存起

来。由于锁存结构的正反馈机制，所以可以消除因漏电而导致误码的问题，节点 P 和 N 在高电平时维持在 V_{DD} 电位，没有漏电现象发生。

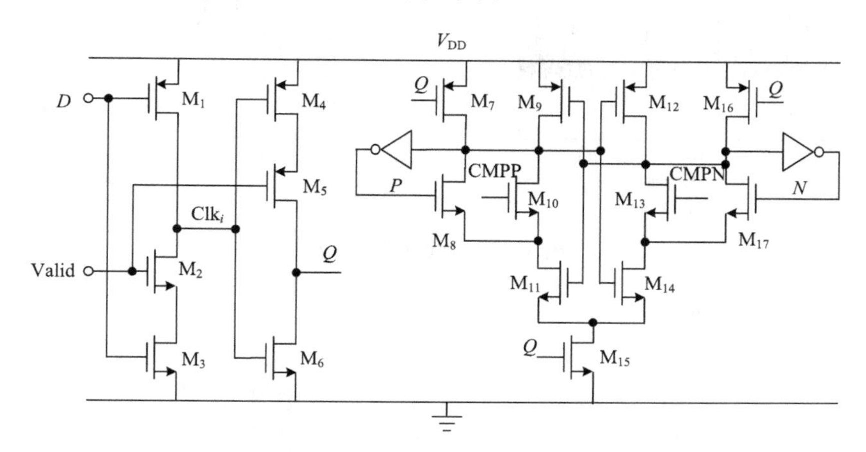

图 3.47　新型动态逻辑电路图

3.3.7　测试结果与讨论

本节所设计的 SAR A/D 转换器采用 0.18μm 标准 CMOS 工艺实现，图 3.48 为未封装的 SAR A/D 转换器的裸片照片，ADC 核的实际有效面积为 0.392mm×0.215mm。

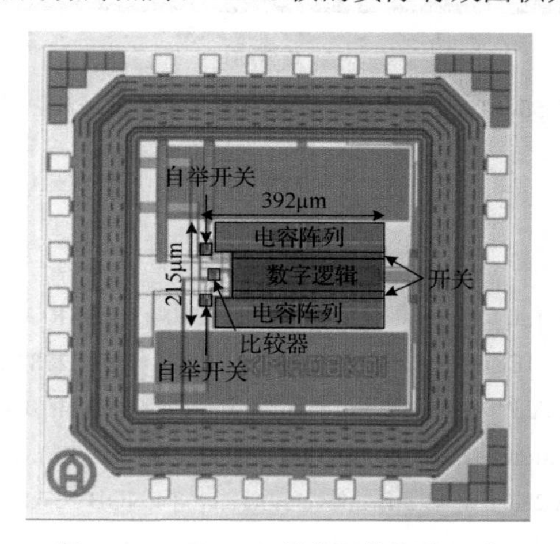

图 3.48　SAR A/D 转换器的裸片照片

图 3.49 给出了 8 位 10kS/s SAR A/D 转换器的非线性误差测试结果，DNL 为−0.25～0.4LSB，INL 为−0.48～0.42LSB。图 3.50 为奈奎斯特输入频率下的频域测试结果，电源电压为 0.35V，SFDR 为 54.3dB，SNDR 为 45.21dB，ENOB 为 7.21 位。整个 8 位 10kS/s SAR A/D 转换器的功耗为 23nW，FOM 为 7.8fJ/Conv.-Step。

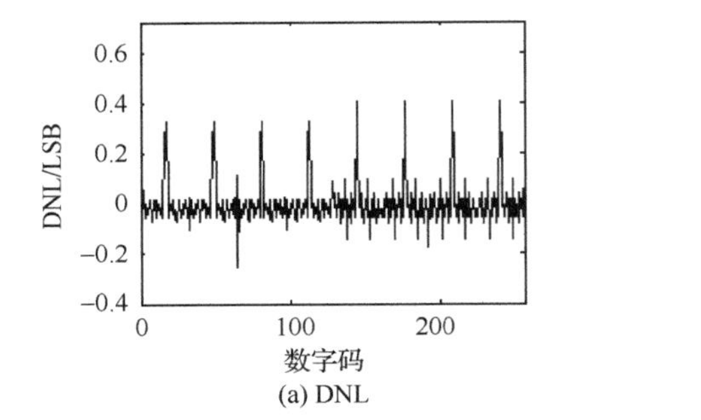

(a) DNL

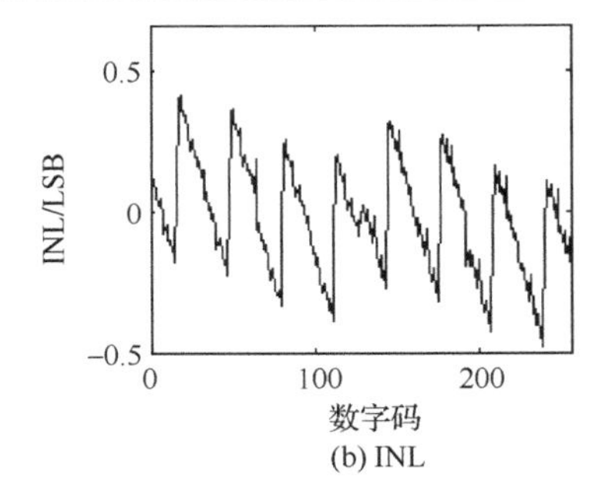

(b) INL

图 3.49 非线性测量结果

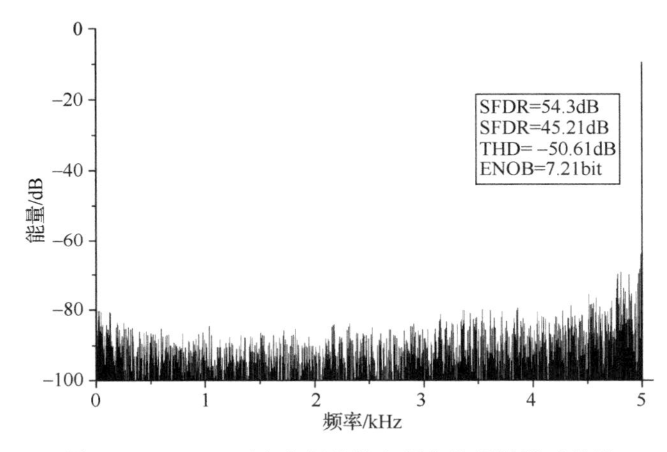

图 3.50 10kS/s 下奈奎斯特输入频率的频域测试结果

参 考 文 献

[1] Huang G Y, Chang S J, Liu C C, et al. A 1-μW 10-bit 200-kS/s SAR ADC with a bypass window for biomedical applications. IEEE J Solid-State Circuits, 2012, 47(11):2783-2795.

[2] Yip M, Chandrakasan A P. A resolution-reconfigurable 5-to-10-bit 0.4-to-1V power scalable SAR ADC for sensor applications. IEEE J Solid-State Circuits, 2013, 48(6): 1453-1464.

[3] Yuan C, Lam Y Y H. A 281-nW 43.3 fJ/conversion-step 8-ENOB 25-kS/s asynchronous SAR ADC in 65nm CMOS for biomedical applications. IEEE Int Symp on Circuits and Systems, 2013: 622-625.

[4] Harpe P, Cantatore E, Van Roermund A. A 2.2/2.7 fJ/conver-sion-step 10/12b 40 kS/s SAR ADC with data-driven noise reduction. IEEE Int Solid-State Circuits Conf, 2013: 270-271.

[5] Zhu Z M, Xiao Y, Wang W T, et al. A 1.33μW 10-bit 200kS/s SAR ADC with a rri-level based capacitor switching procedure. Microelectronics Journal, 2013, 44(12):1132-1137.

[6] Zhu Z M, Xiao Y, Liang L, et al. A 3.03μW 10-bit 200kS/s SAR ADC in 0.18μm CMOS. Journal of

Circuits, Systems, and Computers, 2013, 22(4):1350026.

[7] Zhu Z M, Xiao Y, Song X L. Vcm-based monotonic capacitor switching scheme for SAR ADC. IET Electronics Letters, 2013, 49(5):327-329.

[8] Liu C C, Chang S J, Huang G Y, et al. A 10-bit 50-MS/s SAR ADC with a monotonic capacitor switching procedure. IEEE J Solid-State Circuit, 2010, 45(4):731-740.

[9] Ginsburg B P, Chandrakasan A P. An energy-efficient charge recycling approach for a SAR converter with capacitive DAC. Proc IEEE Int Symp Circuits and Systems, 2005(1):184-187.

[10] Zhu Y, Chan C H, Chio U F, et al. A 10-bit 100-MS/s reference-rree SAR ADC in 90 nm CMOS. IEEE J Solid-State Circuits, 2010, 45(6):1111-1121.

[11] Zhu Z M, Qiu Z, Liu M L, et al. A 6-to-10-bit 0.5V-to-0.9V reconfigurable 2MS/s power scalable SAR ADC in 0.18μm CMOS. IEEE Trans on Circuits and Systems I: Regular Papers, 2015, 62(3): 689-696.

[12] Zhang D, Bhide A, Alvandpour A. A 53-nW 9.1-ENOB l-kS/s SAR ADC in 0.13-μm CMOS for medical implant devices. IEEE J Solid-State Circuits, 2012, 47(7):1585-1593.

[13] Schinkel D, Mensink E, Kiumperink E, et al. A double-tail latch-type voltage sense amplifier with 18ps setup+hold time. IEEE ISSCC, 2007:314-315.

[14] Zhu Z M, Xiao Y, Wang W T. A 0.6V 100 kS/s 8-10b resolution configurable SAR ADC in 0.18μm CMOS, analog integr. Circuits Signal Process, 2013, 75(2):335-342.

第 4 章　高精度 SAR A/D 转换器

本章结合作者的研究工作，介绍 16 位 1MS/s CMOS SAR A/D 转换器的系统结构、校准、电路设计和版图实现等关键技术。

4.1　高精度 SAR A/D 转换器的校准技术

在集成电路制造过程中，SAR A/D 转换器中的电容值存在误差，如果要达到 16 位精度的要求，那么单位电容的匹配要求单位电容的失配率小于 0.004%。目前最先进的集成电路制造技术都无法保证如此高精度的电容，所以要想保证 SAR A/D 转换器的有效精度，必须采用校准技术。

SAR A/D 转换器的校准可以分为模拟校准和数字校准。早些时期的校准方法都是采用附加的模拟电路对电容失配校准，而且是在上电后就开始校准，然后再正常工作，这是传统的模拟前台自校准技术[1, 2]。随着集成电路工艺的不断进步，数字电路的功能越来越强大，校准的实现也由以前的模拟校准逐渐向数字校准转变，最近几年不断有新的数字校准技术涌现[3-5]，这些校准技术全部由数字电路实现，不增加模拟电路的复杂度，而且可以在后台工作，能够做到实时校准，校准速度也更快，也降低了整体电路的功耗。

4.1.1　模拟自校准技术

SAR A/D 转换器的模拟自校准技术最早于 1984 年被 Lee 等提出[1]，是一种前台校准模式，其校准结构如图 4.1 所示，SAR A/D 转换器中电容阵列称为 M-DAC，虚线部分是校准电容阵列 Cal-DAC，由 k 位电容组成。

假设 N 位主电容阵列 M-DAC 中，每个电容值可以表示为

$$C_i = 2^{i-1} C_0 (1+\varepsilon_i) \qquad (i = 1, 2, \cdots, N) \tag{4.1}$$

式中，C_i 是第 i 位电容大小；C_0 是单位电容；ε_i 是第 i 位电容的比例偏差。单位电容 C_0 又可表示为

$$C_0 = \frac{C_{\text{total}}}{2^N} = \frac{C_0}{2^N} \sum_{i=1}^{N} 2^{i-1} (1+\varepsilon_i) = C_0 + \sum_{i=1}^{N} 2^{i-1} \varepsilon_i \tag{4.2}$$

由式（4.2）可得

$$\sum_{i=1}^{N} 2^{i-1} \varepsilon_i = 0 \tag{4.3}$$

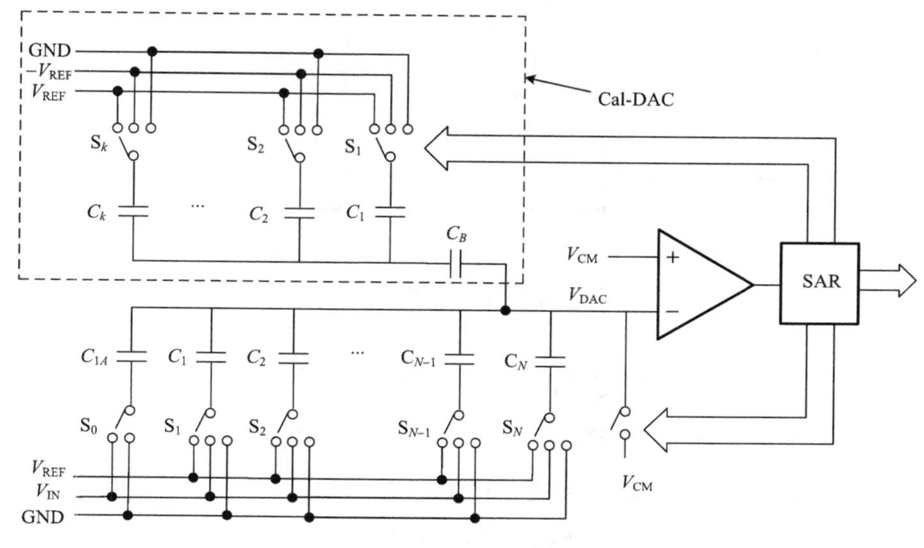

图 4.1　模拟自校准结构

由于实际电容值与理想值之间的偏差造成的 DAC 输出的误差值为

$$V_{\text{DAC,error}} = \frac{V_{\text{REF}}}{2^N}\sum_{i=1}^{N} 2^{i-1}\varepsilon_i D_i \tag{4.4}$$

所以第 i 位电容失配引起的误差电压为

$$V_{\varepsilon i} = \frac{V_{\text{REF}}}{2^N} 2^{i-1}\varepsilon_i \tag{4.5}$$

该校准是在 A/D 转换器上电后进行的，待校准量就是 M-DAC 中每个电容的实际值。SAR A/D 转换器的工作可分为两个工作模式：校准模式和正常工作模式。在校准阶段，电容失配值以 M-DAC 输出误差电压形式表现出来，Cal-DAC 电容阵列通过测量该误差电压值，并将结果保存在 RAM 中；正常工作阶段，进行比较时，Cal-DAC 通过接入不同的电容使误差电压值加载到 M-DAC 的输出。下面说明具体工作过程。

校准阶段工作过程如图 4.2 所示，以校准电容 C_N 为例。首先是预充电阶段，如图 4.2(a) 所示，共模电压 V_{CM}，电容 C_N 的下极板接基准电压 V_{REF}，其余电容的下极板都接地。此时的电荷量为

$$\begin{aligned} Q &= \sum_{i=1A}^{N-1} C_i\left(V_{\text{CM}} - V_{\text{REF}}\right) + C_N V_{\text{CM}} \\ &= 2^N C_0 V_{\text{CM}} - (2^N C_0 - C_N) V_{\text{REF}} \end{aligned} \tag{4.6}$$

然后是电荷重分配阶段，如图 4.2(b)所示，电容 C_N 的下极板接地，其余电容的下极板都接基准电压，此时电荷量为

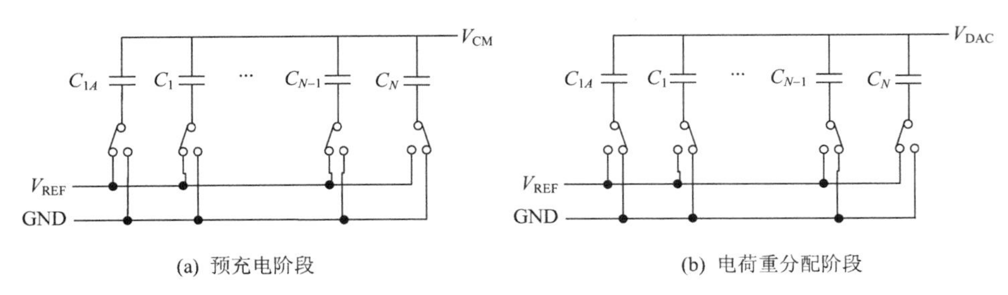

(a) 预充电阶段　　(b) 电荷重分配阶段

图 4.2　校准工作模式

$$
\begin{aligned}
Q &= \sum_{i=1A}^{N-1} C_i V_{DAC} + C_N (V_{DAC} - V_{REF}) \\
&= 2^N C_0 V_{DAC} - 2^{N-1} C_0 (1+\varepsilon_N) V_{REF}
\end{aligned}
\tag{4.7}
$$

根据电荷守恒，由式（4.6）和式（4.7）可得

$$V_{DAC} = V_{CM} + \varepsilon_N V_{REF} \tag{4.8}$$

所以电容 C_N 引起的误差电压为

$$\Delta V_{DAC} = \varepsilon_N V_{REF} = 2V_{\varepsilon N} \tag{4.9}$$

则

$$V_{\varepsilon N} = \Delta V_{DAC}/2 \tag{4.10}$$

由于误差电压的出现，比较器开始工作，比较结果控制校准 DAC 电容阵列，让 Cal-DAC 逐次逼近误差值 ΔV_{DAC}，当逼近过程结束时，把 Cal-DAC 的数字码存储在 RAM 中，该数字码代表了该位电容的误差。同理，其余电容的误差值也是用同样的方法进行测量并存储起来。

校准过程结束后就开始正常工作，校准的控制逻辑停止工作。在逐次逼近过程中，每当测试第 i 位时，把该位误差电压 $V_{\varepsilon i}$ 加到误差累加器中。如果该位比较结果为 1，则 $V_{\varepsilon i}$ 保存到误差累加器中，否则累加器保持原来的结果值。误差累加器中数值通过 Cal-DAC 把误差加到 M-DAC 的输出，这样就使得电容误差得到了校准。

该校准方法属于模拟的前台校准，在上电时就开始校准，结束以后转换过程中再出现误差也不会进行校准，而且电路又增加了校准电容阵列、RAM、累加器等，增加了电路的复杂度，也增加了功耗。

4.1.2　基于 Split ADC 的数字校准技术

McNeil 等将 Split ADC 的校准思想首次用在 SAR A/D 转换器的校准上，采用 A/D 转换器同时对同一个输入信号进行转换，根据输出结果的差值来调整各自的权重[4]。当两者差值足够小时，就可认为校准完成。本节将详细阐述基于 Split ADC 的数字校准技术的系统原理。

图 4.3 为采用 Split ADC 校准方法的系统框图，图中 ADC“*A*”和“*B*”分别是两个独立的带有失配的 SAR A/D 转换器。

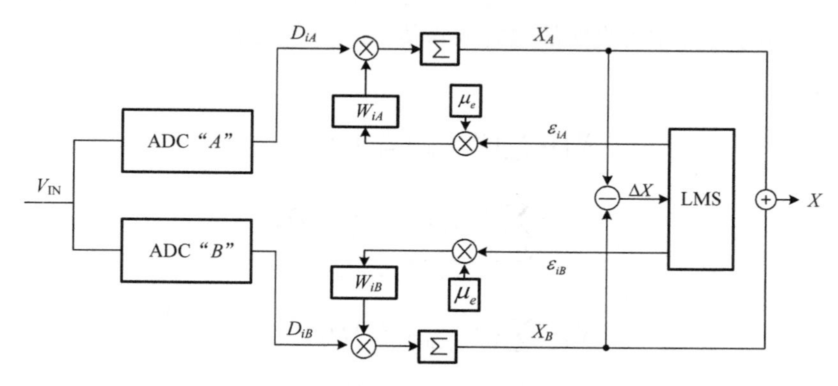

图 4.3　基于 Split ADC 的数字校准系统框图

在 SAR A/D 转换器转换结束时，输入信号值可表示为

$$V_{\mathrm{IN}}=\sum_{i=1}^{16}W_iD_iV_{\mathrm{REF}} \tag{4.11}$$

式中，W_i 是每一位的权重，假设 D_{16} 是最高位数字码，则最高位权重 W_{16} 的理想值是 1/2，以此类推，最低位权重 W_1 的理想值是 $1/2^{16}$ 。式（4.11）还可表示为

$$\frac{V_{\mathrm{IN}}}{V_{\mathrm{REF}}}=\sum_{i=1}^{16}W_iD_i \tag{4.12}$$

用 X 代替 $V_{\mathrm{IN}}/V_{\mathrm{REF}}$ ，可得

$$X=\sum_{i=1}^{16}W_iD_i \tag{4.13}$$

当电容没有失配时，W_i 形成了一组二进制权重序列 $1/2^i$ ，D_i 就是输入信号 V_{IN} 的正确二进制码表示。而在实际中，电容存在失配，而且失配是随机的，权重 W_i 不再是理想值，从而得出的数字码 D_i 也是错误的，无法还原输入信号。

在图 4.3 中，两个独立的 SAR ADC“*A*”和“*B*”，它们的失配各不相同，同时对同一个输入信号采样并转换得到不同的数字输出 D_{iA} 和 D_{iB} 。对两个 ADC 权重的估计值分别设为 W_{iA} 和 W_{iB} ，所以可得

$$X_A=\sum_{i=1}^{16}W_{iA}D_{iA} \tag{4.14}$$

$$X_B=\sum_{i=1}^{16}W_{iB}D_{iB} \tag{4.15}$$

假设估计的权重值可以表示为实际权重值和误差权重之和，则

$$W_{iA} = W_{iA,\mathrm{real}} + \xi_{iA} \tag{4.16}$$

$$W_{iB} = W_{iB,\mathrm{real}} + \xi_{iB} \tag{4.17}$$

式中，$W_{iA,\mathrm{real}}$ 和 $W_{iB,\mathrm{real}}$ 分别为真实的电容权重值；ξ_{iA} 和 ξ_{iB} 分别为误差权重值。所以，X_A 和 X_B 又可表示为

$$\begin{aligned} X_A &= \sum_{i=1}^{16}\left(W_{iA,\mathrm{real}} + \xi_{iA}\right)D_{iA} \\ &= \underbrace{\sum_{i=1}^{16} W_{iA,\mathrm{real}} D_{iA}}_{\text{Correct } X_A} + \underbrace{\sum_{i=1}^{16} \xi_{iA} D_{iA}}_{A \text{ Error}} \end{aligned} \tag{4.18}$$

$$\begin{aligned} X_B &= \sum_{i=1}^{16}\left(W_{iB,\mathrm{real}} + \xi_{iA}\right)D_{iB} \\ &= \underbrace{\sum_{i=1}^{16} W_{iB,\mathrm{real}} D_{iB}}_{\text{Correct } X_B} + \underbrace{\sum_{i=1}^{16} \xi_{iB} D_{iB}}_{B \text{ Error}} \end{aligned} \tag{4.19}$$

因为两个 ADC 对同一个信号值进行转换，尽管输出数字码 D_{iA} 和 D_{iB} 不同，但是式（4.18）中的第一项 Correct X_A 和式（4.19）中的第一项 Correct X_B 必然相等，所以 X_A 和 X_B 的差值可表示为

$$\Delta X = X_A - X_B = \sum_{i=1}^{16} \xi_{iA} D_{iA} - \sum_{i=1}^{16} \xi_{iB} D_{iB} \tag{4.20}$$

数字码 D_{iA} 和 D_{iB} 是已知的，如果能使误差权重值 $\xi_{iA} = \xi_{iB} = 0$，则差值 $\Delta X = 0$，权重 W_{iA} 和 W_{iB} 就是真实的权重，所得到的 X_A 和 X_B 也就是正确的输出值。

对于式（4.20）中的误差值 ξ_{iA} 和 ξ_{iB} 可以通过 N 次转换的数据求出。对于 N 次转换，可以用矩阵表示为

$$\overbrace{\begin{bmatrix} \Delta X_1 \\ \Delta X_2 \\ \Delta X_3 \\ \vdots \\ \Delta X_N \end{bmatrix}}^{\Delta} = \overbrace{\begin{bmatrix} D_{A(1,1)} & \cdots & D_{A(1,16)} & -D_{B(1,1)} & \cdots & -D_{B(1,16)} \\ \vdots & & \vdots & \vdots & & \vdots \\ D_{A(N,1)} & \cdots & D_{A(N,16)} & -D_{B(1,1)} & \cdots & -D_{B(1,16)} \end{bmatrix}}^{R} \times \overbrace{\begin{bmatrix} \xi_{1A} \\ \vdots \\ \xi_{16A} \\ \xi_{1B} \\ \vdots \\ \xi_{16B} \end{bmatrix}}^{e} \tag{4.21}$$

每次转换的数字码都是确定的，所以矩阵 R 是已知的，且误差 Δ 也是已知的，只要 N 足够多就可以解出权重误差 e。理论上取 N=32，使得矩阵 R 为方阵，就能解出 ξ_{iA} 和 ξ_{iB}。但是，在实际中这种算法是不可行的。因为要解这个方程需要矩阵减法，求逆矩阵和矩阵乘法，这将需要大量的时间和存储空间，而且也不容易用硬件来实现。更重要的是如果对角阵元素包含零元素，那么方程不存在唯一解，可能导致 ξ_{iA} 和 ξ_{iB} 出现错误。

其实对于式（4.21），不需要求出 ξ_{iA} 和 ξ_{iB} 的精确解，只要误差值不断变小，最后误差足够小，不影响精度就可以了。由于最小均方根（LMS）算法不需要精确的误差值，因此可以采用 LMS 迭代算法对矩阵运算做一个近似的解法。用此方法解式（4.21）可得

$$e^{(\text{new})} = (1-\mu_e)e^{(\text{old})} + \mu_e(R^{\text{T}}\Delta) \tag{4.22}$$

式中，μ_e 是 LMS 迭代的系数，一般取 2 的指数次方。这种算法的硬件实现简单，且不需要乘法和除法，加快了校准速度。

根据误差权重值 e 的不断改变来不断更新权重 W_{iA} 和 W_{iB}，可表示为

$$W_{iA}^{(\text{new})} = W_{iA}^{(\text{old})} - \mu_W \varepsilon_{iA} \tag{4.23}$$

$$W_{iB}^{(\text{new})} = W_{iB}^{(\text{old})} - \mu_W \varepsilon_{iB} \tag{4.24}$$

式中，μ_W 是 W_{iA} 和 W_{iB} 不断迭代的 LMS 系数，控制着迭代的精度和速度。一般大的 μ_W 将使权重很快地向实际值靠近，但是系统很容易受到噪声的干扰，很可能出现错误的值。小的 μ_W 值能得到精确的权重估计值，但是需要更长的时间才能逼近真实值。所以需要在速度和精度之间进行折中。为了便于硬件上的实现，一般令 μ_W 为 2 的指数次方。

对于 W_{iA} 和 W_{iB} 不需要得到精确的值，只要迭代的方向是正确的，让 W_{iA} 和 W_{iB} 不断向实际的权重值靠近就可以了，直到最后权重误差在精度允许范围之内，校准就完成了。该校准算法是在后台进行的，不影响前台 A/D 转换器转换的正常工作，不过在校准完成之前得到的数字输出是错误的。当校准完成后就停止工作，不再进行迭代，若在工作过程中因环境或者其他因素的影响导致 A/D 转换器出现误差，则校准又会重新开始工作。该校准能够做到实时监控，只要 A/D 转换器工作过程中出现误差就开始工作。

4.2　SAR A/D 转换器的电容失配和 Split ADC LMS 数字校准

本节基于高精度 SAR A/D 转换器的电容失配分析，发现对 A/D 转换器精度影响大的主要是电容的失配和低权位电容阵列的寄生电容，高权位的寄生电容对 A/D 转换器没有影响。本节建立了 16 位 SAR A/D 转换器的高层次模型，提出了一种全数字的后台校准技术对电容失配和寄生电容进行校准。仿真结果表明校准后的有效位数在 15 位以上的概率超过 90%，充分验证该校准技术的可行性，可以被用来校准高精度 SAR A/D 转换器。

4.2.1　16 位 SAR A/D 转换器的基本结构

电荷重分配 SAR A/D 转换器的 DAC 是由二进制权重的电容阵列组成的，但是随

着精度的增加，电容值呈指数增加，如 16 位 SAR A/D 转换器的最大电容将是单位电容的 2^{16} 倍。这样会占很大的芯片面积，并且转换速度也会变慢。分段电容 SAR A/D 转换器可解决这个问题[6]，它把一个二进制电容阵列分成两个小的二进制电容阵列，通过耦合电容把两个电容阵列连接起来，本节所研究的 16 位 1MS/s SAR A/D 转换器结构如图 4.4 所示。图中电容 C 是耦合电容，C 左边是低 8 位电容阵列，右边是高 8 位电容阵列和冗余电容 C_0。通常冗余电容 C_0 在低位电容阵列，耦合电容 C 是分数电容，非单位电容的整数倍，版图中很难匹配，精度不高，失配更严重。此处进行了改进，耦合电容 C 为单位电容，把冗余电容 C_0 放在了高权位阵列。

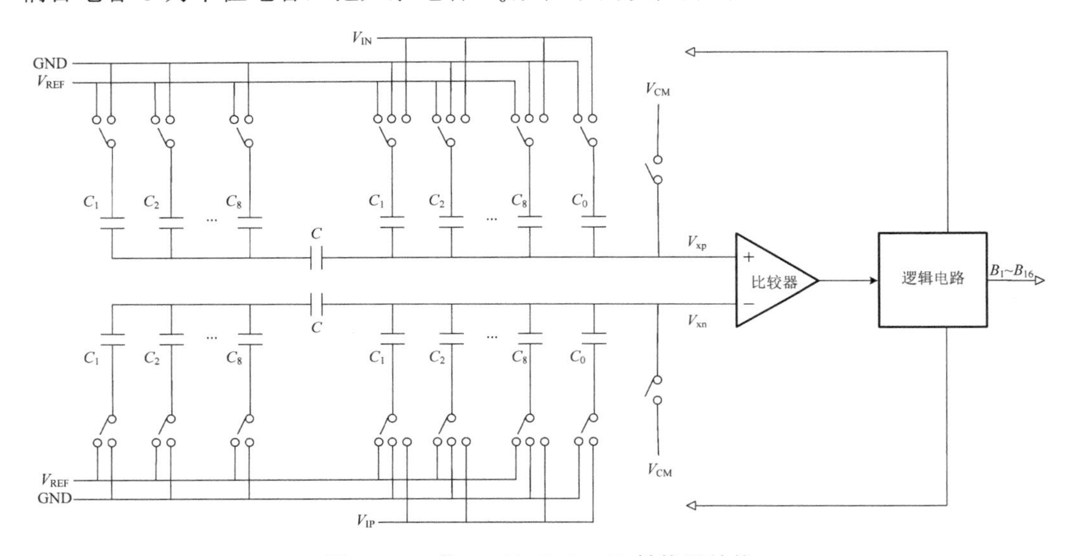

图 4.4　16 位 1MS/s SAR A/D 转换器结构

以比较器正向输入端电容阵列为例说明其具体工作过程。采样阶段只有高位进行采样，包括冗余电容，电容下极板接输入信号 V_{IN}，上极板接共模电平 V_{CM}，低位电容下极板都接地。保持阶段所有电容下极板接地，V_{CM} 从电容上极板断开，此时可得

$$V_{\mathrm{xp}} = -KV_{\mathrm{IN}} + V_{\mathrm{CM}} \tag{4.25}$$

式中

$$K = \frac{C_{\mathrm{msb}}^2}{C_{\mathrm{msb}}^2 + (C_{\mathrm{msb}} - C)C} = \frac{2^{16}}{2^{16} + 2^8 - 1} \tag{4.26}$$

$$C = C_0,\quad C_{\mathrm{msb}} = \sum_{i=0}^{8} C_i = 2^8 C_0,\quad C_{\mathrm{lsb}} = \sum_{i=1}^{8} C_i = (2^8 - 1)C_0 \tag{4.27}$$

然后进行电荷重分配，首先是最高位电容接基准电压 V_{REF}，比较器进行比较，如果输出为高电平，最高位电容接地，次高位接 V_{REF}，然后进行第二位比较。该过程重复进行直到最后一位比较出来，逐次逼近过程结束时，有

$$V_{\mathrm{xp}} = K\left(-V_{\mathrm{IN}} + \sum_{i=1}^{16}\frac{1}{2^i}gD_i gV_{\mathrm{REF}}\right) + V_{\mathrm{CM}} \quad (4.28)$$

式中，D_i 是电容阵列的开关控制。如果 $D_i = 0$，则该电容接地；如果 $D_i = 1$，则该电容接 V_{REF}。从式（4.28）中可以看出系数 K 对整个 A/D 转换器的转换没有影响，只不过要求比较器有更高的比较精度。

4.2.2　寄生电容和电容失配

SAR A/D 转换器的精度主要是由任意两电容之间的比例决定的，精度越高要求比例偏差越小，但是电容的失配问题可以通过校准来解决。如果考虑到寄生电容的影响，那么 A/D 转换器的性能会进一步下降。本节针对电容的下极板寄生电容和上极板寄生电容对 A/D 转换器的影响都进行了分析。带有寄生电容的电容阵列电路如图 4.5 所示，电容 $C_{pi}(i=1,\cdots,8)$ 表示电容 C_i 的下极板寄生电容，电容 C_{pmsb} 表示 MSB 电容阵列所有电容上极板寄生电容之和，电容 C_{plsb} 表示 LSB 电容阵列所有电容上极板寄生电容之和，C_{pc} 表示耦合电容 C 的寄生电容。

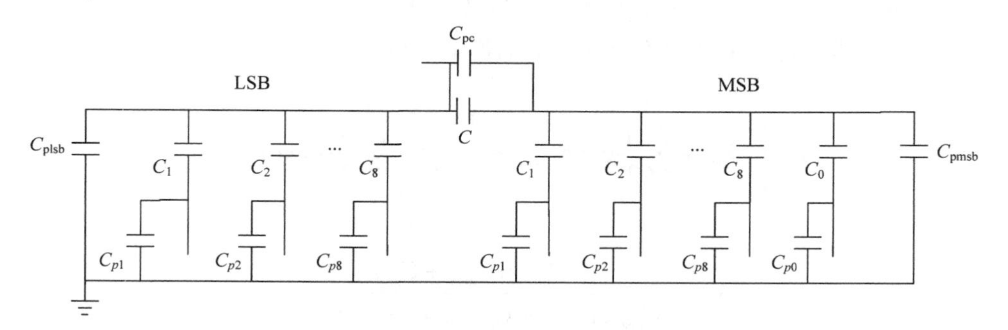

图 4.5　带有寄生电容的电容阵列电路

首先分析电容下极板的寄生电容的作用。在转换过程中，电容的下极板不是接地就是接基准电压，所以下极板寄生电容对电荷的重分配没有任何影响，A/D 转换器的线性特性不受影响，只不过增加了功耗。

下面考虑 MSB 电容阵列上极板寄生电容 C_{pmsb} 的影响，暂时不考虑其他寄生电容。逐次逼近过程结束时，式（4.28）变为

$$V_{\mathrm{xp}} = K_{\mathrm{pm}}\left(-V_{\mathrm{IN}} + \sum_{i=1}^{16}\frac{1}{2^i}gD_i gV_{\mathrm{REF}}\right) + V_{\mathrm{CM}} \quad (4.29)$$

式中

$$K_{\mathrm{pm}} = \frac{C_{\mathrm{msb}}^2}{C_{\mathrm{msb}}^2 + (C_{\mathrm{msb}} - C)C + C_{\mathrm{msb}}gC_{\mathrm{pmsb}}} = \frac{2^{16}}{(2^{16} + 2^8 - 1) + 2^8 g\dfrac{C_{\mathrm{pmsb}}}{C}} \quad (4.30)$$

从式（4.29）可以看出寄生电容 C_{pmsb} 对电容阵列 DAC 的输出没有影响，整个 A/D 转换器的线性特性保持不变。与式（4.28）相比，系数 K_{pm} 比系数 K 更小，对比较器的精度提出了更高的要求。

只考虑 LSB 阵列寄生电容 C_{plsb} 的影响时，同理可得

$$V_{xp}=K_{pl}\left(-V_{IN}+\sum_{i=1}^{8}\frac{1}{2^i}gD_igV_{REF}+\frac{1}{1+\dfrac{C_{plsb}}{2^8 gC}}\sum_{i=9}^{16}\frac{1}{2^i}gD_igV_{REF}\right)+V_{CM} \tag{4.31}$$

式中

$$K_{pl}=\frac{C_{msb}g(C_{msb}+C_{plsb})}{C_{msb}g(C_{msb}+C_{plsb})+(C_{lsb}+C_{plsb})gC} \tag{4.32}$$

从式（4.31）中可以看出，寄生电容 C_{plsb} 的影响，使得 LSB 电容阵列比较时 DAC 的输出产生了增益误差，而 MSB 电容阵列比较时不存在增益误差，因此会产生一定的非线性影响，从而使 A/D 转换器的有效位数下降。

下面说明耦合电容 C 的寄生电容 C_{pc} 的影响。同理可得

$$V_{xp}=K_{pc}\left(-V_{IN}+\sum_{i=1}^{8}\frac{1}{2^i}gD_igV_{REF}+\frac{1+\dfrac{C_{pc}}{C}}{1+\dfrac{C_{pc}}{C_{msb}}}\sum_{i=9}^{16}\frac{1}{2^i}gD_igV_{REF}\right)+V_{CM} \tag{4.33}$$

$$K_{pc}=\frac{C_{msb}g(C_{msb}+C_{pc})}{C_{msb}g(C_{msb}+C_{pc})+(C+C_{pc})gC_{lsb}} \tag{4.34}$$

式（4.34）表明寄生电容 C_{pc} 和电容 C_{plsb} 一样引起了 LSB 电容的增益误差，引入了非线性。

电容的失配是限制高精度 SAR A/D 转换器最主要的一个因素。为了分析 A/D 转换器线性特性的统计模型，假设单位电容服从均值为 C_0，标准差为 σ_0 的正态分布，其他电容由单位电容并联组成，则

$$C_i=2^{i-1}C_0+\delta_i,\qquad \sigma_i^2=E\left(\delta_i^{\,2}\right)=2^{i-1}\sigma_0^2 \tag{4.35}$$

式中，δ_i 是均值为 0，方差为 σ_i^2 的随机变量。从文献[4]中可以得到 DNL 的方差为

$$\sigma_{DNL}^2\approx 2^{\frac{3}{2}N}\left(\frac{\sigma_0}{C_0}\right)^2 \mathrm{LSB}^2 \tag{4.36}$$

一般要求 $3\sigma_{DNL}<\frac{1}{2}\mathrm{LSB}$，可得

$$\frac{\sigma_0}{C_0}<\frac{1}{3}\left(\frac{1}{2}\right)^{1+\frac{3}{4}N} \tag{4.37}$$

对于 16 位 SAR A/D 转换器，$N=16$，所以 $\frac{\sigma_0}{C_0}<0.004\%$，即要求单位电容的失配率小于 0.004%，现有的工艺下如此高匹配的电容是不可能实现的，所以必须采用一定形式的校准技术。

4.2.3　基于 Split ADC 的 LMS 数字校准原理

本节基于 Split ADC 数字校准技术和 LMS 算法，提出了一种全数字后台校准方法（基于 Split ADC 的 LMS 数字技术），用于校准 SAR A/D 转换器的线性误差，校准原理如图 4.6 所示。

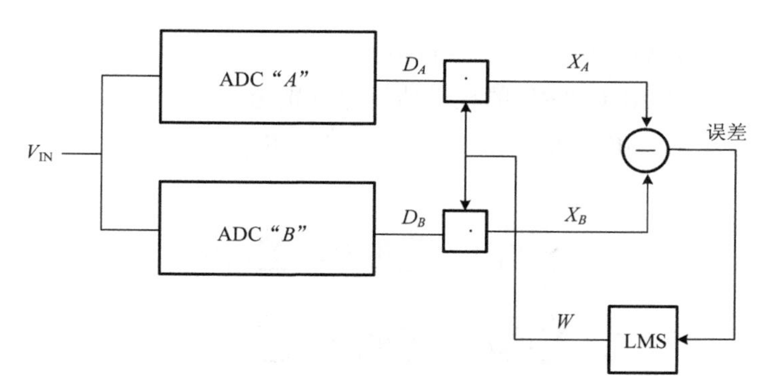

图 4.6　基于 Split ADC 的 LMS 数字校准原理

图 4.6 中 ADC "A" 是要校准的 SAR A/D 转换器，ADC "B" 是另一个带有失配的 SAR A/D 转换器，两个 A/D 转换器相互独立，同时对输入信号 V_{IN} 采样。每个 A/D 转换器都对 V_{IN} 进行转换，产生各自的数字输出码 D_A 和 D_B。

考虑电容失配，假设最后电压 V_{xp} 变为 V_{CM}，可得

$$\frac{V_{IN}}{V_{REF}}=\sum_{i=1}^{8}\frac{C_{9-i}}{C_{msb}}D_i+\sum_{i=9}^{16}\frac{C_{17-i}}{C_{msb}^2}D_i \tag{4.38}$$

这里假设 D_1 为最高位数字输出，D_{16} 为最低位数字输出。以 x 代表 V_{IN}/V_{REF}，有

$$x=\sum_{i=1}^{8}\underbrace{\frac{C_{9-i}}{C_{msb}}}_{W_i}D_i+\sum_{i=9}^{16}\underbrace{\frac{C_{17-i}}{C_{msb}^2}}_{W_i}D_i \tag{4.39}$$

从式（4.39）看出数字输出 x 可表示为高位数字码 $D_i(i=1,\cdots,8)$ 与高位电容占总电容 C_{msb} 的权重之积 W_i 加上低位数字码 $D_i(i=9,\cdots,16)$ 与低位电容占总电容 C_{msb}^2 的权重之积 W_i。如果电容是理想的，则电容权重 $W_i(i=1,\cdots,16)$ 形成一组二进制序列 $1/2^i$，数

字码输出 D_i 就是 x 的二进制形式代表。在实际中，由于电容失配，电容权重 W_i 不是准确的 $1/2^i$ 序列。如果用数字域估计的权重值 $\hat{W}_i$ 来代替模拟域的权重 W_i，可以得到数字域校正值为

$$\hat{x} = \sum_{i=1}^{16} \hat{W}_i D_i \tag{4.40}$$

定义

$$\hat{W}_i = W_i + \varepsilon_i \tag{4.41}$$

把式（4.41）代入式（4.40），得

$$\hat{x} = \underbrace{\sum_{i=1}^{16} W_i D_i}_{\text{Correct } x} + \underbrace{\sum_{i=1}^{16} \varepsilon_i D_i}_{\text{Error}} \tag{4.42}$$

当误差项 ε_i 足够小时，就可以认为 $\hat{x}$ 是准确值。

定义 ADC“A”和 ADC“B”的权重估计值分别为

$$\hat{W}_{iA} = W_{iA} + \varepsilon_{iA} \qquad \hat{W}_{iB} = W_{iB} + \varepsilon_{iB} \tag{4.43}$$

则

$$\hat{x}_A = \sum_{i=1}^{16} \hat{W}_{iA} D_{iA} = \sum_{i=1}^{16} W_{iA} D_{iA} + \sum_{i=1}^{16} \varepsilon_{iA} D_{iA} \tag{4.44}$$

$$\hat{x}_B = \sum_{i=1}^{16} \hat{W}_{iB} D_{iB} = \sum_{i=1}^{16} W_{iB} D_{iB} + \sum_{i=1}^{16} \varepsilon_{iB} D_{iB} \tag{4.45}$$

在 $\hat{x}_A$ 和 $\hat{x}_B$ 的表达式中，第一项表示正确的 x 值，因为两个 ADC 是对相同的输入信号进行转换，所以 x 的值必然相等。第二项表示各自的误差。如果误差 ε_{iA} 和 ε_{iB} 最后都变为零，则 $\hat{x}_A$ 和 $\hat{x}_B$ 将接近正确的 x 值。

“A”和“B”输出的差值可表示为

$$\Delta x = \hat{x}_A - \hat{x}_B = \underbrace{\sum_{i=1}^{16} \varepsilon_{iA} D_{iA}}_{"A"\text{Error}} - \underbrace{\sum_{i=1}^{16} \varepsilon_{iB} D_{iB}}_{"B"\text{Error}} \tag{4.46}$$

将差值 Δx 进行 LMS 算法迭代，不断更新权重值，有

$$\hat{W}_{iA}^{(N+1)} = \hat{W}_{iA}^{(N)} - \mu_e \varepsilon_{iA} \tag{4.47}$$

$$\hat{W}_{iB}^{(N+1)} = \hat{W}_{iB}^{(N)} - \mu_e \varepsilon_{iB} \tag{4.48}$$

式中，$\hat{W}_{iA}^{(N)}$ 和 $\hat{W}_{iB}^{(N)}$ 表示 N 次迭代后“A”和“B”的权重；μ_e 是 LMS 系数，控制迭代的速度和精度。该校准算法在后台不断进行，不影响前台的正常工作。当迭代使 Δx 足够小时，可以认为校准完成。

4.2.4　基于 Split ADC 的 LMS 数字校准高层次建模

为了验证以上提出的数字校准技术，采用 MATLAB 进行高层次建模和仿真验证。首先检验 MSB 电容阵列寄生电容 C_{pmsb} 的影响，假设 C_{pmsb} 的值为 MSB 总电容和 C_{msb} 的 10%，仿真结果如图 4.7 所示。图中显示在采样速率 1MS/s、输入信号频率 473.6kHz 时，ENOB=15.99 位，所以寄生电容 C_{pmsb} 对 A/D 转换器没有影响，只要比较器精度足够高，寄生电容 C_{pmsb} 的影响可以完全忽略。

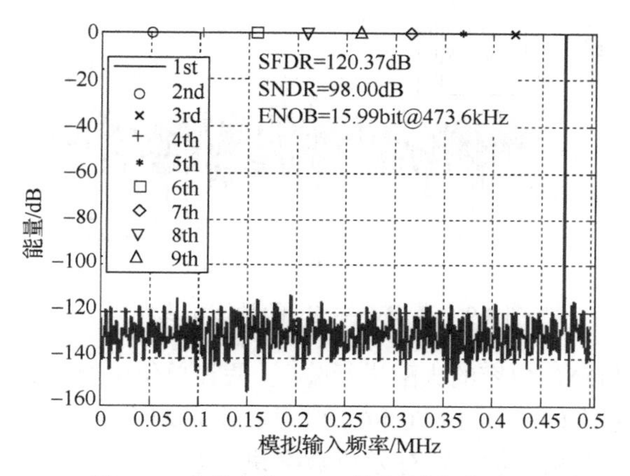

图 4.7　考虑寄生 C_{pmsb} 的频域仿真结果

对于检验 LSB 电容阵列寄生电容 C_{plsb} 的影响，依然假设 C_{plsb} 的值为 LSB 总电容和 C_{lsb} 的 10%，仿真结果如图 4.8 所示。从图 4.8 中可以看出，此时的 ENOB=11.48 位，有效位数降低了很多，所以寄生电容 C_{plsb} 对 A/D 转换器有很大的影响，应该把 LSB 电容阵列的寄生电容尽可能地减小。

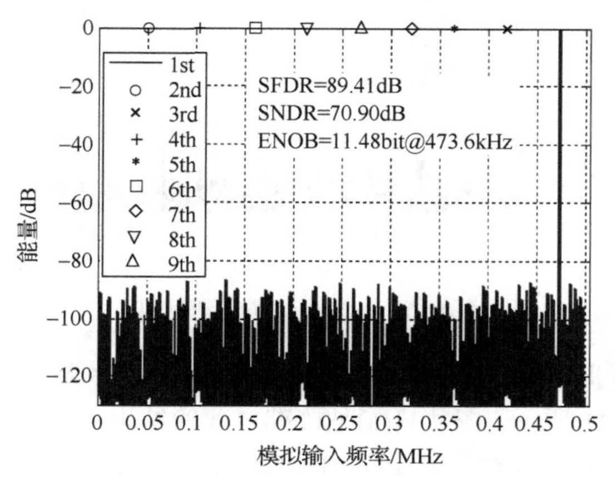

图 4.8　考虑寄生 C_{plsb} 的频域仿真结果

接着考虑耦合电容 C 的寄生电容 C_{pc} 的影响，假设 C_{pc} 为 C 的 10%，图 4.9 为仿真结果。此时的 ENOB=11.45 位，比较图 4.8 和图 4.9 得出寄生电容 C_{pc} 和寄生电容 C_{plsb} 一样使有效位数下降了很多，仿真结果和式（4.33）与式（4.35）所表达的内容保持一致。

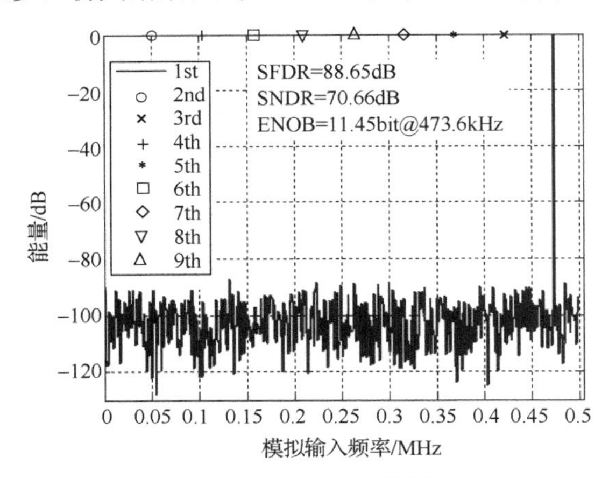

图 4.9　考虑寄生 C_{pc} 的频域仿真结果

最后对电容阵列 DAC 电容的失配进行验证，假设单位电容的失配率是 0.1%，图 4.10 显示了仿真结果。此时 ENOB=14.70 位，可以看出在现有工艺电容匹配性最好的情况下只有 14.7 位，如果失配增加，则有效位数会进一步下降。所以电容失配是限制 SAR A/D 转换器精度的最关键因素。

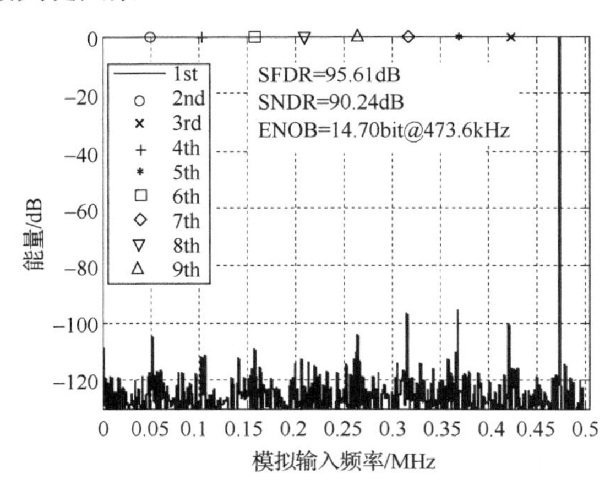

图 4.10　电容失配仿真结果图

下面验证本节所提出的数字校准方法。假设电容失配率是 0.5%，同时考虑寄生电容，仿真结果如图 4.11 所示，图 4.11(a)是校准之前的结果，图 4.11(b)是校准之后的结果。校准前 ENOB=11.07 位，校准后 ENOB=15.87 位，该校准方法能很好地对 SAR A/D 转换器的各种非理想因素进行校准。

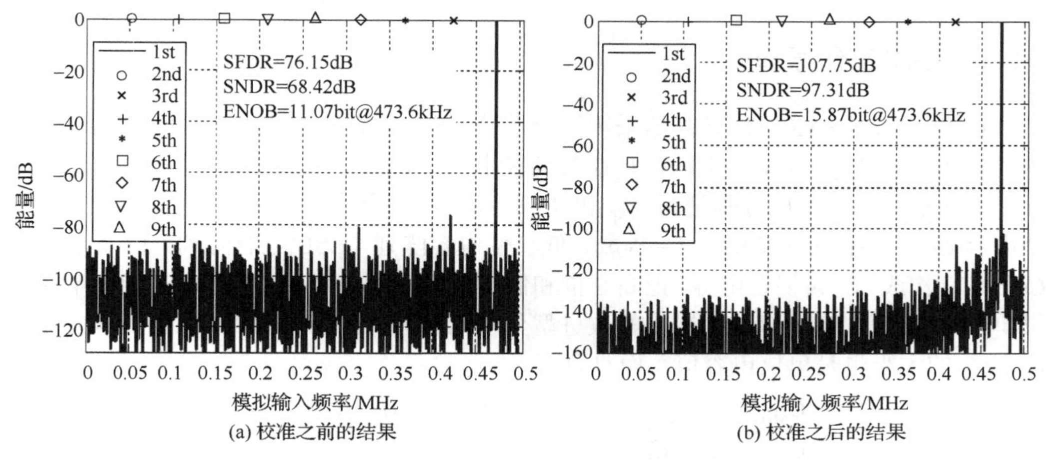

(a) 校准之前的结果　　(b) 校准之后的结果

图 4.11　数字校准技术验证

为了更好地说明该校准方法的可行性，进行 200 次仿真验证，得出校准后的有效位数与其概率的关系图，如图 4.12 所示，可以看出校准后的有效位数在 15 位以上的概率占 90%以上，最低的有效位数是 14.5 位，说明该数字校准技术能很好地实现高精度 SAR A/D 转换器的校准。

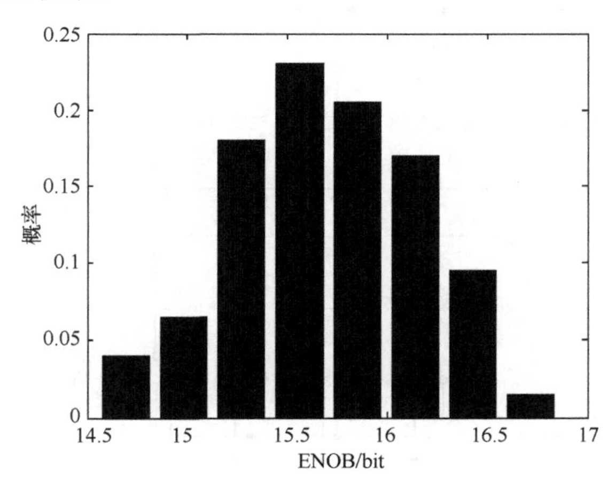

图 4.12　采用校准 200 次仿真的有效位数概率分布图

4.3　基于 Split ADC LMS 数字校准技术的 16 位 SAR A/D 转换器

本节将系统介绍基于 Split ADC LMS 数字校准技术的 16 位 1MS/s SAR A/D 转换器系统结构和工作原理，并对采样开关、电容阵列 DAC、比较器、数字控制电路等主要功能模块电路进行分析介绍。

4.3.1　基本工作原理

16 位 1MS/s SAR A/D 转换器采用了全差分“8+8”的分段方式，整体电路结构如图 4.13 所示，V_{REF} 为基准电压，V_{CM} 是共模电平，V_{IN} 和 V_{IP} 分别是输入信号，比较器正负两输入端的电压分别记为 V_{xp} 和 V_{xn}。高权位电容阵列（MSB 电容阵列）由 8 个电容 C_{M1}～C_{M8} 和冗余电容 C_D 构成，低权位电容阵列（LSB 电容阵列）由 8 个电容 C_{L1}～C_{L8} 构成，C_s 为耦合电容，把高 8 位和低 8 位级联为一个 16 位的 DAC 电容阵列。设单位电容值为 C_u，该结构采用的改进型分段电容阵列，所以 C_s 的大小为单位电容 C_u，C_D 的大小也是单位电容值，而且有

$$\begin{aligned} &C_{\mathrm{M}(i+1)}=2C_{\mathrm{M}i} \qquad C_{\mathrm{L}(i+1)}=2C_{\mathrm{L}i} \qquad (i=1,2,\cdots,7) \\ &C_{\mathrm{M1}}=C_{\mathrm{L1}}=C_u \end{aligned} \tag{4.49}$$

电容之间成二进制比例关系。数字控制逻辑电路来控制每个电容下极板的开关接输入信号、基准电压或者是接地，并产生数字码 D_1～D_{16}，其中码 D_{16} 为最高位输出，D_1 为最低位输出。

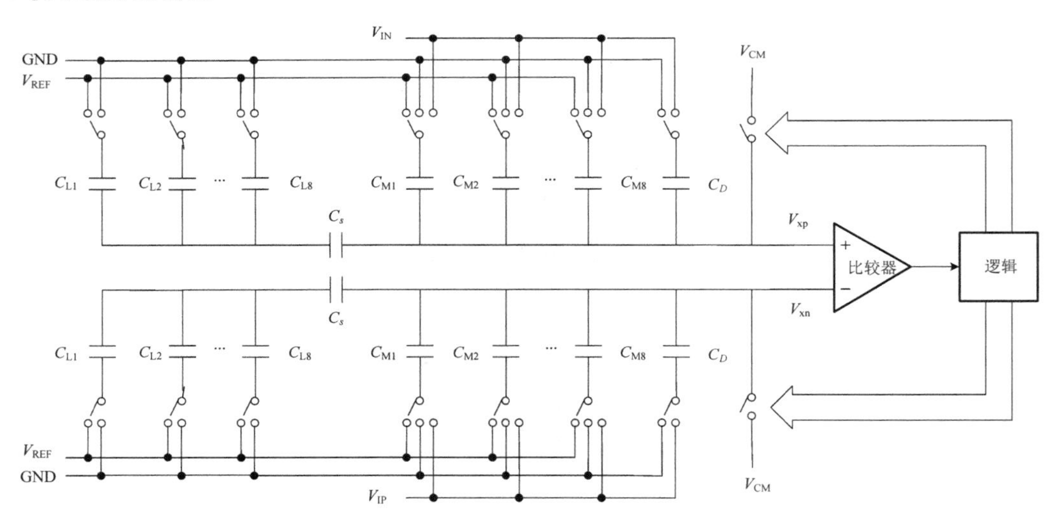

图 4.13　16 位 SAR A/D 转换器整体结构图

下面来具体分析图 4.13 所示电路的工作原理，整个工作过程也是分三步。第一步是采样阶段，比较器两输入端的开关闭合，接共模电平 V_{CM}，MSB 阵列的所有电容下极板开关接输入信号，LSB 阵列的所有电容下极板开关都接地，如图 4.14 所示。

此时可以得到比较器正向输入端电压 $V_{\mathrm{xp}}=V_{\mathrm{CM}}$，负向输入端电压 $V_{\mathrm{xn}}=V_{\mathrm{CM}}$，比较器处于复位状态，MSB 电容阵列进行采样，而且比较器负向输入端 MSB 电容上极板此时的电荷量为

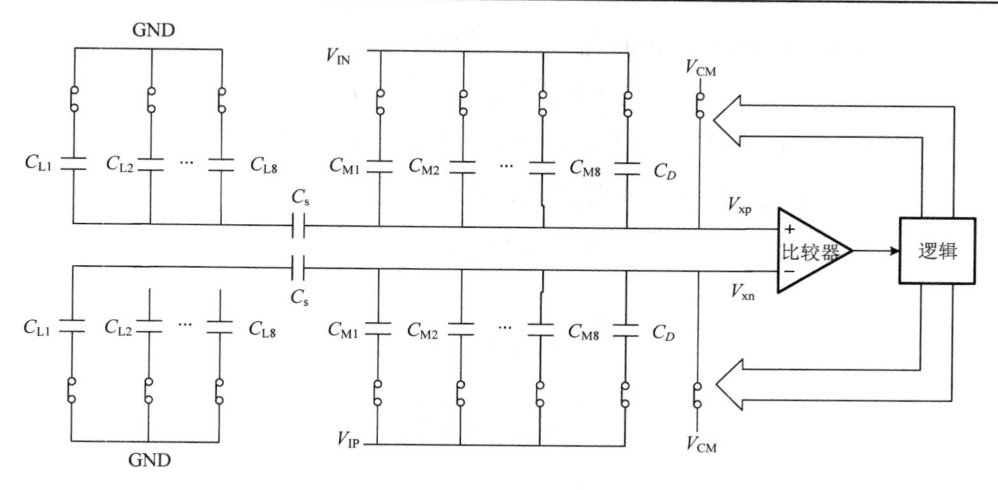

图 4.14　采样阶段

$$Q_n = (V_{CM} - V_{IP})C_{MSB} + V_{CM}(C_{LSB}//C_s) \tag{4.50}$$

$$C_{MSB} = \sum_{i=1}^{8} C_{Mi} + C_D = 2^8 C_u$$

$$C_{LSB} = \sum_{i=1}^{8} C_{Li} = (2^8 - 1)C_u \tag{4.51}$$

同理，可以得到比较器正向输入端 MSB 电容阵列上极板的电荷量为

$$Q_p = (V_{CM} - V_{IN})C_{MSB} + V_{CM}(C_{LSB}//C_s) \tag{4.52}$$

第二步是保持阶段，比较器两输入端的开关断开，所有电容的下极板开关都接地，如图 4.15 所示。

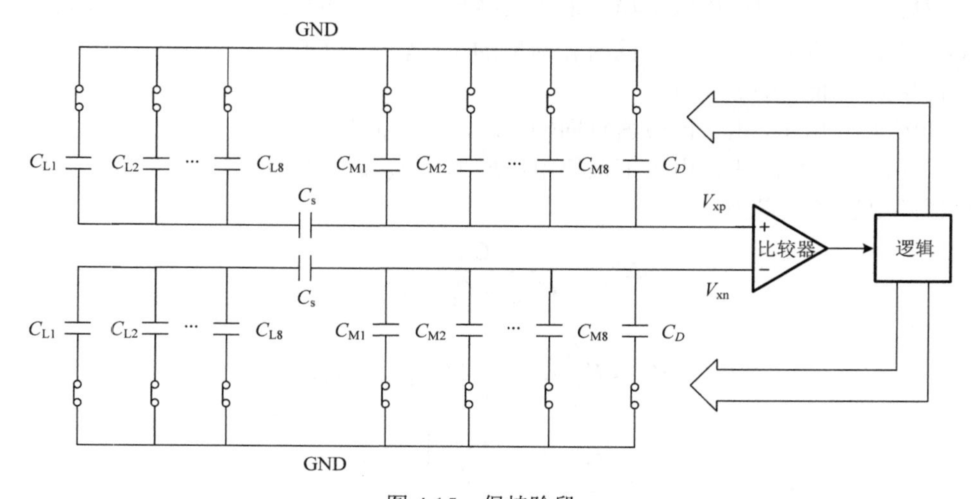

图 4.15　保持阶段

此时比较器负向输入端 MSB 电容上极板此时的电荷量为

$$Q_n^1 = V_{xn}(C_{MSB} + C_{LSB}//C_s) \tag{4.53}$$

由电荷守恒可知，$Q_n = Q_n^1$，所以由式（4.50）和式（4.53）得

$$(V_{CM} - V_{IP})C_{MSB} + V_{CM}(C_{LSB}//C_s) = V_{xn}(C_{MSB} + C_{LSB}//C_s) \tag{4.54}$$

$$V_{xn} = -KV_{IP} + V_{CM} \tag{4.55}$$

$$\begin{aligned} K &= \frac{C_{MSB}}{C_{MSB} + C_{LSB}//C_s} \\ &= \frac{C_{MSB}^2}{C_{MSB}^2 + C_{LSB}C_s} \\ &= \frac{2^{16}}{2^{16} + 2^8 - 1} \end{aligned} \tag{4.56}$$

同理可得

$$V_{xp} = -KV_{IN} + V_{CM} \tag{4.57}$$

K 值大小如式（4.56）所示，可以计算出 K 值约等于 0.996，非常接近于 1。随着精度的提高，K 值会更接近于 1。

接着是第三步电荷重分配阶段，由于是全差分结构，采用传统的开关时序，比较器正负输入端两组的电容阵列下极板开关的连接关系是对称，即对于同一位的电容，如果一个电容接基准电压，那么相对应的另一个必然接地。在这个电路中，是对输入信号 V_{IP} 进行量化的，所以由数字码还原成的模拟值是 V_{IP} 的值，数字码直接控制 V_{IP} 所在电容阵列的开关连接关系。首先把最高位输出置 1，其余位置为 0，即 $D_{16} = 1$，$D_{15} = D_{14} = \cdots = D_1 = 0$。该数字输出把比较器负向输入端的电容阵列的 C_{M8} 接到基准电压 V_{REF} 上，其他电容都接地，同时相对应的正向输入端的电容阵列中 C_{M8} 接地，其他电容都接到基准电压 V_{REF} 上。

如图 4.16 所示，由于比较器负向输入端的电容阵列中电容 C_{M8} 下极板接到基准电压上，相对于保持阶段，电容下极板电压增加了 V_{REF}，根据电容分压原理，可以得到上极板的电压增加量为

$$\Delta V_{xn} = \frac{C_{M8}}{C_{MSB} + C_{LSB}//C_s} V_{REF} \tag{4.58}$$

$$\begin{aligned} V_{xn} &= K\left(-V_{IP} + \frac{C_{M8}}{C_{MSB}} V_{REF}\right) + V_{CM} \\ &= K\left(-V_{IP} + \frac{V_{REF}}{2}\right) + V_{CM} \end{aligned} \tag{4.59}$$

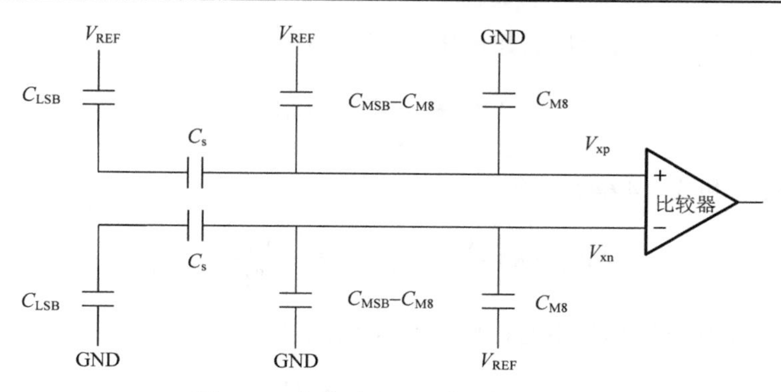

图 4.16　电荷重分配最高位比较图

同理可得

$$V_{xp}=K\left(-V_{IN}+\frac{1}{2}V_{REF}\right)+V_{CM} \tag{4.60}$$

然后比较器开始工作，如果$V_{xp}>V_{xn}$，即$V_{IP}>V_{IN}$，则比较器输出高电平，最高位保持为 1；如果$V_{xp}<V_{xn}$，即$V_{IP}<V_{IN}$，则比较器输出低电平，最高位为 0，同时最高位电容的开关连接关系发生变化，接到基准电压的改接成地，接到地的开关改接成基准电压。接着进行次高位的测试，在得出最高位正确数字码的基础上，先把次高位输出码置为 1。采用相同的思想，可得

$$V_{xn}=K\left(-V_{IP}+\frac{V_{REF}}{2}D_{16}+\frac{V_{REF}}{4}\right)+V_{CM} \tag{4.61}$$

$$V_{xp}=K\left(-V_{IN}+\frac{V_{REF}}{2}\overline{D_{16}}-\frac{V_{REF}}{4}\right)+V_{CM} \tag{4.62}$$

式中，$\overline{D_{16}}$表示D_{16}的反相。根据V_{xn}和V_{xp}的大小，就可以得到次高位D_{15}的大小，以此类推，直到高位数字码全部确定。

接下来确定低位的数字输出，按照第 2 章的方法，可以得到如图 4.17 所示的等效电路图，以比较器负向输入端的电容阵列为例，同理另一电容阵列可以得出。每当 LSB 电容阵列的一个电容接到基准电压V_{REF}时，引起 LSB 阵列上极板电压变化量为ΔV_x，即

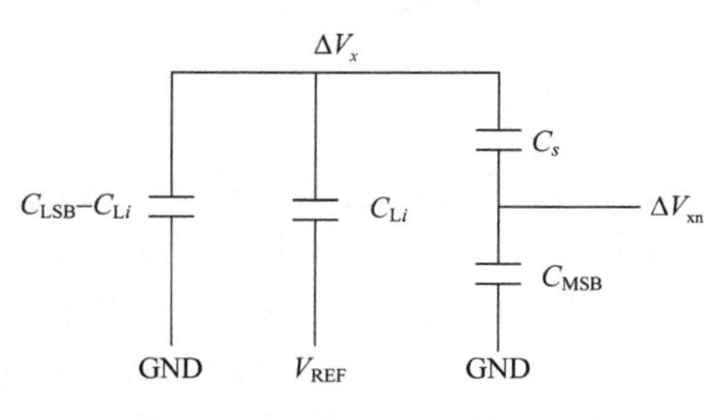

图 4.17　低位比较等效电路图

$$\Delta V_x=\frac{C_{Li}}{C_{LSB}+C_{MSB}//C_s}V_{REF} \tag{4.63}$$

而该变化值ΔV_x通过电容分压引起电压V_{xn}变化ΔV_{xn}，则

$$\Delta V_{\text{xn}} = \frac{C_s}{C_s + C_{\text{MSB}}} \Delta V_x \tag{4.64}$$

结合式（4.63）和式（4.64）可得

$$\Delta V_{\text{xn}} = K\left(\frac{C_{\text{L}i}}{C_{\text{MSB}}^2} V_{\text{REF}}\right) = K\left(\frac{C_{\text{L}i}}{2^{16} C_u} V_{\text{REF}}\right) \tag{4.65}$$

所以当整个逐次逼近过程结束时，电压V_{xn}的值变为

$$V_{\text{xn}} = K\left(-V_{\text{IP}} + V_{\text{REF}} \sum_{i=1}^{16} \frac{D_i}{2^{17-i}}\right) + V_{\text{CM}} \tag{4.66}$$

同理，此时电压值V_{xp}的值为

$$V_{\text{xp}} = K\left(-V_{\text{IP}} + V_{\text{REF}} \sum_{i=1}^{16} \frac{\overline{D_i}}{2^{17-i}}\right) + V_{\text{CM}} \tag{4.67}$$

电压值V_{xn}和V_{xp}在量化误差之内约等于共模电压V_{CM}，因此由式（4.66）得

$$-V_{\text{IP}} + V_{\text{REF}} \sum_{i=1}^{16} \frac{D_i}{2^{17-i}} = 0 \tag{4.68}$$

$$V_{\text{IP}} = V_{\text{REF}} \sum_{i=1}^{16} \frac{D_i}{2^{17-i}} \tag{4.69}$$

所以数字码$D_i (i=1,\cdots,16)$就是量化输入信号V_{IP}得到的数字输出，而该数字码的反相码$\overline{D_i} (i=1,\cdots,16)$就是量化输入信号$V_{\text{IN}}$得到的数字输出。一般只对差分信号的某一个信号进行量化，得到一组数字输出就可以了。

4.3.2　关键模块电路

1. 自举开关

采样电路的性能决定着整个 A/D 转换器的性能，采样开关是采样电路的核心。对于采样开关，如果能够保证开关的栅源电压不管在输入电压为何值时都保持恒定，则开关管的导通电阻为一定值，所以在采样电路中常采用栅压自举技术。栅压自举技术是解决开关电阻的非线性问题的一个有效方法，图 4.18 给出了栅压自举技术的原理图。第一个工作状态，采样开关断开，电容C_{boot}被充电到电源电压V_{DD}；第二个工作状态，电容C_{boot}的两端分别接到采样 MOS 的源极和栅极，无论源极的输入信号如何变化，而栅源电压保持V_{DD}不变，这样导通电阻R_{on}和电荷注入不再和输入信号有关，降低了谐波失真。图 4.19 显示了各工作状态的信号波形，输入正弦信号如图 4.19 中虚线所示，

自举后的栅极电压V_G与V_{IN}始终保持一个V_{DD}之差，保证了 MOS 管的栅源电压恒定，消除了导通电阻与信号相关的失真。

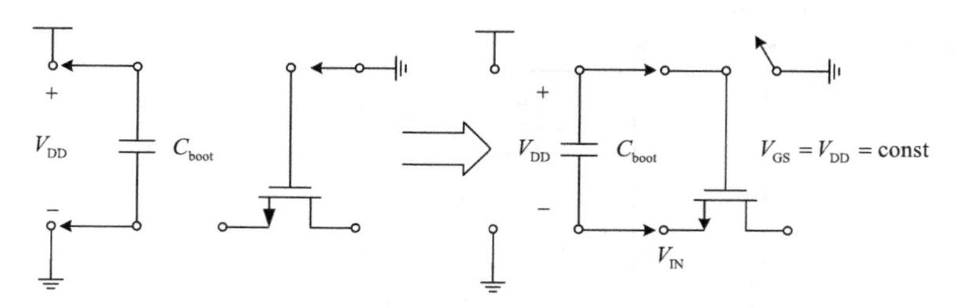

图 4.18　栅压自举技术的原理图

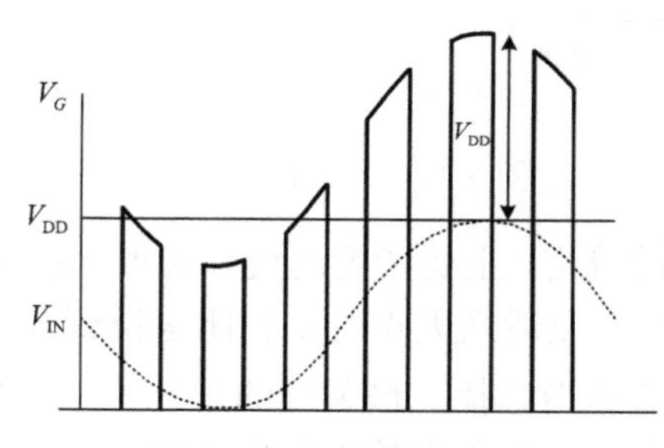

图 4.19　栅压自举波形

栅压自举电路的实现有很多方式，下面对一种常用的电路具体分析。本节所用的自举开关电路结构如图 4.20 所示，其中 MOS 管M_{11}是采样开关。该自举开关的工作原理如下：电容C_1、C_2和C_3和 MOS 管M_1、M_2、M_3和M_{13}组成了电荷泵。当时钟 Clk 为低电平时，$\overline{\text{Clk}}$为高电平，M_9导通，M_{10}和M_{11}的栅极通过M_8和M_9放电到地，M_{11}断开，M_3和M_{13}导通，C_3两端电压被充电到V_{DD}，C_3存储电荷且在充电时，M_6和M_{10}对开关M_{11}进行隔离。当 Clk 为高电平时，M_3、M_9和M_{13}断开，M_4、M_6和M_{10}导通，这样C_3保持的电压加到M_{11}的栅源两端，使得M_{11}的栅源电压$V_{GS}=V_{DD}$，与输入信号无关。

M_8和M_{12}是基于器件的可靠性考虑而加入的。M_8的存在使得M_9的漏源电压不会超过$2V_{DD}$，避免漏源电压过大而击穿，提高了可靠性，而M_{12}是保证信号能够无损失地传输到M_6的栅极，避免M_6栅源电压值超过V_{DD}。

对于电容的选取，要考虑到面积、功耗和速度，希望尽可能地选择小的电容，但是要保证电容的大小足够将负载充电到需要的值。为了克服寄生电容及M_{11}的栅电容，C_3要取足够大的电容值，减小由于电荷共享所带来的M_{11}栅极电压的减小。同样C_1和C_2也要有足够大的值，使得M_3的栅电压能提升到足够高的值（接近$2V_{DD}$）。这些电容的取值都不影响负载端上升和下降的时间。

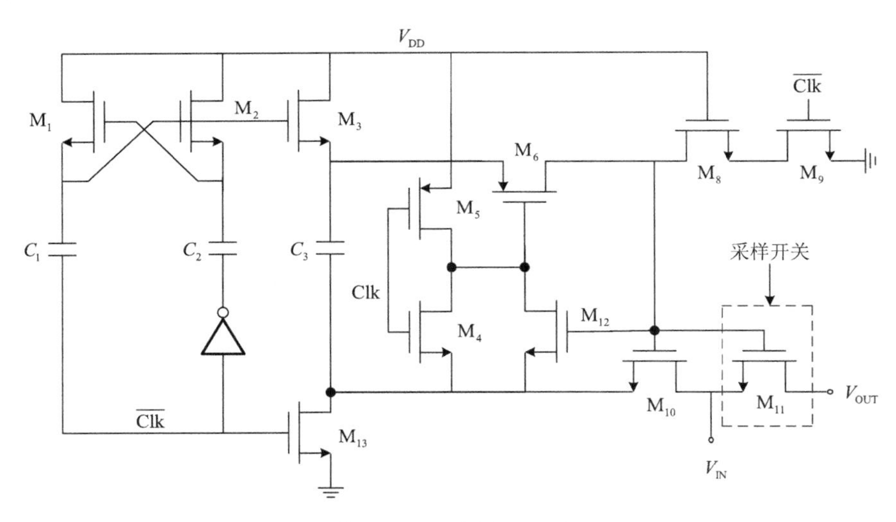

图 4.20　自举开关电路

自举开关中管子尺寸的确定，主要考虑速度和精度的折中。M_6 和 M_{10} 对负载端的上升时间有很大影响，可以选取适当大点的宽长比来得到较短的上升时间。M_8 和 M_9 影响负载的下降时间，也要适当选择。最关键的是开关管的尺寸，大小要合适，太小会使建立精度误差增大，太大又引入大的寄生电容。

注意到开关管的 V_{GS} 保持恒定只有在 $V_{IN} < V_{OUT}$ 成立，若 $V_{IN} > V_{OUT}$，则 $V_{GS} = V_{DD} + V_{IN} - V_{OUT}$，与输入信号有关，导通电阻不再保持恒定，出现一定的非线性。要解决这个问题可以采用双边自举电路。

从以上分析可知，不考虑体效应时，采用自举技术能做到使开关导通电阻与输入信号无关。但考虑体效应，导通电阻仍与输入信号相关，所以会产生一定的非线性。本节的采样开关应用在 16 位 1MS/s SAR A/D 转换器中，只要采样后的信号精度达到 16 位就可以了。在采样速率 1MHz，输入信号频率 200kHz，取 1024 个点进行快速傅里叶变换分析，仿真结果如图 4.21 所示，采样后的输出有效位数是 17.71 位，满足了 16 位 SAR A/D 转换器的要求。

2. 比较器

比较器是 SAR A/D 转换器另一个非常重要的模拟电路模块，要有高精度、低失调和低噪声。对于 16 位 SAR A/D 转换器，电源电压选用 3V，则

$$1\text{LSB} = \frac{3}{2^{16}} \approx 46\mu\text{V} \tag{4.70}$$

对比较器的要求是至少要分辨出 1/2LSB 输入的电压差，即精度要达到 23μV。达到这样的精度，要选择合适的比较器结构，一般采用前置放大器和动态比较器级联构成。理论上分析可以得到当使用 6 级预放大器，每一级的增益为 1 时的传播延时最小，

但是这样的结构过于复杂。通常选取 3 级预放大器，每一级可以分配不同的增益，根据要求来改变，3 级比较器的结构如图 4.22 所示。

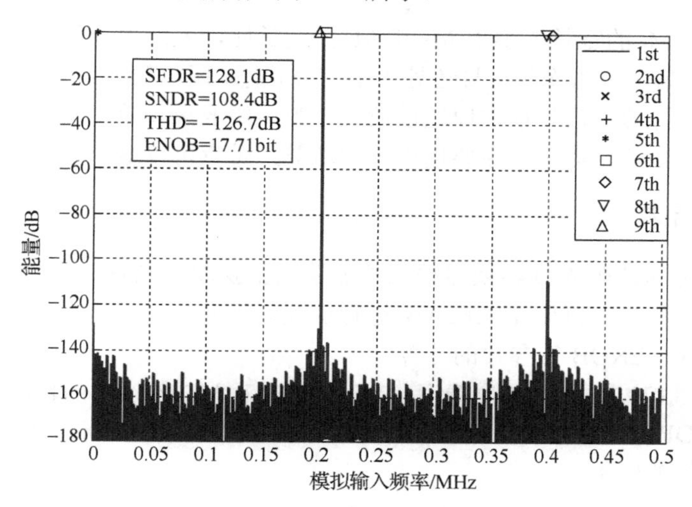

图 4.21 采样电路输出频谱分析

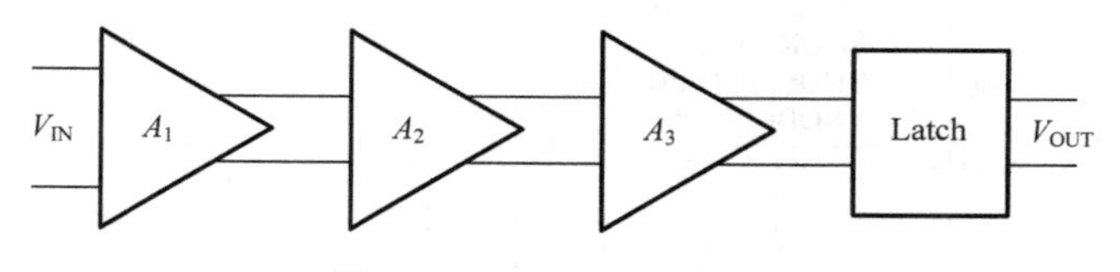

图 4.22 3 级比较器的结构

预放大器的增益是由 Latch 的失调电压和比较器精度决定的，假设 Latch 的失调电压为 $V_{os,latch}$，所以预放大器的增益为

$$A = \frac{V_{os,latch}}{1/2\,LSB} \tag{4.71}$$

一般 Latch 的失调电压为几十毫伏，通过仿真得到失调电压约为 30mV，A 约为 1300。考虑余量，在实际设计中增益要取大点。在本节设计中，比较器的时钟频率是 20MHz，预放大器要在 Latch 比较之前能够把输入信号放大到稳定状态。预放大器的电路如图 4.23 所示，V_P、V_N 是输入信号，V_B 是偏置电压，V_{OUTP}、V_{OUTN} 是输出电压。M_3 和 M_4 是二极管连接负载，M_5 和 M_6 交叉耦合，形成负阻抗，该电路的增益为

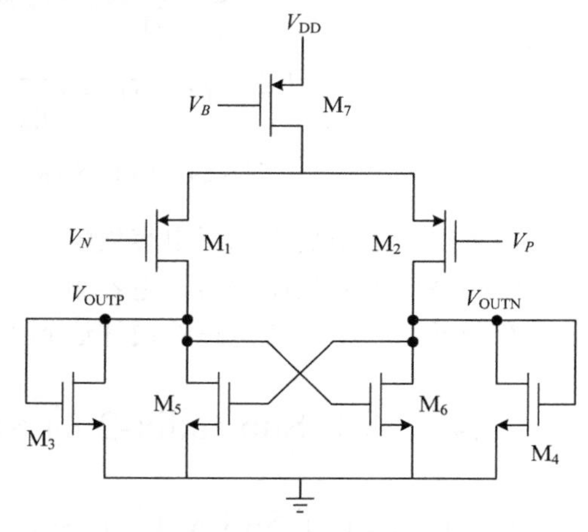

图 4.23 预放大器的电路

$$A_V = -\frac{g_{m1}}{g_{m3} - g_{m5}} \tag{4.72}$$

只要 M_5 和 M_6 的宽长比小于 M_3 和 M_4 的宽长比，就能保证整体为负反馈，不会出现迟滞现象。第一级的输入信号还处于小信号状态，所以第一级主要考虑的是带宽，要做得足够大，能够使信号很快地通过放大。第二级要求和第一级差不多，可以稍微减小带宽来增加增益。第三级主要提供大的增益，带宽可以减小。

4.3.3　仿真结果

频域性能仿真是在 A/D 转换器输入端加单频正弦波，然后把 A/D 转换器的输出数字码转换成模拟信号，再用 MATLAB 进行快速傅里叶变换，转换成频谱信号，在频域内完成 SNDR、ENOB 等参数的计算。

图 4.24 为 3.0V 电压下 16 位精度，1MS/s 的 SAR A/D 转换器的输出频谱图，SNDR 为 96.8dB，SFDR 为 116.1dB，有效位数为 15.79 位，这是基于 Split ADC LMS 数字校准技术下所获得的结果。

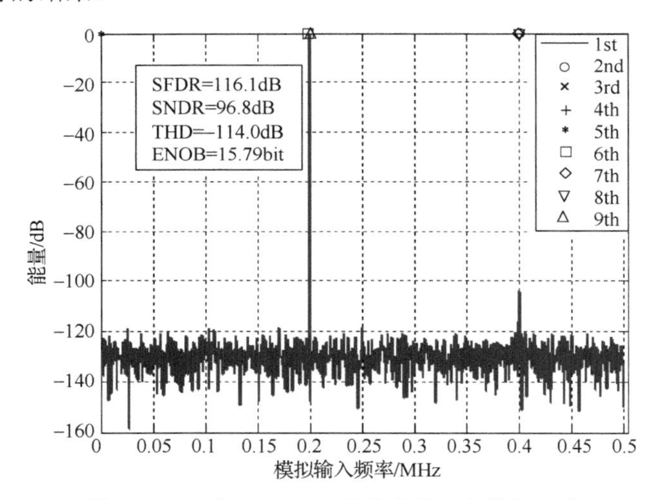

图 4.24　16 位 SAR A/D 转换器的仿真输出频谱

由于电路级仿真不包括电容失配和寄生电容的影响，该仿真结果表明此 A/D 转换器精度的降低主要是比较器、电容驱动开关等电路的非线性失真造成的，有效位数只是略有降低，表明整体电路的设计达到了实现高精度 SAR A/D 转换器的要求。

4.4　基于 Sub-radix-2 的 SAR A/D 转换器数字校准算法

本节首先分析了 SAR A/D 转换器的广义码域线性均衡器，然后研究了 DAC 失配误差的数字校准原理。接着验证了 Sub-radix-2 结构的 DAC 失配误差的数字校准技术。

详细分析了对于 Sub-radix-2 结构，确定电容失配条件，如何选择 Radix 值和确定转换次数。

4.4.1 SAR A/D 转换器的广义码域线性均衡器

带有失调误差源的 SAR A/D 转换器结构如图 4.25 所示，V_X可表示为

$$V_X = -V_{\mathrm{IN}} + \sum_{i=0}^{N-1}(2b_i - 1)\frac{C_i}{C_{\mathrm{tot}}}V_{\mathrm{REF}} - \frac{C_0}{C_{\mathrm{tot}}}V_{\mathrm{REF}} - V_{\mathrm{OS}} - \frac{Q}{C_{\mathrm{tot}}} \tag{4.73}$$

式（4.73）揭示了失调并不影响 A/D 转换器的线性度，因为失调和输入信号是相对独立的。因此，就线性度而言，失调通常都不是最重要的考虑因素。然而在一些应用中需要考虑比较器，例如，时域交织 A/D 转换器时就需要失调误差校正，而在高精度应用中，也需要考虑比较器的失调校准。

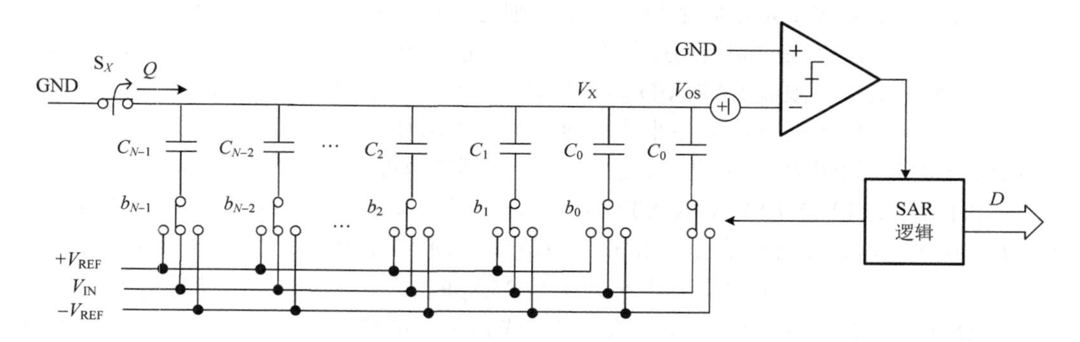

图 4.25 带失调误差源的 SAR A/D 转换器结构

为了简化，假设 $V_{\mathrm{REF}}=1$。由于在 A/D 转换器的最后转换阶段，电容 DAC 的公共端电压 V_X接近 0，所以可以忽略，这样式（4.73）可以重新写为

$$d_{\mathrm{IN}} = \sum_{i=0}^{N-1}(2b_i - 1)w_{i,\mathrm{opt}} + d_{\mathrm{os}} \tag{4.74}$$

式中，$d_{\mathrm{IN}}=Q\cdot V_{\mathrm{IN}}$，（即对 V_{IN} 理想的量化）由一系列权重不同的数字码（$D=[b_{N-1}, b_{N-2},\cdots,b_0]$）组成。其中 d_{os} 是输入等效的失调电压的量化值，且电容 C_i 和总电容 C_{tot} 的比值为 $w_{i,\mathrm{opt}}$。

由于实际集成电路的工艺涨落存在诸多不确定因素，$w_{i,\mathrm{opt}}$ 不可能是一个确认值，但是只要转换是正确的，如最后得到 V_X是小于 1LSB 的，那么 b_i 就包含足够的数据信息，通过选择最佳的权重来重构 d_{IN}[7, 8]。因此，式（4.75）被称为 SAR A/D 转换器的码域线性均衡器。只要能通过某种途径知道权重，比如通过基准 ADC、自适应均衡器等方法就可以来确定权重[7, 8]，从而 d_{IN} 就可以被确定。

考虑非理想因素后，d_{IN} 可表示为

$$\hat{d}_{\mathrm{IN}} = \sum_{i=0}^{N-1}(2b_i - 1)w_i + d_{\mathrm{os}} \tag{4.75}$$

在式（4.75）的两边同时进行一个 $f(\cdot)$ 的线性变化，由广义码域线性均衡器的齐次性和可加性得

$$f(\hat{d}_{\mathrm{IN}}) = \sum_{i=0}^{N-1} f(2(b_i) - 1)w_i + 1\cdot f(d_{\mathrm{os}}) \tag{4.76}$$

同理，采用一种合适的方法得到 $f(d_{\mathrm{IN}})$，就可以用信号处理的方法得到 w_i。此外，可以人为地选择一个特定的实现 $f(\cdot)$ 的方法，这种方法可以使得 $f(d_{\mathrm{IN}})$ 比较容易实现。下面所采用 $f(d_{\mathrm{IN}}) = Q(V_{\mathrm{IN}} + \Delta_a) - Q(V_{\mathrm{IN}} - \Delta_a) - 2\Delta_d$ 就是一个例子。这里 Δ_a 是模拟扰动信号，Δ_d 是其数字化的值。在这个例子中 $f(d_{\mathrm{IN}})$ 仍然是 0。

在大部分 A/D 转换器设计实现中，设计者总是尽量地保证 DAC 电容阵列具有二进制的权重。如果权重是精确地呈二进制，则可以很容易得到 V_{IN} 的 MSB 到 LSB 的数字输出。但是，有限的制造精度使得权重不可能非常精确地为二进制。其中，DAC 电容的失配是最主要限制 SAR A/D 转换器转换线性度的因素。传统上往往会采用一些比较复杂、代价较大的方法去最小化电容失配，如增加电容的面积，采用单位电容阵列 DAC 和共质心的版图布局等。这些方法会以牺牲速度、功耗和面积为代价。例如，对于我们设计的 12 位 1.8V SAR A/D 转换器，采用了 SMIC 0.18μm 1.8V CMOS 工艺，由 kT/C 噪声限制的采样电容是 0.26pF，但是基于 MIM 电容的失配大小，要达到接近 12 位的有效精度，所需的总电容大小要求是 35.8pF。这意味着，为了满足电容匹配的要求，DAC 阵列的总电容要比只是受 kT/C 噪声限制的情况下大 20 多倍，显然 A/D 转换器的芯片面积和功耗等都会增加相应的倍数。

最初的广义的码域线性均衡器提供了一种能够去除电容失配的方法。这意味着，DAC 电容阵列的总电容将会被减小至 kT/C 噪声限制的大小，且不会降低 A/D 转换器的线性度。然而，最主要的问题是如何获得正确的权重 W_i。只要 W_i 确定了，如果转换的过程没有问题，则可以获得正确的 d_{IN}。最后仍需要说明三点：① W_i 不一定是要二进制的；② d_{IN} 可以被正确地转换成数字码 D，当且仅当整个转换的过程是正确的，一个简单的评判标准是转换的终值是否要小于目标精度的 1LSB，如果不是，那么这个输出码就是错的；③只要 A/D 转换器的转换过程正确，就可以通过数字校准得到正确的权重 W_i。

4.4.2 DAC 失配误差的数字可校准性

式(4.75)揭示了正确表示出 V_{IN} 的关键就是得到正确的权重 W_i。然而，在 SAR A/D 转换器中，权重 W_i 是由 DAC 阵列中的电容比例决定的。本节将研究 DAC 失配误差的数字可校准性。对于可校准的 DAC 失配误差，运用数字校准技术可以得到正确的权重 W_i，并且可以消除转换误差[9]。请注意，之后的讨论只考虑静态误差，并假设没有动态误差源。

1. Super-radix-2 和 Sub-radix-2

可以通过研究 A/D 转换器的转移特性曲线来得到使数字校准成立的充分条件。图 4.26(a)所示为一个理想的二进制转换，模拟到数字输出的映射是线性的，如模拟输入 0 被转换成数字码 00…0，V_{FS} 被转换成数字码 11…1。$V_{FS}/2$ 被转换成 10…0 或者 01…1，其他的模拟量对应的数字码都是间隔 1LSB。

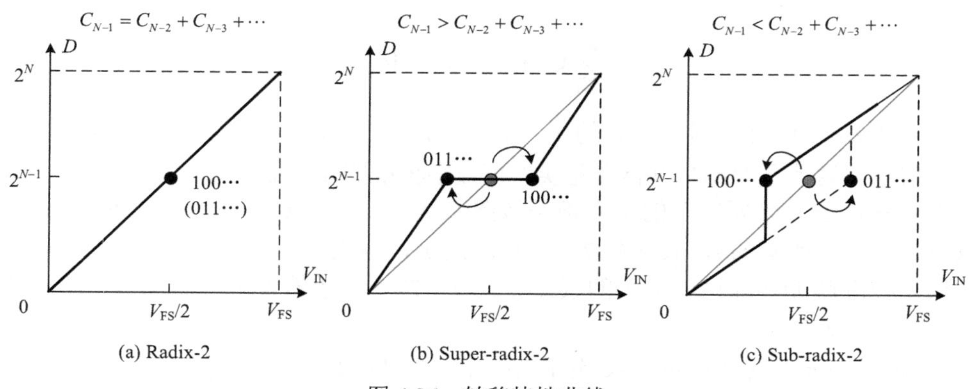

图 4.26　转移特性曲线

为了简化说明，假设只有 MSB(C_{N-1})电容存在失配误差，其他电容都是理想的，这就存在两种情况：①MSB(C_{N-1})电容比理想的情况下要大，即 Super-radix-2。此时，C_{N-1} 比 DAC 电容阵列余下的电容总和都要大，会导致转移特性曲线变成如图 4.26(b)所示。在中间的水平线上，有很多输入模拟量都对应到单一的数字码，属于“多对一”映射。因为此种情况下，原模拟输入信号的信息丢失，数字校准是不能还原这些信息的[10]，所以 A/D 转换器的转换出现错误，这种情况就称为数字不可校准性。②相反的情况，在 Sub-radix-2 时，C_{N-1} 比 DAC 电容阵列余下的电容总和小。由于 C_{N-1} 比 DAC 电容阵列余下的电容总和小，转移特性曲线如图 4.26(c)所示，会出现失码。单一的模拟输入信号会对应到多个数字码，而这些数字码中的某些在正常的情况下是不会出现的，属于“一对多”映射，但是这种误差是可以通过数字校准消除的，因为原模拟输入信号的信息是没有丢失的。

可以有多种方法使得 Sub-radix-2 中的误差被数字校准消除。例如，数字校准可以减去转移特性曲线在垂直方向上的阶跃值的一半（可以进一步地延伸曲线来校正任何增益上的误差），就可以得到一个线性的转移特性曲线。注意到，在校准前，数字码 10…0 和 01…1 对应的横坐标相差很远。它们间隔的区域其实就是校准的冗余量，即在图 4.26 中的实线（MSB=1 搜索范围）和虚线（MSB=0 搜索范围）包围的区域。如果假设 C_{N-1} 有意设计地比二进制的情况下小，那么芯片生产出来后要比实际值稍微大点，它仍然是 Sub-radix-2 结构，所以这个误差不超过冗余量是可以通过数字校准来消除的。

2. 数字校准条件

将上述分析的情况拓展到 DAC 电容阵列的每个电容上，则丢失数字码和丢失模拟信息的条件可以分别表示为

$$\sum_{j=0}^{i-1} C_j + C_0 - C_i \geqslant 0 \tag{4.77}$$

$$\sum_{j=0}^{i-1} C_j + C_0 - C_i \leqslant 0 \tag{4.78}$$

式中，$i = 1, 2, \cdots, N-1$。对于所有的 i，式（4.77）成立意味着整个转换过程中没有丢失模拟信息，这就是 DAC 电容失配误差可数字校准的充分必要条件。

很容易验证，只要所有的电容都是按照系数（$\alpha = C_i / C_{i-1}$）小于 2(Sub-radix-2)来取值，则对于所有的 i，式（4.77）就自动满足，而式（4.78）都不成立。随后的数字域误差校准就能移除这些失码的误差。式（4.77）左边的大小就体现了系统能够容忍电容失配误差的大小。

在 Sub-radix-2 电容阵列 DAC 结构中，由于每位的权重大小不再是二进制的，所以转换的精度将不再等于转换的次数。下式给出了转换的次数和最后的 ENOB 间的关系。

$$\text{ENOB} \leqslant \log_2 \frac{C_{\text{tot}}}{C_0} = \log_2 \left(\frac{1-\alpha^N}{1-\alpha} + 1 \right) \tag{4.79}$$

因为 α 小于 2，所以会有很多失码，从而导致有效转换的精度小于转换的次数，意味着要达到和 radix-2 结构相同的转换精度，则 Sub-radix-2 结构需要更多的转换次数。

4.4.3 基于 Sub-radix-2 的 SAR A/D 转换器

Sub-radix-2 结构保证了 DAC 误差的数字可校准性。但是需要解决的问题是，如果存在电容失配误差，那么如何选取系数 α 才能保证 DAC 电容阵列是 Sub-radix-2 结构。更重要的是，在确定了系数 α 和目标转换精度后，如何确定转换的次数。本节将解决这些问题。

1. Radix 的选择

电容的失配主要是由于在集成电路制造过程中的梯度效应和随机误差效应引起的。对面积和功耗敏感的集成电路设计，更倾向于采用小电容，随机误差是决定电容失配的主要因素，因此下面的分析是基于随机误差的。

DAC 电容阵列的第 i 个电容 C_i 可表示为

$$C_i = (1+\Delta_i) C_{i,\text{nom}} = (1+\Delta_i) \alpha^i C_{0,\text{nom}} \tag{4.80}$$

式中，Δ_i 是电容的随机误差值；α 是基数。假设电容的失配是相互独立的，且服从正态分布 $N(0,\sigma^2)$，σ 是电容失配误差的标准偏差，所以 C_i 的标准偏差可表示为

$$\sqrt{\overline{(C_i-\overline{C_i})^2}}=\sigma\alpha^i C_{0,\text{nom}} \tag{4.81}$$

由于服从相互独立的正态分布，$C_i(i=0,1,\cdots,N-1)$，式（4.77）也服从均值为 $\frac{1-\alpha^i}{1-\alpha}+1-\alpha^i$，标准偏差为 $\sigma\sqrt{\frac{1-\alpha^{2i+2}}{1-\alpha^2}+1}$ 的标准正态分布。如果使得式（4.77）具有 0.997 的置信度，则

$$\frac{1-\alpha^i}{1-\alpha}+1-\alpha^i-2.7\sigma\sqrt{\frac{1-\alpha^{2i+2}}{1-\alpha^2}+1}\geqslant 0 \tag{4.82}$$

注意到不等式是关于 i 的。如果对于每个电容都有式（4.82）成立，则 DAC 数字校准是可行的。实际上，可以只关注大电容的式（4.82）成立来简化 α 的选择，因为权重大的电容是影响 INL 和 DNL 的主要因素。这种情况下，有 $\alpha^i \gg 1$；因此式（4.82）可以简化为

$$\frac{2-\alpha}{\alpha-1}-2.7\sigma\frac{\alpha}{\sqrt{\alpha^2-1}}\geqslant 0 \tag{4.83}$$

2. 转换次数的选择

同理，式（4.81）具有 0.997 的置信度成立的条件是下式成立，即

$$\frac{1-\alpha^N}{1-\alpha}+1-2^{\text{ENOB}}-2.7\sigma\sqrt{\frac{1-\alpha^{2N}}{1-\alpha^2}+1}\geqslant 0 \tag{4.84}$$

对于给定的 σ 和电容失配误差大小，式（4.83）决定了最大的基数 α，而式（4.84）决定了要达到给定 ENOB 和基数 α 所需要的最小转换次数 N。这个结论和直观上认为大的电容失配需要更大的冗余，从而导致更小的基数和更多的转换次数是一致的。以一个 16 位 SAR A/D 转换器为例，σ、α 和 ENOB 的关系如表 4.1 所示。

表 4.1　σ、α 和 ENOB 的关系

σ	ENOB	α
0	16	2
1%	15.67	1.97
2%	15.34	1.94
3%	15	1.91
4%	14.77	1.89

由表 4.1 可知，对于固定的转换次数，失配 σ 越大，基数 α 就越小，相应的 ENOB 就越差。

4.5　基于扰动数字校准的16位SAR A/D转换器

本节介绍了一种基于扰动的数字前台校准技术，可以同时在前台得到SAR A/D转换器的所有位的正确权重，并基于0.18μm CMOS工艺，设计了一款16位1.8V 1MS/s SAR A/D转换器来验证此校准的正确性。由于基于扰动的数字校准技术可以校准电容的失配问题，SAR A/D转换器的电容阵列总电容就可以减小到受kT/C噪声限制的大小，而不降低线性度，同时会极大地降低芯片的功耗和面积。

4.5.1　基于扰动的数字校准原理

1. 叠加原理

基于扰动的数字校准的本质就是线性系统的可叠加性。如图4.27所示，系统函数$Q(X)$表示从模拟采样输入到输出数字码的映射。A/D转换器的输入V_{IN}是和Δ_a（扰动信号）的总和，V_{IN}和Δ_a分别映射到输出是$Q(V_{\mathrm{IN}})$和$Q(\Delta_a)$。假设理想的量化，$Q(X)$是一个线性系统，则由可叠加性原理成立可得

$$Q(V_{\mathrm{IN}} \pm \Delta_a) = Q(V_{\mathrm{IN}}) \pm Q(\Delta_a) \tag{4.85}$$

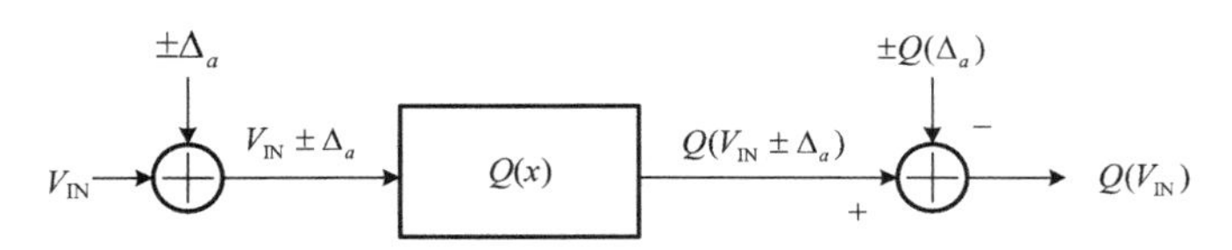

图4.27　线性系统叠加原理

注意到式（4.85）中的三项表达式都是数字量，可用Δ_d表示$Q(\Delta_a)$，所以式（4.85）可以改写为

$$Q(V_{\mathrm{IN}}) = Q(V_{\mathrm{IN}} \pm \Delta_a) \mp \Delta_d \tag{4.86}$$

式（4.86）表明，对于一个线性的A/D转换器，在输入端加入的扰动信号会在数字域中精确地被抵消，式（4.86）可以从扰动的转移特性曲线中直观地理解，如图4.28所示。增加$+\Delta_a$和$-\Delta_a$导致原来的转移特性曲线的水平位移分别用虚线和点划线表示，如图4.28(a)所示，然而输出代码减去$+\Delta_d$和$-\Delta_d$后的转移特性曲线会发生垂直位移，如图4.28(b)所示。如果$\Delta_a = \Delta_d$，则两个扰动的转移特性曲线会和原来的曲线重合，最终两个扰动曲线完全重合表明转移特性曲线是线性的，且所有的位权重都收敛到最佳值。实际上Δ_d是自适应的，因此注入量Δ_a可以在数字域中精确地被抵消。

然而叠加原理是不适用于非线性系统的，假设MSB的权重存在误差，其他的位权重都是最佳，则转移特性曲线在数字码011…1到100…0时会发生歪曲变形。图4.29(a)和图4.29(b)描述了和图4.28(a)和图4.28(b)一样的水平和垂直扰动情况。

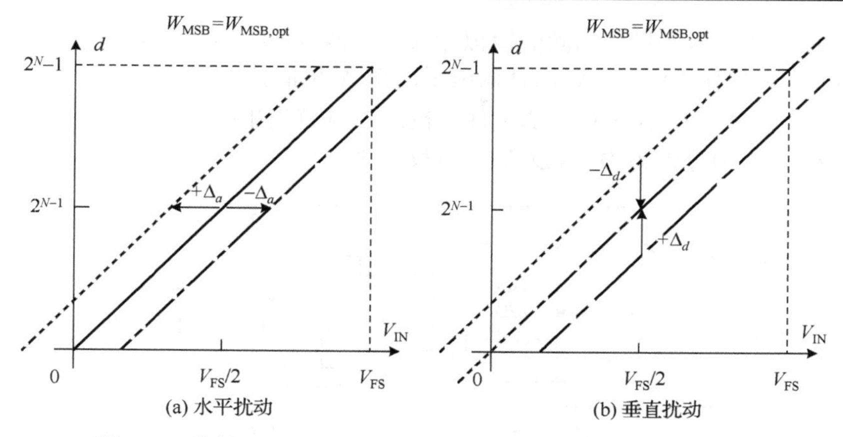

图 4.28　线性 SAR A/D 转换器的扰动原理（具有最佳位权重）

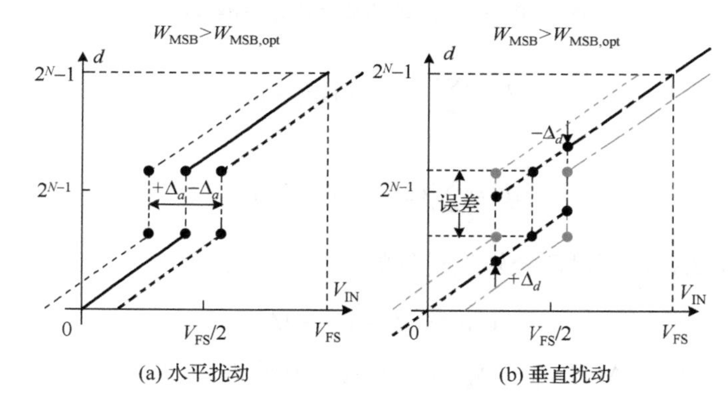

图 4.29　非线性 SAR A/D 转换器的扰动原理（仅 MSB 权重存在误差）

在图 4.29(b)中，两个扰动转移特性曲线并没有和原来的曲线重叠，而是形成了一个水平长为 $2\Delta_a$ 的窗口。SAR A/D 转换器可以采用图 4.29(a)和图 4.29(b)分别数字化模拟输入信号两次。对于同一个模拟输入采样信号，两个独立的转换可以得到两个不同的数字码，两者间的差别正好就是位权重误差的体现，也就是说提供了可以降低这个权重误差的信息。设计者要做的就是通过某种方法调整权重的值，进而将这个误差逐渐逼近于 0。一旦最佳的权重得到了，误差（图 4.29 中的窗口）就会减小，从而转移特性曲线就被线性化，所以线性转移特性曲线的叠加原理又会成立，更大的 Δ_a 会产生更宽的窗口，从而可以提供更多的校准误差信息。

一般来说，每个位上的权重都会偏离原来的位权重，这些位权重就会使得转移特性曲线在不同的地方发生扭曲，但是扰动方法可以探测到所有的位权重的误差，就像上面讨论的 MSB 位权重误差原理一样，后续会阐述完整的基于扰动的数字校准结构。

2. 校准网络结构

图 4.30 给出了 N 个转换阶段的 SAR A/D 转换器的基于扰动数字校准的结构图。

单个 SAR A/D 转换器要量化相同的模拟输入信号两次，但是两次量化分别是被加入了扰动的模拟失调电压 $+\Delta_a$ 和 $-\Delta_a$ ，且输出了两个 N 位的待处理的数字码 D_+ 和 D_- 。具有相同的权重， $W=\{w_i\}(i=0,\cdots,N-1)$ ，校准系统首先根据式（4.86）和式（4.87）计算出 d_+ 和 d_- ，即分别为 D_+ 和 D_- 的所有权重之和。

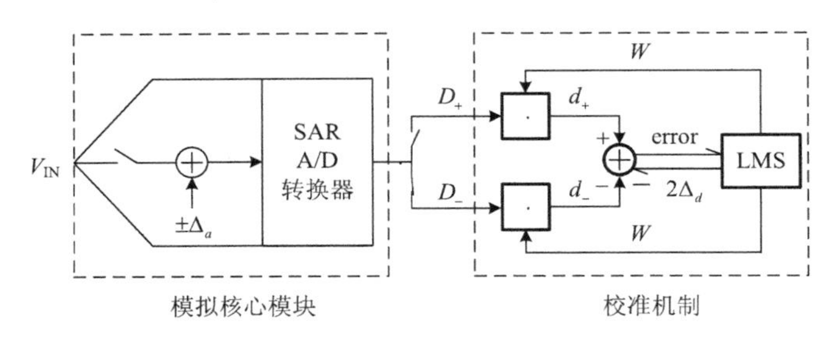

图 4.30　基于扰动的数字前台校准框图

$$d_+=\sum_{i=0}^{N-1}(2b_{i,+}-1)w_i+d_{\rm os} \tag{4.87}$$

$$d_-=\sum_{i=0}^{N-1}(2b_{i,-}-1)w_i+d_{\rm os} \tag{4.88}$$

在数字域减去了 $2\Delta_d$ ，所以两个转换过程的误差为

$$\hat{\rm error}=d_+-d_--2\Delta_d \tag{4.89}$$

式中， d_+ 和 d_- 是 $V_{\rm IN}+\Delta_a$ 和 $V_{\rm IN}-\Delta_a$ 的量化值。由于 $d_{\rm os}$ 在式（4.89）中被抵消了，所以这种数字校准的方法不能校正失调问题。所以式（4.89）又可以写为

$$\text{error}=Q(V_{\rm IN}+\Delta_a)-Q(V_{\rm IN}-\Delta_a)-2\Delta_d \tag{4.90}$$

式中， $Q(g)$ 是理想的量化。

假设最佳的权重已经得到，则式（4.84）成立。将式（4.84）和 $\Delta_a=\Delta_d$ 代入式（4.90）中，误差为 0，由图 4.28 所示的线性系统转移特性曲线的可叠加性原理也证明了这一点，否则非 0 的误差意味着转移特性曲线的非线性，如图 4.29 所示。将式（4.87）和式（4.88）代入式（4.89），可得

$$\hat{\rm error}=\sum_{i=0}^{N-1}[2(b_{i,+}-b_{i,-})]w_i-2\Delta_d \tag{4.91}$$

式（4.91）就是广义码域线性均衡器的形式。接着采用 LMS 算法通过迭代式（4.92）和式（4.93）不断调整 N 个独立的位权重，从而使得误差 $\hat{\rm error}$ 逼近于 0。

$$W_i[n+1]=W_i[n]-\mu_w\text{error}[n](b_{i,+}[n]-b_{i,-}[n])(i=0,1,\cdots,N-1) \tag{4.92}$$

$$\Delta_d[n+1]=\Delta_d[n]+\mu_\Delta\text{error}[n] \tag{4.93}$$

式中， μ_w 和 μ_Δ 是公式的迭代步长。

最终校准网络的最小均方根算法使得误差逼近于 0。当误差逼近于 0 时，各位权重 $W=\{w_i\}(i=0,\cdots,N-1)$ 会收敛到最佳值。

4.5.2　16 位 1MS/s SAR A/D 转换器

本节中设计的全差分结构的 16 位 SAR ADC 整体结构如图 4.31 所示，主要由自举开关、Sub-radix-2 DAC 阵列、高精度比较器、SAR 逻辑、数字校准系统等组成。根据电容失配的大小，选择基数 α 为 1.94，转换次数仍然是 16，根据表 4.1 可以得到，最大的有效位数为 15.34。由于失配的误差可以通过数字校准来消除，所以电容阵列 DAC 的总电容值可以减小到 kT/C 噪声限制，但是采用的仍然是类似传统二进制电容 DAC 结构，A/D 转换器的精度是 16 位，所以单位电容（最小电容）的实现十分关键。

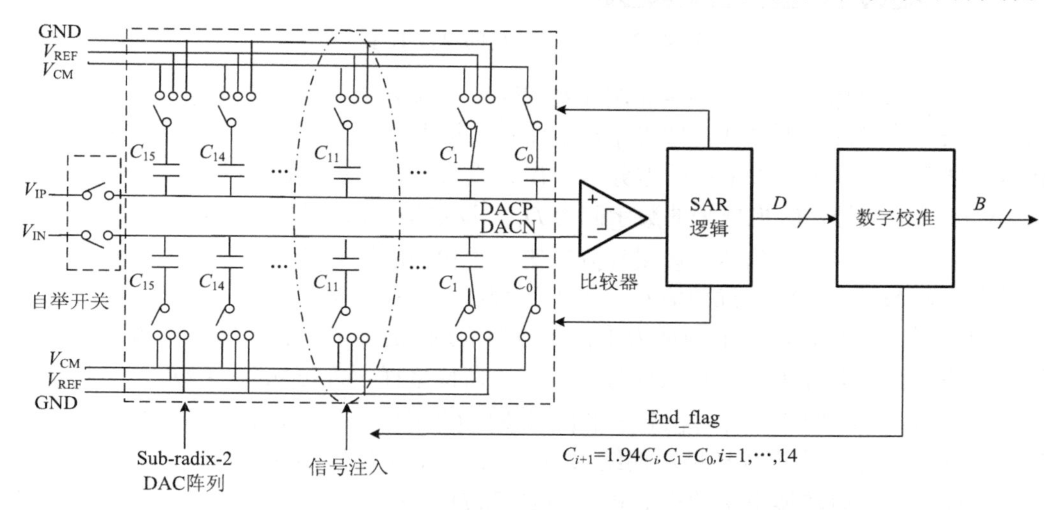

图 4.31　带数字校准的 16 位 SAR ADC 整体结构

低位电容 $C_0\sim C_5$ 采用了全定制的三明治结构单位电容，如图 4.32 所示。三明治结构的电容主要是利用金属层之间的寄生电容来实现所需的电容值，这里采用 4～6 层金属来实现。单位电容的面积是 2.5μm×2.5μm，电容值约为 2fF。$C_6\sim C_{15}$ 是采用 MIM 电容实现的。由于采用 Sub-radix-2 DAC 阵列，基数 α 为 1.94，从而可以计算出电容阵列 DAC 单端的总电容大概是 44.15pF。为了减小非理想寄生电容的影响，单位电容的上极板被下极板所包围，此电容的匹配性比较差，不如 MIM 电容好，但是本设计采用的数字校准可以消除电容失配的影响。此外，由于这种电容只需要标准金属层就能实现，所以整个 A/D 转换器都可以采用标准 CMOS 工艺，进而大大降低成本。

1. 校准模式整体电路的时序

考虑到芯片出厂后电容失配误差基本都固定，而且在一般应用场合下，电容失配变化不大，所以本设计的数字校准是前台的，也可以降低功耗。但是任何时候，例如，环境温度异常，导致电容失配比较大，A/D 转换器的有效位数降低时，只要将 A/D 转换器的校准使能信号使能，就可以给 A/D 转换器随时校准。

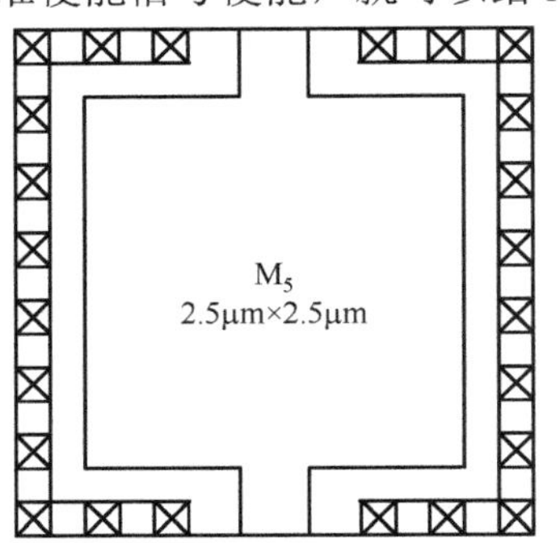

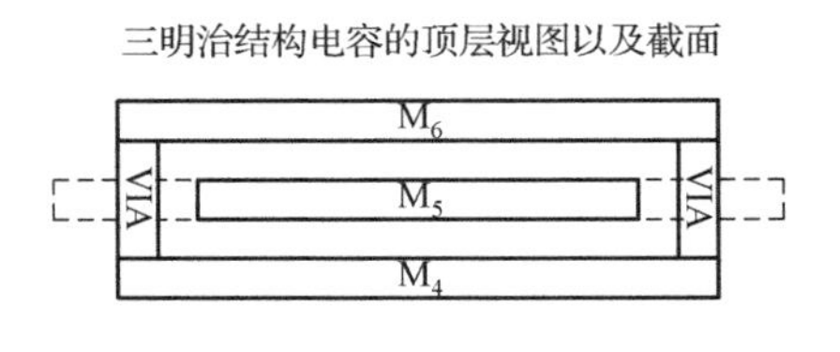

图 4.32　三明治结构的单位电容

校准模式整体电路的时序图如图 4.33 所示，一次完整的校准周期等于输入信号的周期与采样信号的周期之和，即 $T_{\text{CAL}}=T_{\text{IN}}+T_S$，即两次模数转换周期，包括两次采样和两次转换周期。第一次采样的差分信号在 P 端被注入 $+\Delta_a$ 的扰动信号，在 N 端被注入 $-\Delta_a$ 的扰动信号，转换出来的数字码为 D_+。设定第一次模数转换的周期等于 T_{IN}，这样在下一次采样时，仍然可以采样到和第一次相同的输入信号。第二次采样的差分信号在 P 端被注入 $-\Delta_a$ 的扰动信号，在 N 端被注入 $+\Delta_a$ 的扰动信号，转换出来的数字码为 D_-。第二个模数转换的周期为采样信号的周期，之前的采样信号已经被采样并且处理完毕，开始采样下一个输入信号。由奈奎斯特采样定理可知 $T_{\text{IN}}>2T_S$，因此在第一次模数转换周期中会有接近一半的周期被浪费，一次完整的数字校准周期 $T_{\text{CAL}}>3T_S$。在第二次模数转换周期结束后，就得到对于相同的模拟采样信号分别加入 $\pm\Delta_a$ 的扰动信号后转换出来的一对相应的 D_+ 和 D_-。在下一个数字校准周期内，模拟电路部分仍然重复刚才的步骤，数字电路就开始对上一个数字校准周期输出的一对 D_+ 和 D_- 进行处理，这个时间对于数字校准处理是足够了。按前面所述的校准网络结构，一对 D_+ 和 D_- 的处理便是对 error、Δ_d 和权重 W 变量进行一次迭代更新。不断重复此过程，可以得到更多的校准信息，通过最小均方根算法使得误差逐渐逼近于 0。当误差逼近于 0 时，各位权重 $W=\{w_i\}(i=0,\cdots,N-1)$ 会收敛到最佳值。

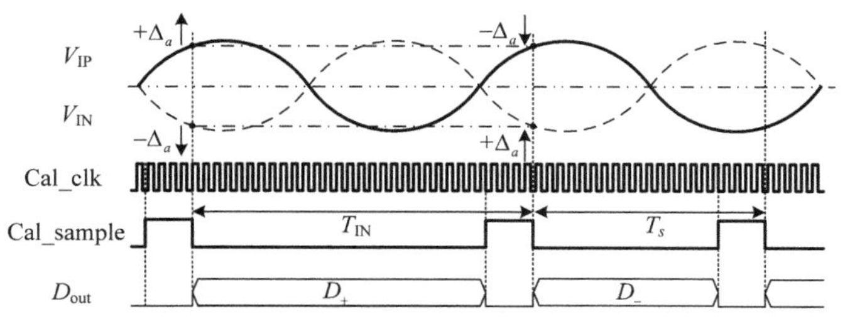

图 4.33　校准模式整体电路的时序图

设定校准的次数或者最后的误差精度来确定数字校准停止的条件。由于最终 error 误差精度的不确定性，例如，设定的 error 误差终止值过大，权重可能还没有收敛到最佳值，导致最终的有效位数不高；或者设定的 error 误差终止值过小，在实际芯片工作时，可能一直不能达到这个精度，从而校准一直不能终止，进入类似死循环，所以通过设定校准的次数来作为数字校准终止判别信号，而且根据一次校准周期和校准的次数可以精确地知道校准所需要的时间。当数字校准结束时，生成一个数字校准终止的标志信号，反馈到 SAR A/D 转换器的模拟模块终止扰动信号的输入，并反馈到校准模块逻辑里终止校准逻辑。之后 SAR A/D 转换器就开始进入正常的工作状态，输入的模拟信号被 SAR A/D 转换器的模拟核转换成待处理的数字码，之后经过数字校准得到的最佳权重处理后输出最终的正确数字码。

2. 新型扰动电路

在前面的数字校准阶段，采样得到差分信号后，会被注入 $\pm\Delta_a$ 的扰动信号。文献[11]通过额外增加用于产生扰动信号的 DAC 电容、切换电容的下极板电压来达到注入 $\pm\Delta_a$ 扰动信号的目的，但是会带来额外的电路开销、功耗的增加、DAC 总电容的增加等一系列问题，从而使得原来 DAC 电容阵列的下极板在切换时，DAC 的公共端电压变化的值变小等问题。本节提出了一种新型的扰动电路，这种结构完全不需要额外的电容来实现注入扰动信号，如图 4.31 所示，只是改变了已有的电容阵列中的第 5 位电容（C_{11}）的下极板电压切换的时序，即可实现注入扰动信号的目的，可以克服文献[11]的一些弊端。

本节设计的 16 位 SAR A/D 转换器的 SAR 控制逻辑是采用 MCS 时序实现的，只不过在第 5 位电容下极板的时序上因为要实现注入扰动信号而有所不同。图 4.33 中所示的 Cal_sample 信号实际上是有两个周期信号相或形成的，两个信号本质是一样的，只是 phase2 相对于 phase1 有 T_{IN} 的延迟，即 Cal_sample=phase1||phase2。在 phase1 期间实现 D_+，在 phase2 期间实现 D_-。DAC 控制逻辑电路图如图 4.34 所示。

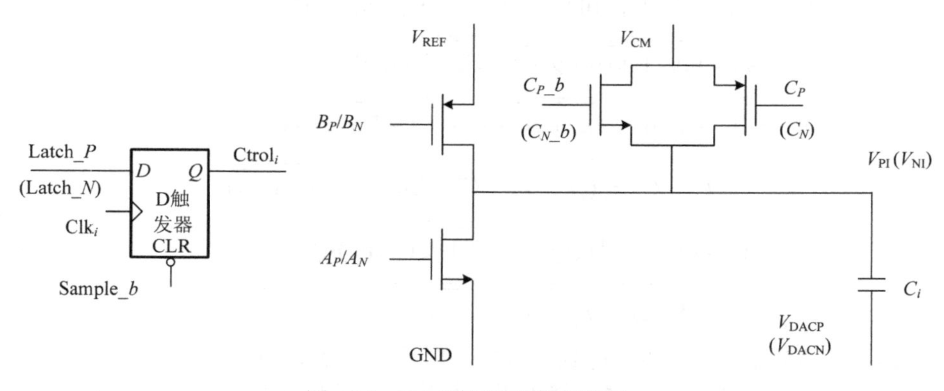

图 4.34　DAC 控制逻辑电路图

第 2 章已经详细阐述了单调电容开关（MCS）时序，可知在第 5 位电容的时钟 Clk_5 的上升沿和 Ctrol 有效信号到来之前，其下极板一直是接 V_{CM} 的，包括在采样阶段也是直接接 V_{CM} 的。由于产生扰动信号是采样阶段结束后和第一个 Clk_1 上升沿到来前发生的，所以将扰动信号加入 MCS 时序在时间上是不冲突的。详细的时序要求如下。

phase1 上升沿到来时，第 5 位电容下极板 V_{PI} 接 GND，V_{NI} 接 V_{REF}。

phase2 上升沿到来时，第 5 位电容下极板 V_{PI} 接 V_{REF}，V_{NI} 接 GND。

phase1/ phase2 上升沿到来时，第 5 位电容下极板 V_{PI}/V_{NI} 接 V_{CM}。

时钟 Clk_5 上升沿到来时，进行正常 MCS 时序操作。

用简易符号代替这些输入输出信号如表 4.2 所示，加入扰动时序后的 MCS 时序的真值表，如表 4.3 所示。

表 4.2　符号简化

原来符号	phase1	phase2	Clk_5	Ctrol_5	End_flag
简易符号	p_1	p_2	Cl	Ct	End

表 4.3　加入扰动时序后的 MCS 时序的真值表

输入信号					输出信号					
p_1	p_2	Cl	Ct	End	A_P	B_P	C_P	A_N	B_N	C_N
1	X	X	X	0	1	1	1	0	0	1
X	1	X	X	0	0	0	1	1	1	1
0	0	0	X	0	0	1	0	0	1	0
0	0	1	0	0	0	0	1	1	1	1
0	0	1	1	0	1	1	1	0	0	1
X	X	0	X	1	0	1	0	0	1	0
X	X	1	0	1	0	0	1	1	1	1
X	X	1	1	1	1	1	1	0	0	1

根据表 4.3 所示的真值表，可以列出输出的逻辑表达式为

$$A_P=\overline{\overline{(p_1\cdot\overline{\text{End}})}g\overline{(\overline{p_1}\cdot\overline{p_2}\cdot\text{Cl}\cdot\text{Ct}\cdot\overline{\text{End}})}g\overline{(\text{Cl}\cdot\text{Ct}\cdot\text{End})}}\tag{4.94}$$

$$B_P=\overline{\overline{(\overline{p_2}+\text{End})}+\overline{(p_1+p_2+\overline{\text{Cl}}+\text{Ct}+\text{End})}+\overline{(\overline{\text{Cl}}+\text{Ct}+\overline{\text{End}})}}\tag{4.95}$$

$$C_P/C_N=\overline{\overline{(p_1+p_2+\text{Cl}+\text{End})}+\overline{(\text{Cl}+\overline{\text{End}})}}\tag{4.96}$$

$$A_N=\overline{\overline{(p_2\cdot\overline{\text{End}})}g\overline{(\overline{p_1}\cdot\overline{p_2}\cdot\text{Cl}\cdot\overline{\text{Ct}}\cdot\overline{\text{End}})}\bullet\overline{(\text{Cl}\cdot\overline{\text{Ct}}\cdot\text{End})}}\tag{4.97}$$

$$B_N=\overline{\overline{(\overline{p_1}+\text{End})}+\overline{(p_1+p_2+\overline{\text{Cl}}+\overline{\text{Ct}}+\text{End})}+\overline{(\text{Cl}+\overline{\text{Ct}}+\overline{\text{End}})}}\tag{4.98}$$

根据上述逻辑表达式，即可得到加入扰动时序后的 MCS 时序的 SAR 控制逻辑的电路图。通过上述控制逻辑和时序，就可以计算出注入的模拟扰动信号 $\pm\Delta_a$ 的大小，即

$$\Delta_a = \frac{1}{2} \times V_{\mathrm{REF}} \times \frac{C_{11}}{C_{\mathrm{tot}}} \tag{4.99}$$

根据式（4.99）可以算出，Δ_a 的大小约为 30.8mV。注入的模拟扰动信号值可以通过 MATLAB 建模仿真获得最优值。考虑到注入的模拟扰动信号大小，则输入的模拟信号实现加满摆幅，从而在某种程度上会降低 SNDR 和 ENOB，但是 30.8mV 的幅值对整体性能的影响可以忽略。

3. SAR A/D 转换器仿真与版图实现

基于 0.18μm 1.8V CMOS 工艺，电源电压 V_{DD}=1.8V，参考电压 V_{REF}=1.8V，V_{IN} 为幅度 1.8V、频率 249.5kHz 的正弦波，采样时钟信号的频率是 1MHz，占空比为 20%，系统同步时钟信号频率为 20MHz，占空比为 50%，对所设计的 16 位 1MS/s SAR A/D 转换器进行了频域仿真。数字校准前，对 16 位 SAR A/D 转换器的输出采样 2048 次，从 Cadence 导出数据用 MATLAB 进行 FFT 分析，得到频谱图如图 4.35 所示。在数字校准结束后，同样的处理得到频谱图如图 4.36 所示。校准前 SNDR 为 75.47dB，有效位数为 12.24 位；校准后 SNDR 可达 93.64dB，有效位数达 15.26 位。

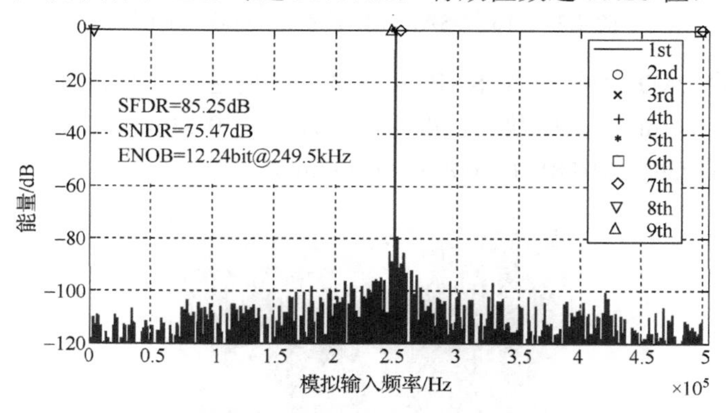

图 4.35　数字校准前 2048 点采样数据的 FFT 结果

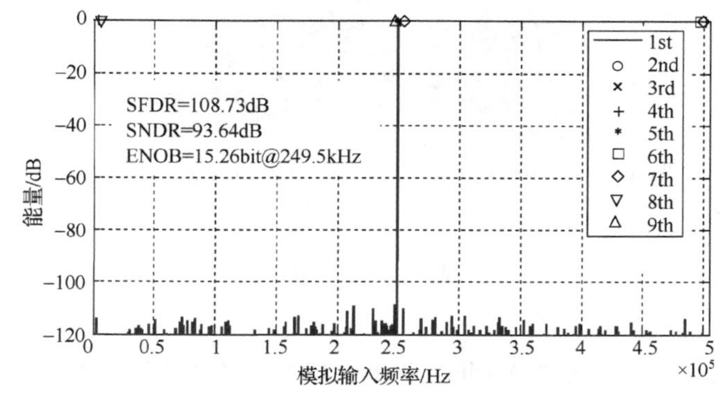

图 4.36　数字校准后 2048 点采样数据的 FFT 结果

本节所设计的16位SAR A/D转换器的整体版图布局如图4.37所示。模拟模块的上下两部分分别是电容DACP和DACN阵列，采用了全定制的三明治结构的低位电容C_0～C_5被放置在电容阵列的中间，而电容C_6～C_{15}被放置在电容阵列的两侧。模拟模块中间除了最左边的比较器和上边紧挨着比较器的两个自举开关以外都是SAR控制逻辑部分。为了隔离数字校准电路的噪声对模拟电路的影响，数字模拟间隔的部分都留足了一定的间距，并且在整个模拟模块的四周添加了两层保护环。

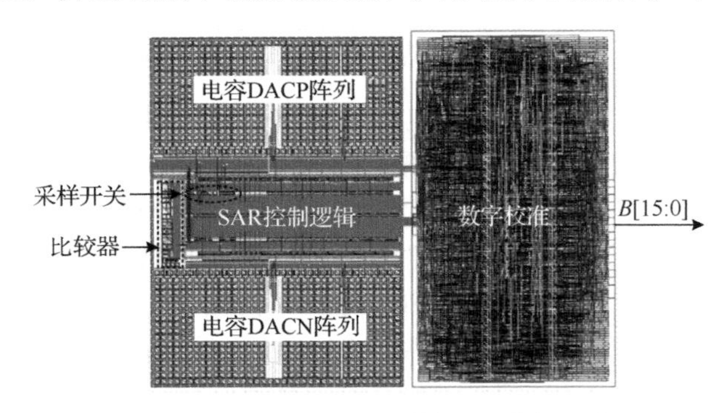

图4.37　16位SAR A/D转换器整体版图布局

图4.38为带PAD电路16位SAR A/D转换器的芯片照片，A/D转换器核的实际面积为0.76mm×0.6mm，其中数字校准电路的面积为0.32mm×0.6mm（占总共面积的42%），包括PAD的整体面积为1.60mm×1.60mm。

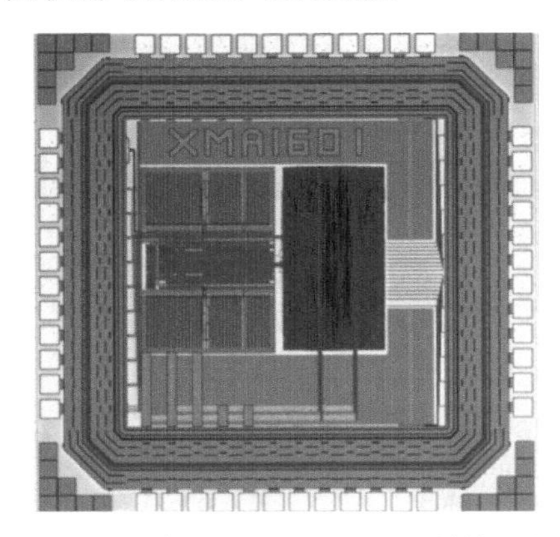

图4.38　带PAD电路16位SAR A/D转换器芯片照片

参考文献

[1] Lee H S, Hodges D A, Gray P. A self-calibrating 15 bit CMOS A/D converter. IEEE J Solid-State Circuits, 1984, 19(12):813-819.

[2] Haenzsche S, Henker S, Schuffny R, et al. A 14 bit self-calibrating charge redistribution SAR ADC. IEEE Int Symp on Circuits and Systems (ISCAS), 2012:1038-1041.

[3] Liu W, Huang P, Chiu Y. A 12 b 22.5/45 MS/s 3.0Mw 0.059 mm^2 CMOS SAR ADC achieving over 90dB SFDR. IEEE Int Solid-State Circuits Conference (ISSCC), 2010:380-381.

[4] Mcneill J A, Chan K Y, Coln M, et al. All-digital background calibration of a successive approximation ADC using the 'Split ADC' architecture. IEEE Trans on Circuits and Systems I: Regular Papers, 2011, 58(10):2355-2365.

[5] Xu R, Liu B, Yuan J. Digitally calibrated 768-kS/s 10-b minimum-size SAR ADC array with dithering. IEEE J Solid-State Circuits, 2012, 47(9):2129-2140.

[6] Chen Y, Zhu X, Tamura K, et al. Split capacitor DAC mismatch calibration in successive approximation ADC. IEEE Custom Integrated Circuits Conference (CICC), 2009:279-282.

[7] Harpe P, Cantatore E. A 10b/12b 40 kS/s SAR ADC with data-driven noise reduction achieving up to 10.1b ENOB at 2.2 fJ/conversion-step. IEEE Journal of Solid-State Circuits, 2013, 48(12):3011-3018.

[8] Chiu Y, Tsang C W, Nikolic B, et al. Least-mean-squareadaptive digital background calibration of pipelined analog-to-digital converters. IEEE Trans on Circuits and Systems I: Regular Papers, 2004, 51(1): 38-46.

[9] Liu W, Chiu Y. An equalization-based adaptive digital background calibration technique for successive approximation analog-to-digital converters. 7th Int Conf on ASIC, 2007:289-292.

[10] Karanicolas N, Lee H S, Bacrania K L. A 15-b 1-MS/s digitally self-calibrated pipeline ADC. IEEE Int Solid-State Circuits Conf (ISSCC), 1993: 60-61.

[11] Liu W, Huang P, Chiu Y. A 12-bit, 45-MS/s, 3-mW redundant SAR analog-to-digital converter with digital calibration. IEEE J of Solid-State Circuits, 2011, 46(11):2661-2672.

第 5 章　高速 SAR A/D 转换器

随着 CMOS 集成电路技术的不断进步，低分辨率、高速 SAR A/D 转换器已经开始工程化应用，结合时域交织技术，可实现超高速 A/D 转换器，如富士通微电子已经基于 40nm CMOS 工艺研制了 8 位 64GS/s 时域交织 A/D 转换器，用于 100G/400G 光传输。本章介绍多种高速 SAR A/D 转换器的设计技术，并介绍了时域交织技术和 8 位 2.0GS/s SAR A/D 转换器的设计。

5.1　一种 8 位/10 位可配置高速异步 SAR A/D 转换器

本节结合 SAR A/D 转换器的高速中等精度应用，基于 90nm CMOS 工艺设计实现了一种精度和采样速度可配置的异步高速 SAR A/D 转换器。A/D 转换器的精度和采样速率的可配置能较好地满足当今社会的多种精度模式、宽采样速率的应用场合需求，同时也缩短了设计周期，减少了设计成本。A/D 转换器具有 8 位和 10 位两种工作模式，工作在 8 位模式时，采样速率最高可达 200MS/s；工作在 10 位模式时，采样速率最高可达 100MS/s。设计中采用了多种方法来减小 A/D 转换器的功耗，同时提高 A/D 转换器的采样速率和整体性能。

5.1.1　可配置 SAR A/D 转换器结构

图 5.1 为本节设计高速可配置 SAR A/D 转换器的结构框图，主要模块单元包括可调节的电容 DAC、自举开关、高速比较器、SAR 逻辑和异步逻辑模块。如图 5.1 所示，差分电容阵列通过自举开关输入信号 V_{IP} 和 V_{IN} 进行采样以提高采样线性度。Clks 是系统输入采样信号，而 Clkc 是通过异步逻辑产生的，作为比较器的时钟信号。A/D 转换器精度控制由 RES 完成：当 RES 为高时，A/D 转换器工作在 10 位模式，数字输出为 $B[9:0]$；当 RES 为低时，A/D 转换器工作在 8 位模式，数字输出为 $B[9:2]$。通常电容阵列的可配置是通过在比较器输入端和电容阵列输出端加入精度开关来实现的[1]。但是开关的非线性会引入失真，从而恶化 A/D 转换器的性能。本设计通过将 C_2、C_1 和 C_0 复位到 V_{REF}（本设计中 $V_{REF}=V_{DD}$）来实现 8 位电容 DAC，即此时这三组位电容等效为一个单位电容。后面将会阐述由于采用了用户定制的小容值单位电容，这种实现方法相对于传统技术在保证 A/D 转换器性能的前提下只会增加较小的功耗。

在本节设计中，SAR A/D 转换器在 10 位工作模式下最高采样速率 $F_{s,\max}$ 为 100MS/s，8 位工作模式下最高采样速率 $F_{s,\max}$ 为 200MS/s。通过调节采样信号的频率，

可以实现 $0\sim F_{s,\max}$ 的采样速率。为了使 A/D 转换器整体功耗随采样速率近似呈线性变化，本节提出了一种异步控制技术，同时也进一步提高了 A/D 转换器能达到的最高采样速率。

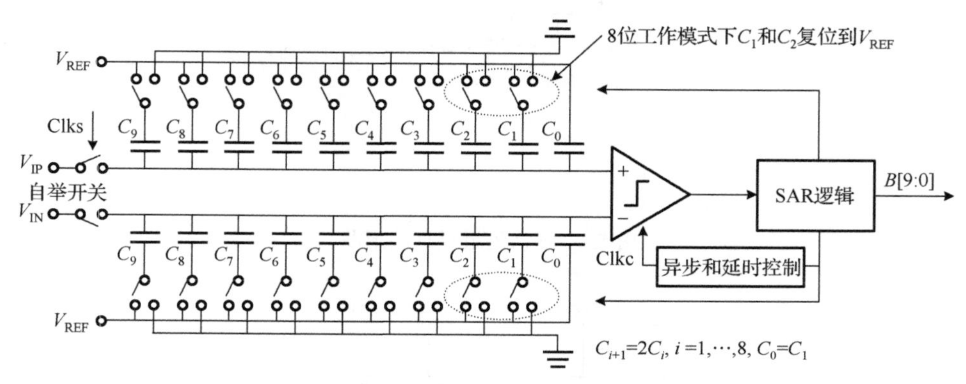

图 5.1　高速可配置 SAR A/D 转换器的结构框图

5.1.2　电容 DAC

1. 改进的单调电容开关时序

与传统开关时序相比，单调电容开关（MCS）时序[2]能极大地减小功耗，因为每一次比较只有一个开关向下导通，不需要向上导通，同时电容也减少 50%，开关数目也达到最少。但是采用 MCS 时序在整个转换周期比较器的输入共模电平由 $V_{DD}/2$ 到地逐渐变化，使得比较器的输入电容发生变化，产生动态失调，从而 A/D 转换器的动态性能有所下降。基于共模电压的电荷再利用[3]开关时序虽然能进一步降低功耗，但是却增加了控制逻辑电路的复杂度。对于高速 SAR A/D 转换器，数字电路的功耗会十分显著。为了减小比较器的动态失调，同时保持较低的功耗和较低的数字电路复杂度，本节提出了一种改进的 MCS 开关时序。

如图 5.1 所示，该 A/D 转换器的 DAC 网络由 $C_0\sim C_9$ 共 10 组电容组成，比较过程中的逐次逼近波形如图 5.2 所示。采用这种开关时序，只有 MSB 向上导通，其他各位和单调开关时序一样，只需要向下导通。整个转换周期共模电平 V_{CM} 的变化范围较小，从而减小了动态失调，使得性能和功耗有较好的折中。

如图 5.3 所示，采样阶段电容阵列通过自举开关将输入信号采样，同时 MSB 电容的下极板接地，其他各位接 V_{REF}。采样结束后自举开关关断，比较周期开始。在第一个比较周期，不存在开关动作。根据比较器输出，把较小电压一端的 MSB 电容 C_9 接 V_{DD}，另一端保持不变。接着开始第二周期比较，此时根据比较器输出，把较大一端电容接地，较小一端电容保持不变，与单调开关时序一样，直到 LSB 确定。与单调开关时序相比，新提出的开关时序共模电平 V_{CM} 变化范围减小 50%，减小了比较器的动态失调。

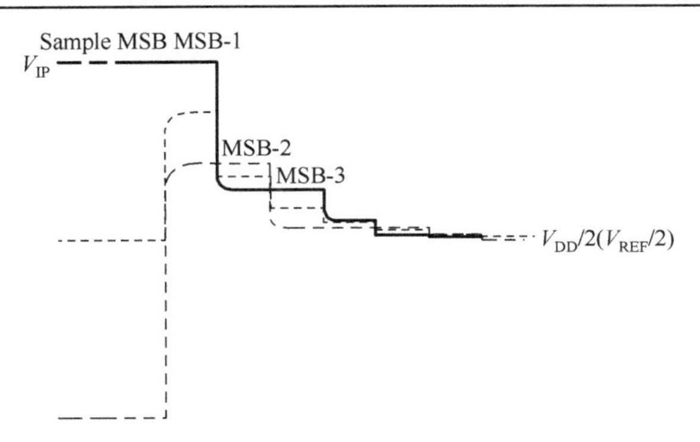

图 5.2　逐次逼近过程波形图

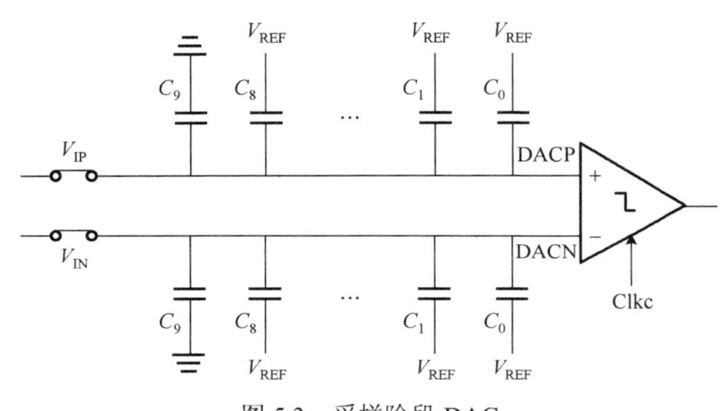

图 5.3　采样阶段 DAC

下面简要分析这种改进型 MCS 时序的 DAC 功耗。在一个转换周期，只有 DAC 复位和开关向下导通时产生功耗，即

$$E_{\text{total}} = E_{\text{reset}} + E_{\text{monotonic}} \tag{5.1}$$

对于 N 位的 A/D 转换器，假设复位前 DAC 网络的各位电容接地和接 V_{REF} 是等概率的，复位前 V_{DACP}、V_{DACN} 均为 $V_{\mathrm{REF}}/2$，复位后电容如图 5.3 所示，同时自举开关导通，对输入进行采样，V_{DACP}、V_{DACN} 变化分别为 $V_{\mathrm{REF}}/2+\Delta V$、$V_{\mathrm{REF}}/2-\Delta V$，则对 DAC 充电为

$$E_{\text{reset}} = \sum_{i=1}^{N-2} 2^{i-1}\left[\left(\frac{1}{2}V_{\mathrm{REF}} - \Delta V\right) + \left(\frac{1}{2}V_{\mathrm{REF}} + \Delta V\right)\right] CV_{\mathrm{REF}} = \sum_{i=1}^{N-2}(2^{i-1})CV_{\mathrm{REF}}^2 \tag{5.2}$$

由于比较过程中 MSB 向上导通不消耗能量，只有其他位向下导通产生功耗，并假设比较过程中各位电容接地和保持不变是等概率的，可得比较过程中的功耗为

$$E_{\text{monotonic}} = \sum_{i=1}^{N-2}(2^{N-3-i})CV_{\mathrm{REF}}^2 \tag{5.3}$$

对于 10 位 SAR A/D 转换器，传统电容开关时序的平均开关功耗为 $1365.3CV_{\mathrm{REF}}^2$，

而改进的 MCS 时序只消耗 $282.5CV_{\mathrm{REF}}^2$，比传统方法节省了 72%的开关功耗。相比于传统方法，节能电容开关时序和 MCS 时序分别节省 56%和 81%。本书采用 MATLAB 建立了分别采用这四种电容开关时序 10 位差分 SAR A/D 转换器的行为级模型，所获得的开关功耗随数字码的变化情况如图 5.4 所示。

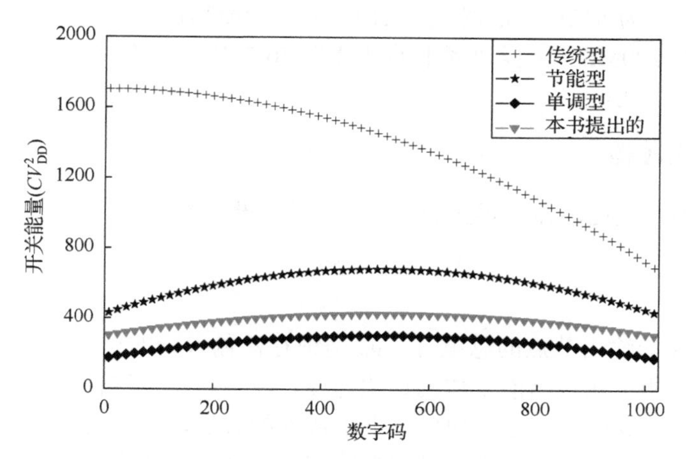

图 5.4　开关功耗随数字码的变化情况

2. 全定制单位电容

高速 SAR A/D 转换器的速度一般受限于电容 DAC。为了保证 A/D 转换器的转换精度，电容阵列中的位电容必须在一定的时间内完成切换，且电容 DAC 的输出建立误差必须小于 1/2LSB。显然，MSB 切换时需要最长的时间完成模拟输出建立。因此选择小容值的单位电容能极大地缩短 DAC 的建立时间，从而提高 A/D 转换器的速度。

本节设计采用了全定制的三明治结构单位电容，如图 5.5 所示。三明治结构的电容主要是利用金属层之间的寄生电容来实现所需的电容值，这里 90nm CMOS 工艺下采用 4～6 层金属来实现，单位电容的面积是 2.5μm×2.5μm，电容值约为 1fF。为了减

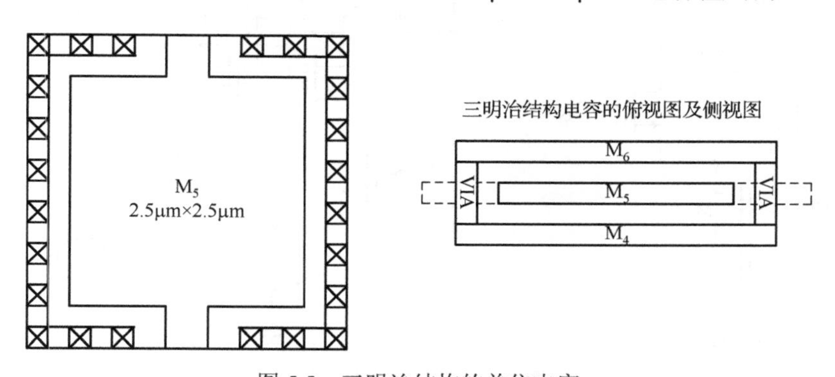

图 5.5　三明治结构的单位电容

小非理想的寄生电容的影响，单位电容的上极板被下极板所包围。随着工艺实现技术的进步，这种用户全定制电容通过合理的版图布局也能实现良好的匹配，能满足 10 位 A/D 转换器的精度要求。此外，由于这种电容只需要标准金属层就能实现，因此整个 A/D 转换器都可以采用标准数字 CMOS 工艺，进而大大降低设计成本。SAR A/D 转换器的总输入电容约为 512fF，根据式（5.1），电容 DAC 在 100MS/s 采样速率下的功耗为 38.25μW，在 200MS/s 采样速率下的功耗为 76.5μW。后面将阐述这远小于 A/D 转换器其他模块的功耗。

5.1.3　高速比较器

对于高速锁存型比较器，再生时常数τ是最关键的参数之一。

$$\tau = \frac{C_T}{g_m} \tag{5.4}$$

式中，C_T是锁存器输出节点的总电容；g_m是锁存器输入管的跨导。

式（5.4）表明了比较器能工作的最快速度，并且与集成器件单位增益频率息息相关。对于特定的集成电路工艺，如果不采用特殊的方法，那么比较器能达到的速度基本是确定的。对于设计者，很难将时常数控制在一个较低的水平。本设计采用了预放大和锁存器级联的基本结构来实现高速比较器。

图 5.6 示意了本设计采用的比较器结构，第一级是电阻负载的预放大级，第二级是锁存器[3]。对于高速比较器，采用预放大级是十分必要的。首先，工作在高速时钟下的锁存器会有较大的输入失调电压，因此采用预放大级能有效地减小来自锁存器的失调电压。其次，预放大级能提供一定的增益，从而加快锁存器的再生速度。此外，由于本设计中比较器的输入电容只有 512fF，如此小的输入电容对比较器的回踢噪声十分敏感。采用预放大级也能有效地减小来自锁存器的回踢噪声，进而提高 A/D 转换器的性能。

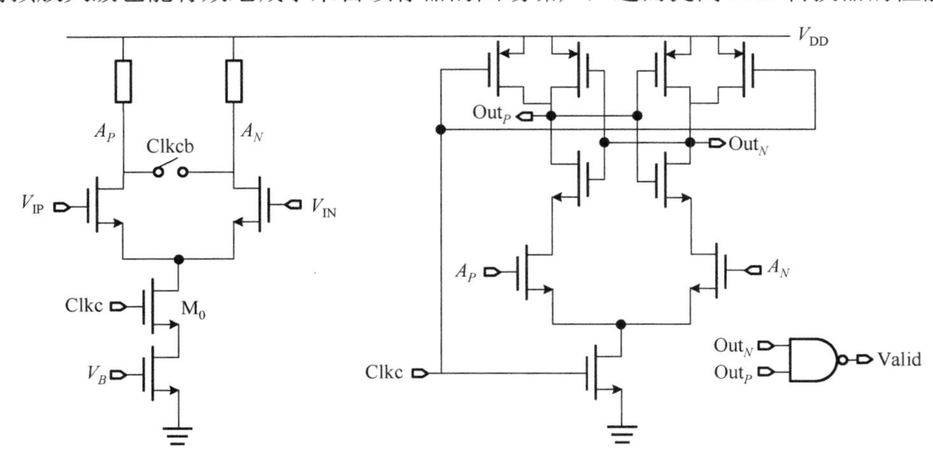

图 5.6　高速比较器结构

对于一步一位的 SAR A/D 转换器，比较器的失调电压不会影响 A/D 转换器的精度，只是会带来整个传输曲线上的一个水平位移。但是由于本设计采用的改进 MCS 时序会引入比较器的动态失调，从而恶化 A/D 转换器的线性度。文献[4]、[5]研究表明采用带恒尾电流的比较器结构能有效地减小动态失调的影响，提高 A/D 转换器的精度。因此为了减小比较器动态失调的影响，采用具有恒尾电流的预放大级也是十分必要的。

Clkc 为低的时候，预放大级的输出节点短接复位，避免比较器记忆效应，同时锁存器的输出节点 Out_P 和 Out_N 上拉到 V_{DD}。Clkc 为高的时候，比较器比较输入电压的大小并通过锁存器的正反馈作用使比较器输出一端上拉到 V_{DD}，另一端下拉到地。比较器输出有效后，通过与非逻辑把 Valid 信号拉高，进而触发 SAR 逻辑电路开始工作。为了提高比较器的功耗效用，在输入管和尾电流管之间加入了钟控管 M_0，从而在比较器时钟信号 Clkc 为低的时候关断电源到地的通路。

5.1.4　异步 SAR 控制技术

对于高速 SAR A/D 转换器，数字电路的功耗会十分显著。为了降低数字电路的功耗，本设计仍采用了基于动态逻辑的 SAR 控制实现方法，如图 5.7 所示。为了实现 SAR 逻辑的可配置，在移位寄存器链中插入了两个 MUX 选择器。当 A/D 转换器工作在 8 位模式时，旁路有效，从而把 $P_2/N_2/P_1/N_1$ 复位到地，即把电容阵列中的 C_2、C_1 和 C_0 复位到 V_{REF}，等效为一个单位电容。

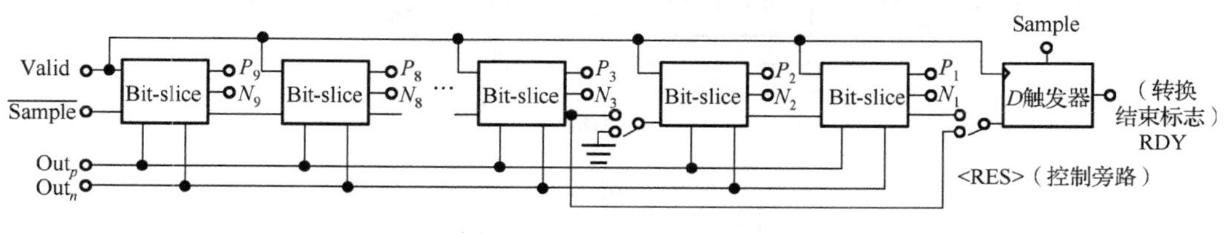

图 5.7　可配置 SAR 逻辑

动态逻辑单元的原理图和对应的时序波形如图 5.8 所示，其具体工作过程如下：采样阶段，动态逻辑单元的输出 P 和 N 复位清零。当输入 D 由低变高后，Clk_i 被下拉到地。Valid 信号由比较器的输出生成。Valid 下降沿到来时，输出 Q 由地上拉到 V_{DD}。在比较器输出 Out_P 和 Out_N 有效后，输出节点 P 和 N 对比较器输出进行采样。最后所有转换完成后，控制信号 RDY 被上拉到 V_{DD}，然后触发一组输出锁存器对转换码进行锁存并统一输出。

为了提高 A/D 转换器的采样速率，本设计采用了异步控制技术和延时电路来产生比较器的时钟信号 Clkc。图 5.9 示意了异步控制逻辑和对应的时序波形图。其中 Clks 为系统输入采样信号，高电平设定为整个采样周期的 20%以减小采样误差。当 A/D 转换器工作在 10 位模式时，延时单元模块有效，增长了时钟信号 Clkc 的周期，从而有利于减小电容DAC的建立误差，达到10位的精度。当ADC工作在8位模式时，延时单元模块无效，从而能减小时钟信号Clkc的周期，达到200MS/s的采样速率。当A/D转换器工作在采样阶段和转换完成后，Clks和RDY通过组合逻辑产生控制信号去关断比较器，从而优化比较器的功耗。

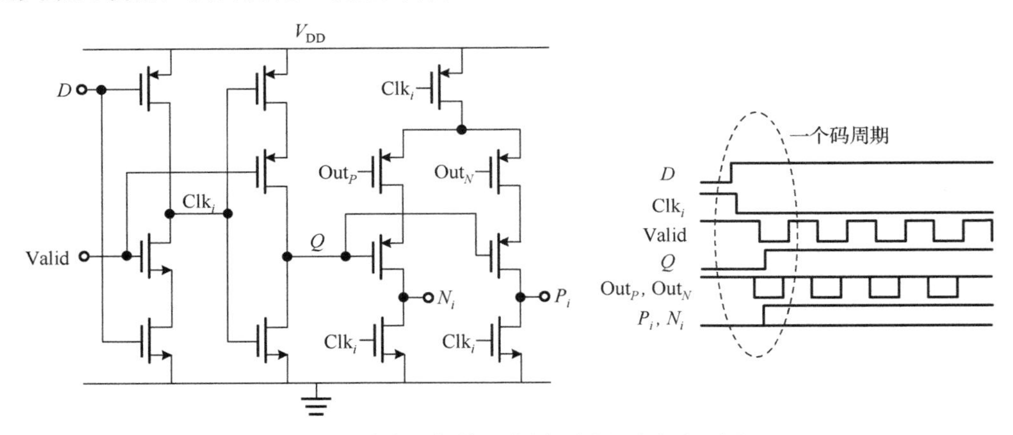

图5.8　动态逻辑单元的原理图和时序波形图

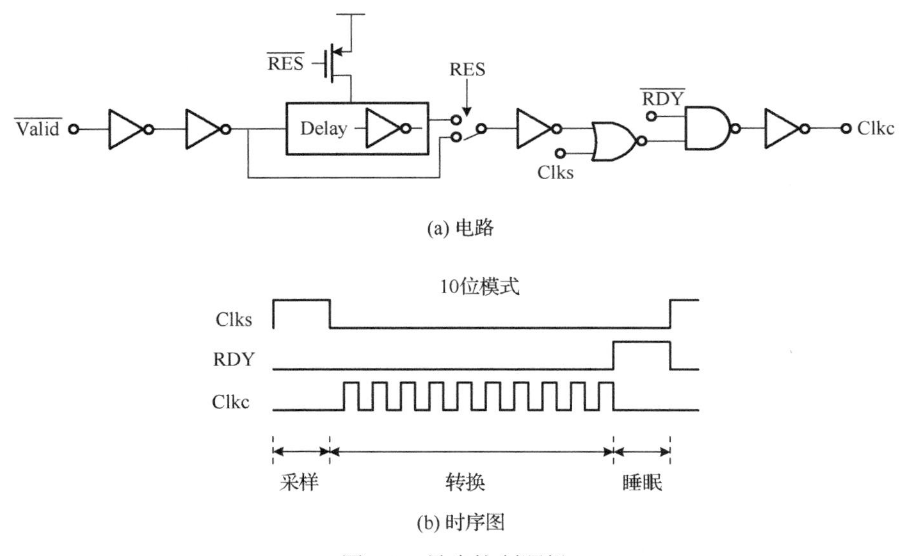

图5.9　异步控制逻辑

5.1.5　A/D转换器仿真结果

基于UMC 90nm CMOS工艺，完成可配置SAR A/D转换器的版图设计和验证，并对寄生参数进行了提取，采用Cadence平台的Spectre仿真器对整体A/D转换器进行了后仿真。为了考虑失配和工艺波动的影响，后仿真是基于 Monte-Carlo 模型的。本节从 20 次 Monte-Carlo 仿真所得到的数据中取出一组进行分析。设计中 A/D 转换器的电源电压 V_{DD} 和电容 DAC 的 V_{REF} 都设定为 1V，理论上 A/D 转换器可以转换幅度为 $2V_{PP}$ 的输入信号，但是由于电容阵列和比较器输入管寄生效应的影响，A/D 转换器的实际输入信号幅度为 $1.8V_{PP}$。

对 SAR A/D 转换器输入一个正弦信号，然后再对输出进行 FFT 分析就能得到 A/D 转换器相关的动态性能参数。在 8 位工作模式、200MS/s 采样速率下，A/D 转换器功耗为 1.56mW。图 5.10 示意了在输入信号频率为 94.7MHz 时，A/D 转换器 1024 个点的 FFT 输出频谱。计算得到 A/D 转换器的 SFDR 为 64.4dB，SNDR 为 49dB，ENOB 为 7.84 位。

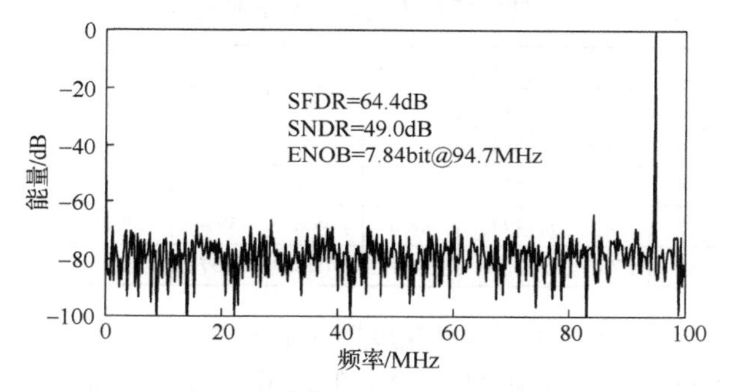

图 5.10　8 位模式 200MS/s 下的输出频谱

在 10 位工作模式、100MS/s 采样速率下，A/D 转换器的整体功耗为 1.06mW。图 5.11 示意了在输入信号频率为 47.3MHz 时，A/D 转换器的输出频谱。经过计算得到 A/D 转换器的 SFDR 为 65.0dB，SNDR 为 59.28dB，ENOB 为 9.56 位。当 A/D 转换器工作在 10 位模式下，由于电容阵列的非理想寄生电容和比较器回踢噪声的影响，性能有所下降。

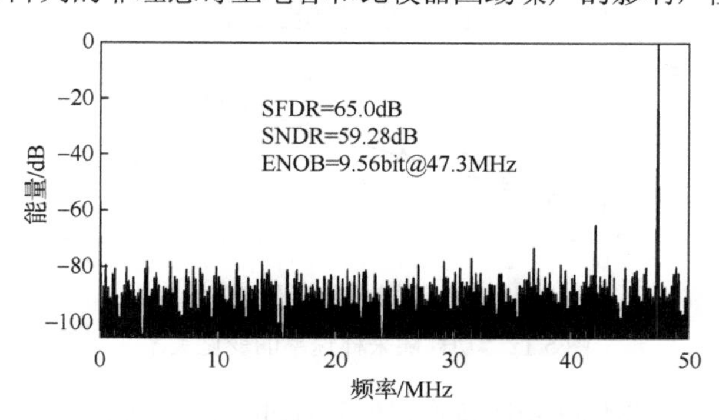

图 5.11　10 位模式 100MS/s 下的输出频谱

表 5.1 给出了本节所设计的 SAR A/D 转换器在两种工作模式下各模块的功耗，其中高速比较器的功耗和 SAR 控制逻辑的功耗占了绝大部分。为了考虑电源波动和温度变化对 A/D 转换器性能的影响，本节基于 TT 工艺角的 MOS 模型，在不同温度和电

源电压的条件下对 A/D 转换器进行了仿真，仿真结果如表 5.2 所示。8 位和 10 位工作模式的采样速率分别为 200MS/s 和 100MS/s。从表 5.2 中可知，本节所设计的 A/D 转换器具有较强的抗温度变化和电源波动能力。

表 5.1　A/D 转换器的各模块功耗

工作模式	8 位@200MS/s	10 位@100MS/s	工作模式	8 位@200MS/s	10 位@100MS/s
电容阵列	115μW	55μW	寄生	337μW	311μW
比较器	590μW	360μW	整体功耗	1580μW	1050μW
SAR 逻辑	538μW	324μW			

表 5.2　A/D 转换器在不同温度和电源电压下的性能

工作模式	8 位@200MS/s					10 位@100MS/s				
温度 /°C	27	–40	85	27	27	27	–40	85	27	27
电源电压 /V	1.0	1.0	1.0	0.9	1.1	1.0	1.0	1.0	0.9	1.1
功耗 /mW	1.58	1.52	1.71	1.29	1.91	1.05	1.01	1.12	0.86	1.29
SNDR /dB	49.2	48.9	49.0	48.8	48.0	59.4	59.1	59.2	58.8	58.4
ENOB /位	7.88	7.83	7.84	7.81	7.68	9.57	9.52	9.54	9.47	9.41

图 5.12 和图 5.13 分别示意了在两种精度模式下 A/D 转换器的功耗和 SNDR 随采样速率的变化关系。图 5.13 表明设计中采用异步控制逻辑，A/D 转换器的功耗基本随采样速率呈线性变化，从而保证了 A/D 转换器在不同采样速率下的功耗效用维持在一个较为恒定的范围。从图 5.13 中可以看出，A/D 转换器在整个采样速率范围内都能保持很高的性能。

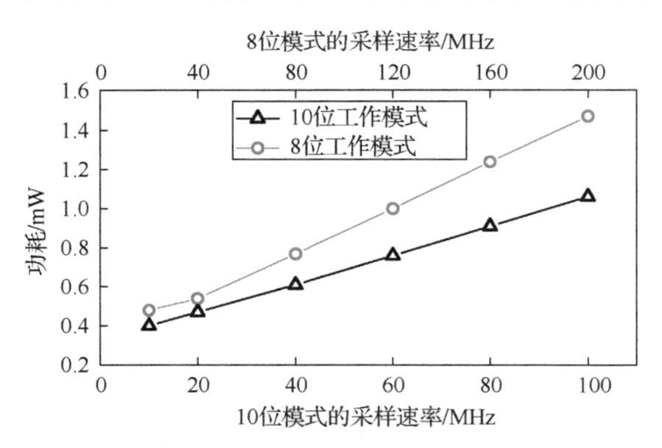

图 5.12　功耗随采样速率的变化关系

一般 FOM 用来对比不同 A/D 转换器的功耗和效能，其定义为

$$\mathrm{FOM}=\frac{\mathrm{Power}}{\min\{f_s,2\times \mathrm{ERBW}\}\times 2^{\mathrm{ENOB}}} \tag{5.5}$$

式中，f_s 是采样速率；ENOB 是有效带宽对应的有效位数。计算得到本设计 A/D 转换器在 8 位和 10 位工作模式下的 FOM 分别为 34 fJ/Conv.-Step 和 14fJ/Conv.-Step。

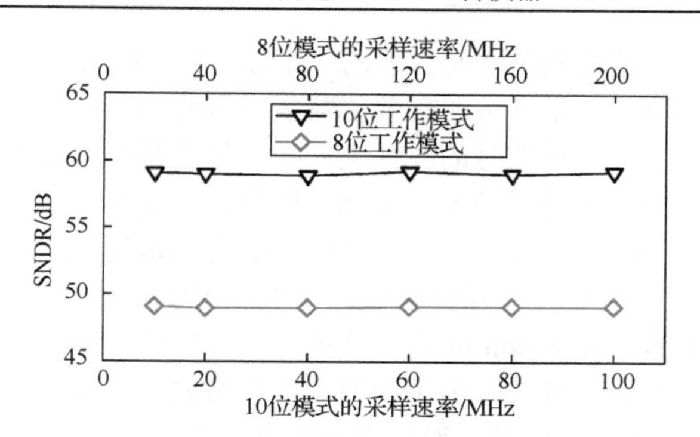

图 5.13　SNDR 随采样速率的变化关系

5.2　一种 8 位 208MS/s SAR A/D 转换器

本节所提出的 8 位 208MS/s SAR A/D 转换器的整体结构如图 5.14 所示，基于 SMIC 65nm CMOS 工艺实现。采用全差分的结构以抑制共模噪声，并能够为高速比较器的设计减轻负担。整个 DAC 在同步时钟下工作，采用了二进制权重的电容阵列，从而获得了更佳抗工艺涨落性和线性度。在共轭的两组电容阵列中有 C_0～C_6、C_{0b}、C_{3b}、C_{4b} 和 C_{dummy}，共 12 组电容，其中 C_{0b}、C_{3b}、C_{4b} 是加入校准位控制的电容，而 C_{dummy} 是用来调整 LSB 的电压大小。在第 3 次比较和第 8 次比较后进行了校准位的比较。最后得出 10 位数字码，再通过译码得到最终精确的 8 位数字码。整个 A/D 转换器的电源电压为 1.2V，由于寄生电容对 DAC 电容阵列的影响，最大的输入信号电压为 0.9V。

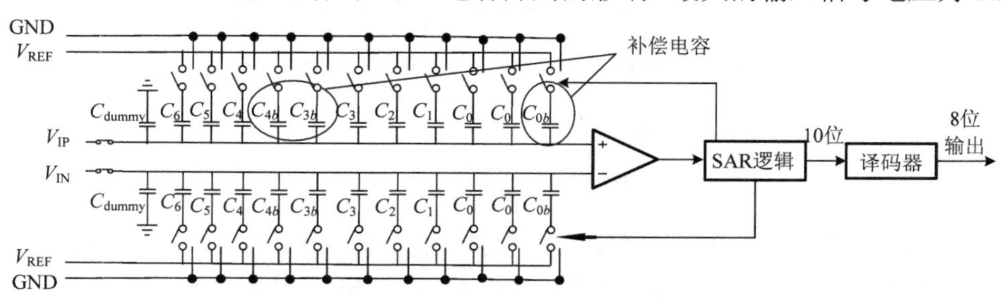

图 5.14　8 位 208MS/s 同步时钟 SAR A/D 转换器整体结构框图

5.2.1　高速采样开关

本节的采样保持电路是由一个自举开关和 DAC 来共同完成这个功能的。由于校准位加入了额外的电容，在 1.2V 的基准电压下，只能加入采样电压范围为 0.9V 的输入信号。图 5.14 所示的 A/D 转换器的采样电路采用上极板采样的方式，虽然在速度和共模噪声的抑制上都优于下极板采样，然而电荷注入的影响却比下极板采样要大[6]。由于使用的有源器件尺寸较小，电荷注入依然会对采样的精度造成影响，因此采用差分采样对较小电荷注入的影响是非常重要的。针对一个8位高速SAR A/D转换器，为了达到设计要求的精度，自举开关的有效位数至少需要10位以上。

除此之外，为了保证采样信号的线性度，必须保证开关导通电阻（R_{on}）的稳定。所以需要传输管有一个固定的栅源电压使 R_{on} 稳定，以提升这个开关的线性度。本设计中采用了如图5.15所示的自举开关[7]，其中 M_{11} 为传输管，通过其他部分把电压举到 $V_{DD}+V_{IN}$，使 V_{GS} 在1.2V左右保持稳定。当 M_{11} 关断后，M_{11} 管的寄生电容 V_{DS} 基本保持稳定，只要通过调整Dummy电容就可以几乎消除对比较过程的影响。这种自举开关要比常用的高速自举开关减少了由两个电容组成的电荷泵，M_2 的栅电压不再需要由一个电荷泵举到 $2V_{DD}$ 来驱动，而是由这个开关内部产生的自举电压驱动。

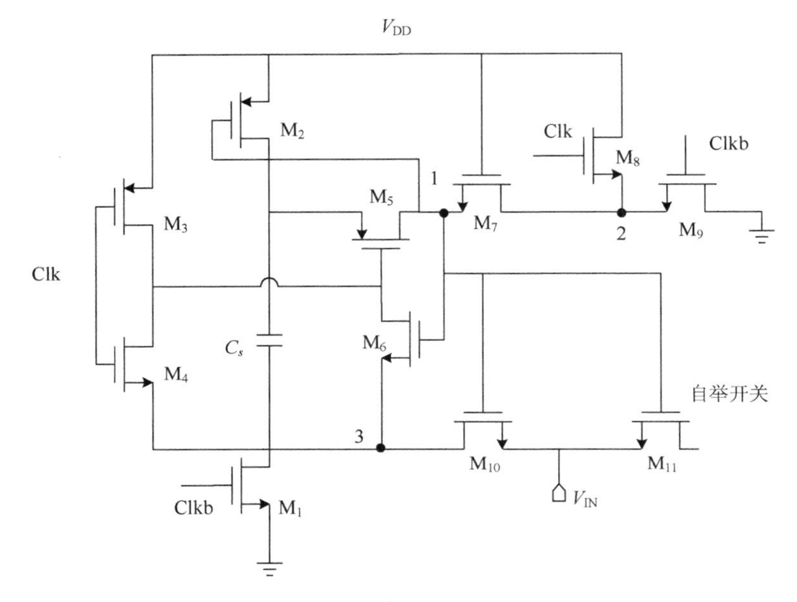

图5.15　高速自举开关

当时钟Clk为低电平时，自举开关为保持状态，M_7、M_9 为导通状态，使得节点1和节点2的电压都被拉至GND。所以，此时 M_1 管和 M_2 管也是导通状态，其他MOS晶体管保持截止状态，使得电容 C_s 中存储大小为 $V_{DD}\cdot C_s$ 的电荷。

当时钟Clk为高电位时，自举开关为导通状态，M_9 处于截止状态，节点2的电压被 M_8 管拉到 V_{DD}。此时，M_5、M_6 和 M_{10} 也处于导通状态，使节点3的电压跟随输入信号 V_{IN}，节点1的电压则会被举到 $V_{DD}+V_{IN}$。当时钟Clk刚跳变时，M_7 管处于导通状态，并帮助节点1充电至 $V_{DD}-V_{th}$ 才截止，以使自举开关快速地跟随输入信号。各节点电压变化如表5.3所示。

图5.15所示的自举开关设计，与传统自举开关相比，节省了更多的芯片面积，并且利用晶体管 M_7 和 M_8 对电容快速充电和放电进行了一定的优化。在输入信号为

208MHz 时，可以达到 10.6 位，在输入信号为 660MHz 时，可以达到 10.4 位，完全可以满足一个 8 位高速 SAR A/D 转换器的设计要求。

表 5.3　各节点不同阶段的电压值

节　　点	1	2	3
Clk=0	0	0	0
Clk=1	$V_{DD}+V_{IN}$	V_{DD}	V_{IN}

5.2.2　高速可校准比较器

图 5.16 是一种传统锁存比较器的输出波形图（高电平复位），在比较开始的阶段，锁存器的 NMOS 管导通而 PMOS 截止，输出的电压随时间逐渐下降。直到电压达到 $\left|V_{DD}-V_{thp}\right|$ 时，PMOS 管进入导通状态，锁存器开始进入正反馈阶段，差分输出电压才分离到 V_{DD} 和 GND。从图 5.16 中可以发现，从 V_{DD} 下降一个阈值电压的时间延迟，至少占整个比较器响应时间的 50%[8]。如果可以消除或者减少这一段延迟，则可以大大提高比较器的响应速度。可以把整体的延迟时间 t_{delay} 分为两个部分：电压拉至 $\left|V_{DD}-V_{thp}\right|$ 的时间 t_0 和锁存器进行正反馈的时间 t_{latch}。

$$t_0=\frac{C_L\cdot V_{charge}}{I_{eq}} \tag{5.6}$$

式中，C_L 是输出端的负载电容；I_{eq} 是此时锁存器中 NMOS 管提供的电流；V_{charge} 是 $\left|V_{thp}\right|$。

$$t_{latch}=\frac{C_L}{gm_{eff}}\ln\left(2\frac{\Delta V_{OUT}}{V_0}\right) \tag{5.7}$$

式中，ΔV_{OUT} 为输出端寄存器可以识别的电压差；V_0 是正反馈的初始电容。

$$t_{delay}=t_0+t_{latch} \tag{5.8}$$

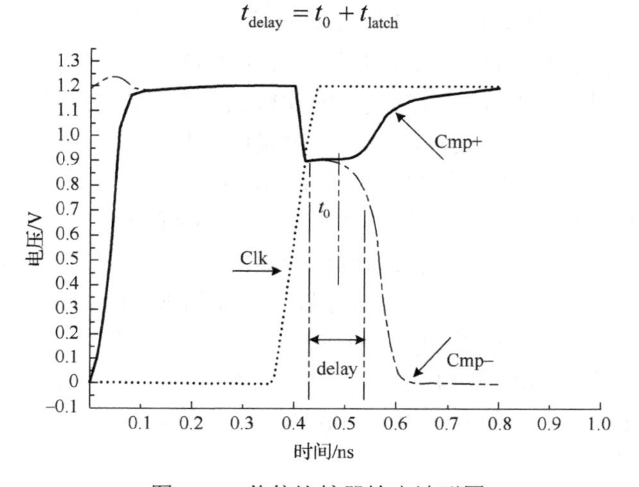

图 5.16　传统比较器输出波形图

根据式（5.6）不难发现，V_{charge} 可以进行优化以提高比较器的响应速度。本节所提出的高速可校准比较器电路如图 5.17 所示。比较器的放大级将输入信号放大之后传输到锁存器，但放大级并没有单独的负载，而是直接接到锁存器，使用锁存器中的 PMOS 管作为负载。当时钟为低电位时，比较器处于预放大和复位阶段，锁存器处于关闭状态，M_1 和 M_2 把 V_P 和 V_N 放大后传输到锁存器的输入端。通过调节锁存器部分的 PMOS 管可以使锁存器复位的电压在 $\left|V_{\mathrm{DD}}-V_{\mathrm{thp}}\right|$ 附近，很大程度上减小了 t_0 的延迟。当时钟为高电位时，预放大级停止工作，锁存器级只需经过极短的 t_0 时间就可以对预放大输出的电压进行正反馈，输出比较结果。

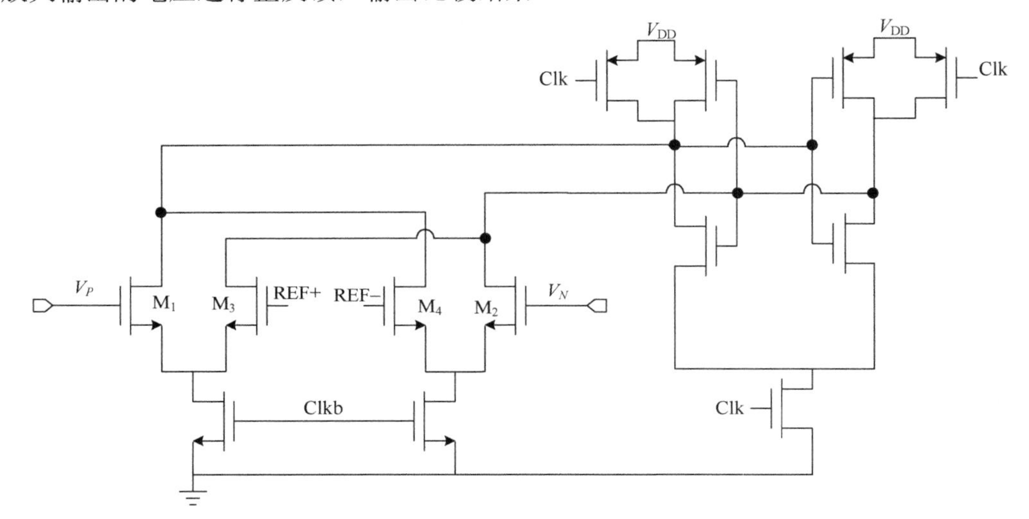

图 5.17　高速可校准比较器电路

图 5.18 所示为本节中提出的高速比较器的输出波形图，其中 t_0 在优化后已经减小很多，也大大提升了比较器的性能。增加锁存器中 MOS 管的跨导还可以减小 t_{latch}，使得总体的延迟 t_{delay} 进一步减小。虽然提出的比较器，在预放大过程中将会有很大的静态功耗。然而在这样一种高速的环境下，以少量的功耗换取更快比较器的响应速度，相比传统形式以改变 MOS 晶体管尺寸所增加的功耗要合理得多。

除了比较器的速度，比较器的失配问题也严重影响着 SAR A/D 转换器的性能，本节将回避利用阈值电压校准的方式来修调比较器的失配，而采用新的技术。如图 5.17 所示，在输入管 M_1 和 M_2 之间加入了同等放大功能的 M_3 和 M_4 管，通过加入不同的基准电压进行校准。下式表示了 M_3 和 M_4 管对于输入信号的放大影响，所以可以通过选择 M_3 和 M_4 管，以及 M_1 和 M_2 的合适尺寸比例，调节基准电压进行失配电压的校准。因为一般比较器的失配最大在 30～50mV，本节选取 M_3 和 M_4 管与 M_1 和 M_2 管宽长比的比值 W 为 20。

$$V_{\mathrm{OUT}}=A\cdot[V_P-V_N-W(V_{\mathrm{REF+}}-V_{\mathrm{REF-}})] \tag{5.9}$$

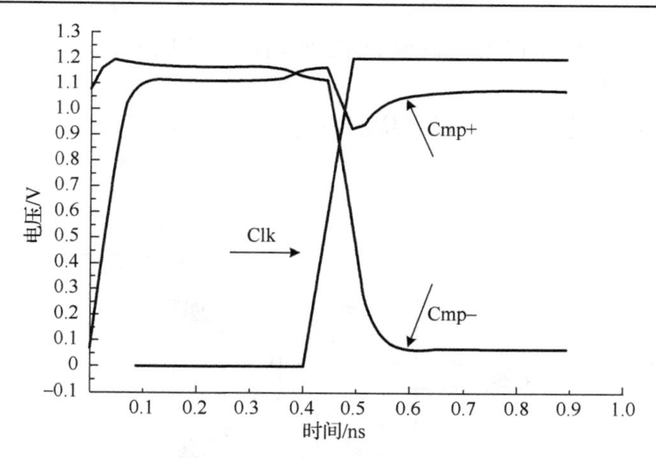

图 5.18　高速比较器的输出波形图

为了能够确定 V_{REF+} 和 V_{REF-} 的值，这里加入一个 6 位的辅助 DAC 和这个比较器共同构成一个小型的 SAR A/D 转换器，并通过二进制搜索的方式来确定这个校准电压值。在比较器的校准阶段，A/D 转换器将把比较器的输入短接到共模电平，然后根据比较器的输出结果，改变辅助 DAC 的开关状态，经过 6 个周期就可以完成比较器的校准。这样的校准方式是把整个比较器的静态失调都包含在内进行校准，并且不影响比较器正常工作时的速度。同时在不需要为辅助 DAC 另加基准电压，即直接使用电源电压 V_{DD} 的情况下（W=20），这个 6 位辅助 DAC 可以完成校准的最大范围可以达到 −60～60mV，而精度可以达到 0.9mV 左右。一个 8 位输入信号电压为 0.9V 的 A/D 转换器的 LSB 为 3.5mV，可见这个校准比较器的精度小于 1/2LSB，完全可以满足这个高速 A/D 转换器对精度的要求。整个比较器校准的逻辑结构如图 5.19 所示。

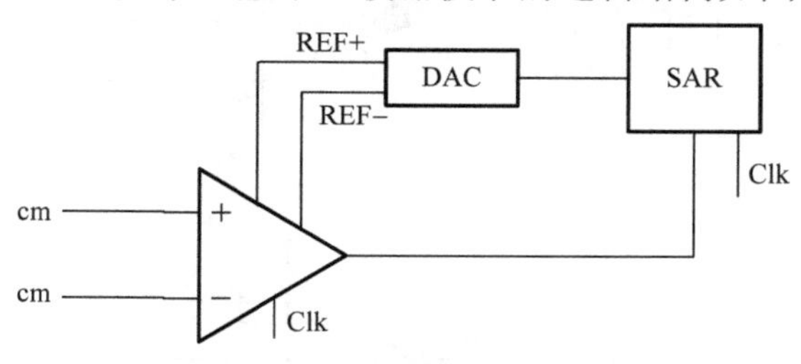

图 5.19　比较器校准逻辑结构

5.2.3　终端电容复用

为了提高 A/D 转换器的采样速率，本节将提出的设计是通过电容的上极板采样来提高建立速度和输入带宽，并且可以在保持过程的开始直接进行比较。但这里所提出的设计与之前所涉及 MCS 时序的开关电容不同，该设计在比较过程中 DAC 的输出共模的电平依然保持在 V_{CM}。与此同时，这种设计相比传统模式少一组电容，即最大电容将变为原来的 1/2，从而将大大减少 DAC 所需的建立时间，以增加采样频率，同时也减小了 DAC 的功耗。

如图 5.20 所示，采样阶段，最高位的电容（MSB）的下极板被置到低电位，其他

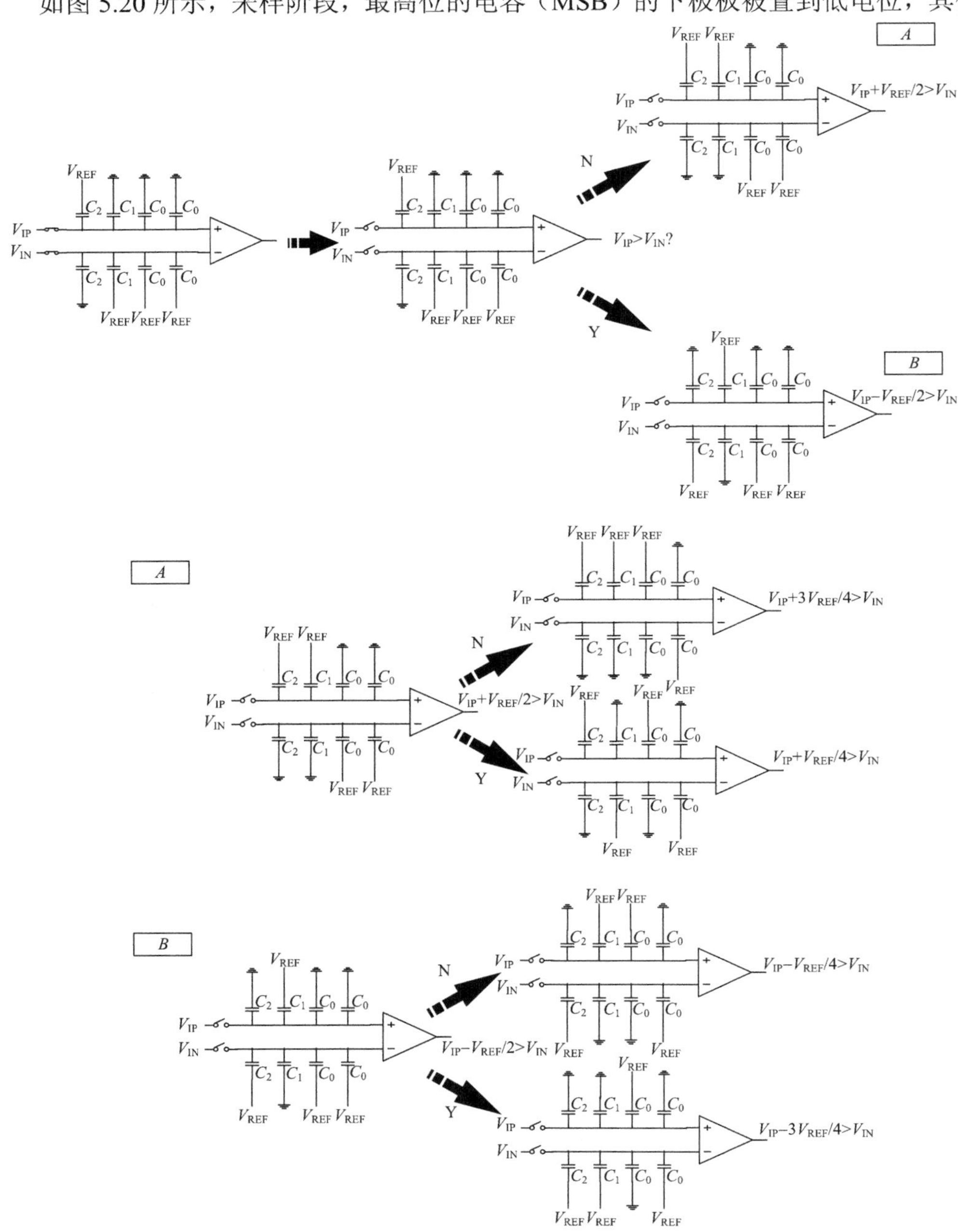

图 5.20　LSB 前的开关时序

电容的下极板被置到高电位，同时输入信号 V_{IP} 将从上极板进行充电。保持阶段，自举开关断开，比较器直接进行第一次比较。如果 $V_{IP}>V_{IN}$，那么比较器输出高电位，而 MSB 的电容下极板保持低电位，否则置为高电位。不管第一次比较结果如何，MSB-1 的电容下极板都要置为低电位，然后再进行下一次的比较。之后，A/D 转换器将进行相同的比较过程，一直到得出 LSB+1 的值。

最后一位的比较过程较为特殊，因为最后的两组电容大小相同，不能进行与前面相同的比较过程。传统对称形式的开关时序为了完成这一位的比较，增加了一组电容，使整体的电容增加了一倍。为了减小电容并加快速度，这里使最后的两位电容不对称置位。

如图 5.21 所示，由于前面的比较都是通过两组电容对称置位的，完成整个 DAC 的差分电压变化，所以最后一位 LSB 只改变任意一边的一个终端电容就可以完成 V_{LSB} 输出电压变化。使用这种方式，不仅减小了整体电容大小，还加快了 DAC 建立速度。同时最后一位不对称的置位并没有对共模电压造成很大影响。这里输入电压的量程是 0.9V，所以最后一位改变的电压 V_{LSB} 为 3.516mV，这对共模电压的影响很小，也不会对比较器的动态失真造成很大影响。图 5.22 所示为 DAC 的输出波形图，可以看到共模电压的变化很小，不至于引入过多的动态失真[9]。

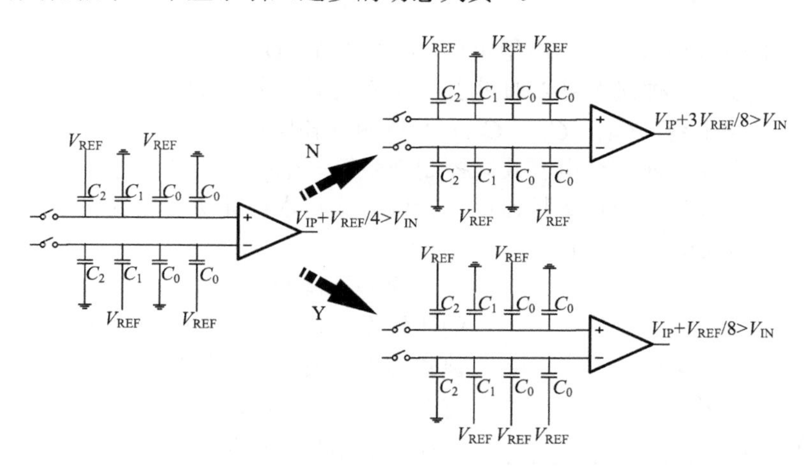

图 5.21　终端电容复用

在整个的比较过程中，DAC 的输出共模电平都近似地保持固定，这使 A/D 转换器有一个良好的共模噪声抑制，而且这样降低了比较器的动态失配。然而，由于不同输出电压，比较器输入电容的不同，以及建立时间和比较器预放大延迟的影响都有可能产生建立误差，所以一方面加入了 C_{dummy}，用来减少比较器输入电容变动的影响；另一方面，在第 3 位和第 8 位后面加入校准位，这将在后续详细描述。通过仿真结果可以看到，这样的设计方案能够在高速并且有效位数很高的情况下获得较低的功耗。

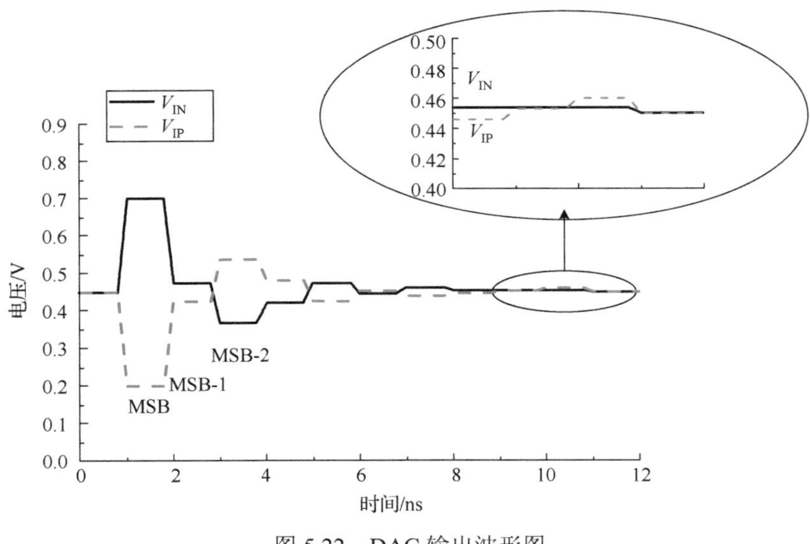

图 5.22　DAC 输出波形图

5.2.4　校准位和逻辑控制

由于比较器引入输入电容的不稳定性、电容失配、DAC 不完全建立和比较器的延迟都可能造成误差，这种误差可以通过引入几位校准位来弥补[10]，如图 5.23 所示。本设计引入三个补偿电容（C_{4b}，C_{3b}，C_{0b}）产生两位补偿位（T_1，T_0）和一个数字误差修正逻辑块（即译码）。前两个电容共同控制产生第一个校准位 T_1，它的权重与 MSB-2 相同，而 T_0 是由 C_{0b} 这一个电容控制的，置位方式与本设计所提出的最后一位的单端置位相同，权重与 LSB+1 相同。

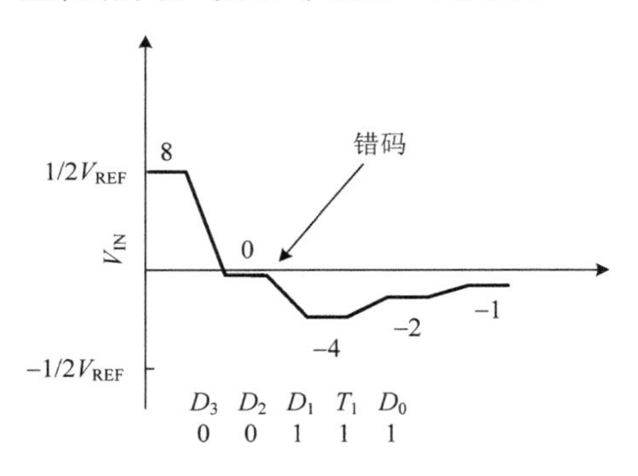

图 5.23　误差补偿的方法原理

误差补偿的原理如图 5.23 所示，在第二位的比较中，可能因为比较器误差或者 DAC 的建立缓慢，发生一位错码，但是这个错码并没有改变存储在 DAC 电容阵列中的电荷量。可以在后面增加校准位，把这一位再通过数字译码修正应有的数字码。对于正确码值为 0100 的一个信号，当在第二位的比较发生错误时，由于多加了一位补偿位，输出的数字码为 00111，通过下式的运算，可以最终得到正确的数字码[11]。

$$\begin{aligned} V_{\text{OUT}} &= 8\times D_3 + 4\times D_2 + 2\times D_1 + 2\times(T_1 - 0.5) + 1\times D_0 \\ &= -1 + 8\times 0 + 4\times 0 + 2\times 1 + 2\times 1 + 1\times 1 \\ &= -1 + 2 + 2 + 1 = 4 \end{aligned} \tag{5.10}$$

补偿计算方式如下式所示。这样通过在第 3 位和最后一位之后加入校准，可以保证在部分比较周期过程中，当干扰等不理想现象出现时，依然在最后可以得出所需要的精确数字码。

$$\begin{array}{rcccc} & 1 & 1 & 1 & 1 \\ & D_3 & D_2 & D_1 & D_0 \\ + & & & T_1 & \\ \hline & B_1 & B_2 & B_3 & B_4 \end{array} \tag{5.11}$$

对于一个低功耗 SAR A/D 转换器的数字逻辑电路设计，一般有同步和异步两种方式。近期异步逻辑电路经常运用到高速的 SAR A/D 转换器，避免使用高频的系统时钟[12]，但是抗工艺涨落是面临的主要问题。异步逻辑的过程是从一个采样时钟的下降沿开始的，由比较器的差分输出结束作为比较周期的结束，顺次地从 MSB 的比较进行到 LSB，每个周期的长短由比较器的响应速度和 DAC 的建立时间决定，而过程中的延迟严重依赖反相器，受到集成电路工艺波动、电压噪声和温度变化等难以确定因素的严重影响。同时缓慢转换的反相器，也将引入额外的电流。相比之下，同步时序电路更加易于设计和优化，在采样速度不是特别高以致无法引入高频时钟的情况下，同步时序电路对于设计者是一个更方便的选择。

本节选用同步的数字逻辑控制，如图 5.24 所示。数字逻辑控制主要由几部分组成：采样时钟的分频电路、10 位寄存器、译码器、控制 DAC 置位的逻辑电路，外加一个比较器的时钟，利用时钟分频将比较器的时钟分频成采样时钟，来控制采样电路。同时因为加入 2 位校准位，需要 10 位寄存器来寄存 A/D 转换器输出的输入字码。译码器则是利用上面描述的校准位的校准原则完成 10 位数字码到最终 8 位数字码的转换。

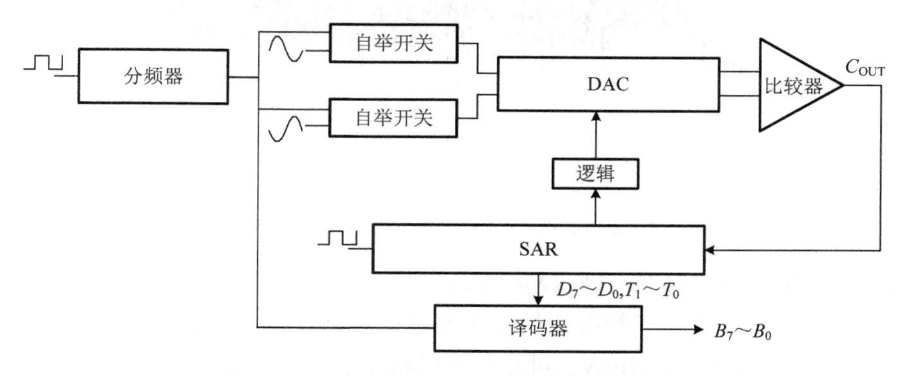

图 5.24 208MS/s AR A/D 转换器的逻辑框图

为了让 A/D 转换器达到更高的效率，采样信号一般不会选择 1∶1 的占空比进行工作。这里设计采样信号的占空比为 1∶5，两个时钟周期的采样时钟，10 个时钟周期的比较过程，如图 5.25 所示。两个时钟的采样时钟，足以保证 5.2.1 节所介绍的自举开关可以跟随输入信号，也为比较阶段提供了更大的余量。A/D 转换器中的 10 位移位寄存分别顺序地寄存了比较过程的 10 个结果，然后通过译码器，译出最后的数字码。

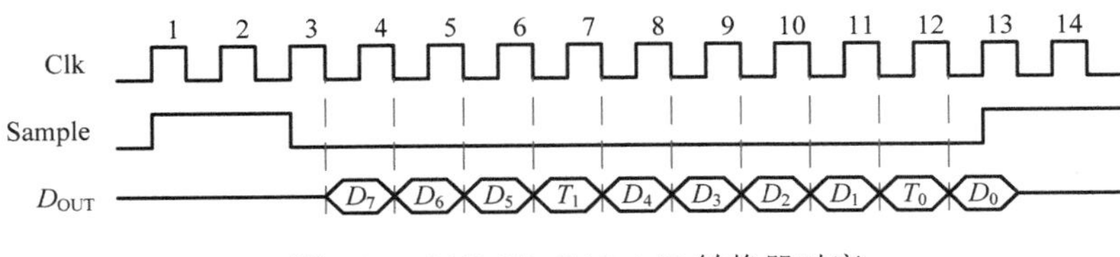

图 5.25　208MS/s SAR A/D 转换器时序

5.2.5 仿真结果

基于 SMIC 65nm CMOS 工艺，对所设计的 8 位 208MS/s SAR A/D 转换器进行了仿真验证，电源电压为 1.2V，输入信号的峰峰值为 0.9V，选取 7.5fF 的最小单位电容，整体的电容总值为 1.23pF。奈奎斯特频率的 FFT 频谱图如图 5.26 所示，SNDR 为 49.6dB，SFDR 达到 61dB，ENOB 为 7.95 位。

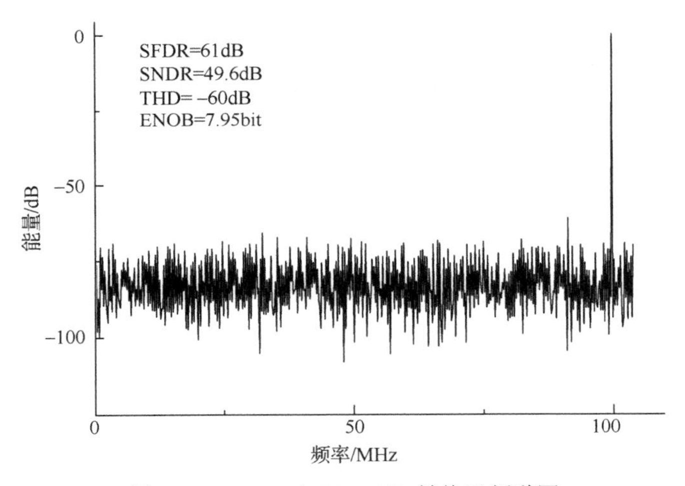

图 5.26　208MS/s SAR A/D 转换器频谱图

根据图 5.26 的仿真结果，该 SAR A/D 转换器在采样速度为 208MHz 时，可以达到 7.95 位的高精度，证明了校准位的加入可以在高速采样下保证 SAR A/D 转换器的精度。仿真所得的功耗为 2.7mW，可见利用终端电容复位的确可以在保证高速采样下降低功耗。然而实际 A/D 转换器的工作中肯定还会存在各种非理想因素，想要达到这样的性能也是非常困难的。为了能够验证这个 SAR A/D 转换器的鲁棒性，工艺角的仿真结果也可以提供一些可靠性的验证，所以本节对 A/D 转换器进行了 TT、SS、FF、FNSP 和 SNFP 五个工艺角的仿真验证，结果如表 5.4 所示。

表 5.4　208MSPS SAR ADC 的工艺角仿真结果

工艺角	SNDR/dB	SFDR/dB	SNR/dB	THD/dB	ENOB/bit	Power/mW	FOM/(fJ/Conv.-Step)
TT	49.60	61.01	49.96	−60.0	7.95	2.70	52.41
SS	49.71	60.68	50.12	−58.66	7.97	2.73	52.26
FF	49.51	65.35	49.78	−60.11	7.94	2.73	53.36
FNSP	49.62	60.81	49.92	−58.74	7.95	2.66	51.63
SNFP	49.57	65.41	49.86	−59.36	7.95	2.75	53.38

根据表 5.4 可以看出，基于不同工艺角所得的 A/D 转换器性能差距不大。因为 FF 工艺角下会对保持时间有比较严重的影响，SAR A/D 转换器在此工艺角下出现了最差的性能，但是这个性能并没有与理想情况偏差太大，可见这种设计方案具有相对良好的鲁棒性。

5.3　一种 8 位 660MS/s 异步 SAR A/D 转换器

5.2 节所设计的同步高速 SAR A/D 转换器，虽然做了尽可能的优化处理，但是速度和精度依然严重受到集成电路工艺的限制，想要实现 400MS/s 以上的 SAR A/D 转换器是非常困难的。本节将在 5.2 节的优化算法基础上，以异步时钟来完成 SAR A/D 转换器，比较器的比较时钟由自身电路产生，采样速度可以达到 660MHz。

与同步时钟相比，异步时钟有两个优势：第一，异步时钟不需要像同步时钟一样划分相等的周期来完成比较阶段，可以根据不同的比较器时间自动分配时间，如图 5.27 所示；第二，异步时钟的 SAR A/D 转换器在高速模数转换中，可以避免使用高频的内部时钟，使得在高速 A/D 转换器的设计中，异步时钟的 SAR A/D 转换器设计具有独特的优势。

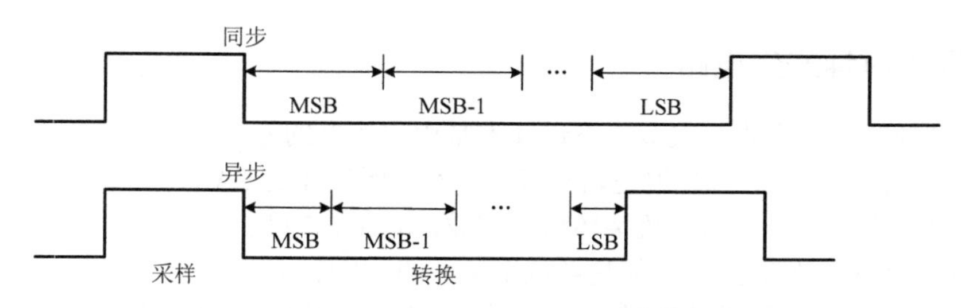

图 5.27　同步时钟和异步时钟的时序对比

在 5.2 节的设计基础上，将 SAR A/D 转换器改为异步时钟，依然可以保证 A/D 转换器的低动态失真、精度良好和性能稳定的特点，但是若以文献[12]中的算法来进行 SAR A/D 转换器的设计，为了达到 8 位的精度至少需要 8 个比较器来完成。这对于 A/D 转换器的功耗和面积都会造成严重的负担。除此之外，文献[13]、[14]中的异步时序工作方式，大幅提升了 SAR A/D 转换器的速度，但是除了比较器的响应速度受限，DAC 的建立时间依然是一个影响速度提升的重要问题。

本节将提出一种新的算法继续优化这个 SAR A/D 转换器的异步时序，电路结构如图 5.28 所示。整个 SAR A/D 转换器由三组比较器、DAC 和自举开关，以及一个异步时钟产生电路和逻辑控制电路完成，三组比较器产生的值将通过逻辑块最终传输到寄存器中，可以完成 660MHz 的采样速度，并达到较高的有效位数。

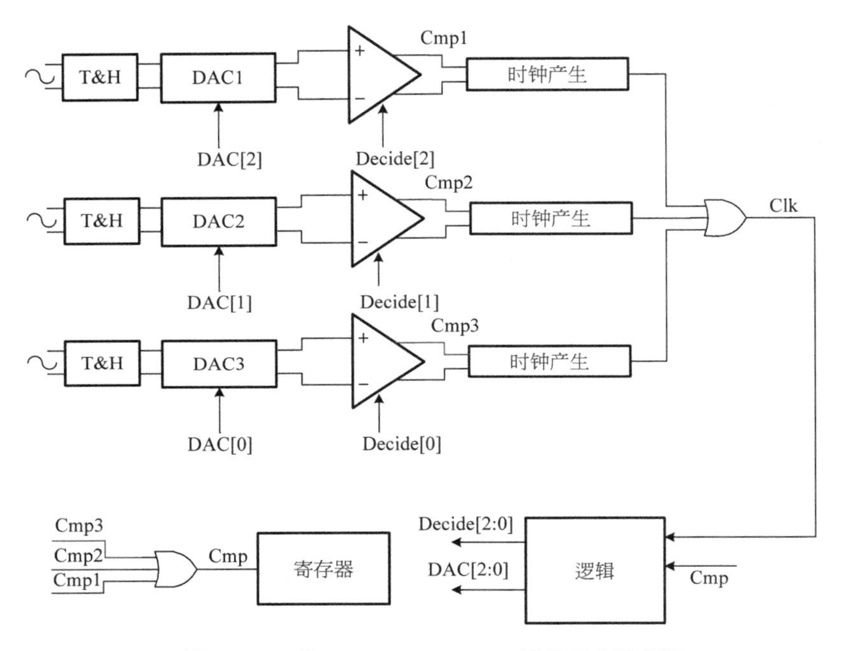

图 5.28　8 位 660MS/s SAR A/D 转换器电路框图

5.3.1　异步时钟产生电路

异步时钟的产生方式有很多，不过基本是由比较器的差分输出连接与非门或者其他逻辑产生的信号，再加入延迟逻辑形成的。本节所设计的 SAR A/D 转换器所采用的时钟产生电路将由一个半闭合数字环路来完成，如图 5.29 所示。可以发现，比较器的输出 Cmp+和 Cmp−在复位阶段都是被拉至 V_{DD} 的，而比较阶段时，其中一个输出会被拉至 GND。在比较器阶段结束时，rd 信号就可以发生翻转。rd 信号会触发后面的时钟产生电路，产生一个时钟信号。一方面通过这种方式，避免了很多逻辑电路，加快时钟响应的速度；另一方面，比较器的差分输出信号一般是先一起降低，然后再分离到 V_{DD} 和 GND。这样在不增加功耗的情况，利用这个电路可以加快时钟的响应速度。

如图 5.29 所示，Clk 信号将作为比较器的时钟，而其占空比可以通过偏置的 MOS 来调节。reset 信号是可以改变 Clk 信号到 FB 信号的延迟。通过 reset 也可以直接将这个时钟进行复位[15]。通过利用这样的一个时钟产生电路，相比传统的异步时钟电路可以节省 10%～15%的功耗和面积。电路中的 FB 信号是为了在下一个比较器开始前，将 rdy 信号进行复位。信号 rdy 复位之后，将经过后面的与非门和反向器，再将时钟信号 Clk 拉至 GND，即触发时钟的下降沿，这样就完成了一个完整的时钟产生。

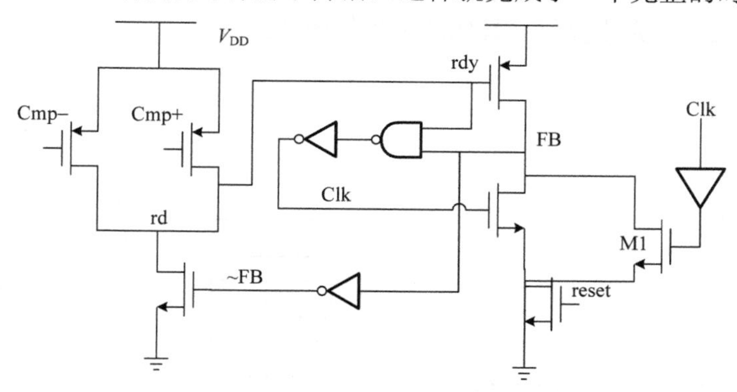

图 5.29　异步时钟产生电路

利用这样的一个简单的时钟产生器，可以快速高效地根据比较器的比较结果产生下一次比较的时钟信号。当然在设计时钟延迟的时候，DAC 建立时间依然是一个需要仔细考量的问题，延迟低于 DAC 的建立时间，将会出现错码的情况。

除此之外，这个环路依然存在可能产生多余时钟的情况。如果时钟产生电路部分的 NMOS 管尺寸不够，不足以快速将 FB 的电位拉到足够低，而此时通过反向器，影响到 Clk 的触发，那么一次比较结束之后有可能产生两个时钟。这种情况会导致后面的比较无法正常进行，会严重影响到 A/D 转换器的性能，所以在复位部分外加了一个 NMOS 管并且由时钟信号来进行触发。这个部分可以防止时钟信号拉至低电位后继续进行反馈触发新的时钟。当时钟信号下降沿到来时，会直接把 FB 拉至 GND，防止第二次触发的可能性。当然如果其他尺寸出现问题，那么也可能出现时钟无法下降等问题，所以这个数字电路的尺寸设定，仍然需要小心设计。

5.3.2　预置位技术

影响 SAR A/D 转换器速度的问题主要存在三个方面：比较器延迟、数字电路延迟和 DAC 的建立时间。比较器的延迟，在一定的集成电路工艺下可以尽可能地优化到最快响应速度，在 5.2.2 节中已经有过高速比较器的介绍。而数字逻辑的延迟，可以尽量减少不需要的延迟门级电路，同时采用单相触发器，尽量减少在数字电路上的损耗。但是针对 DAC 建立时间的问题，一般只能通过减小 DAC 电容阵列的电容来进行优化，过小的电容会增加寄生电容对比较器的影响，所以在保证一定的精度下，电容的大小有一定的限制或折中。

为了解决 SAR A/D 转换器的 DAC 建立时间问题，我们提出一个预置位的算法。

利用三组DAC和三组比较器进行轮换的比较和置位，一组DAC在比较的过程中，另外两组DAC提前为下一次的比较置位。这样比较时间和DAC的建立过程同时进行。不仅如此，这种方式也消除了比较器的复位时间对A/D转换器转换速度的影响。当一个比较器比较结束时，将直接进行另一个比较器的比较。第二个比较器比较的过程中，上一个比较器也可以完成复位。具体的过程如图5.30所示。

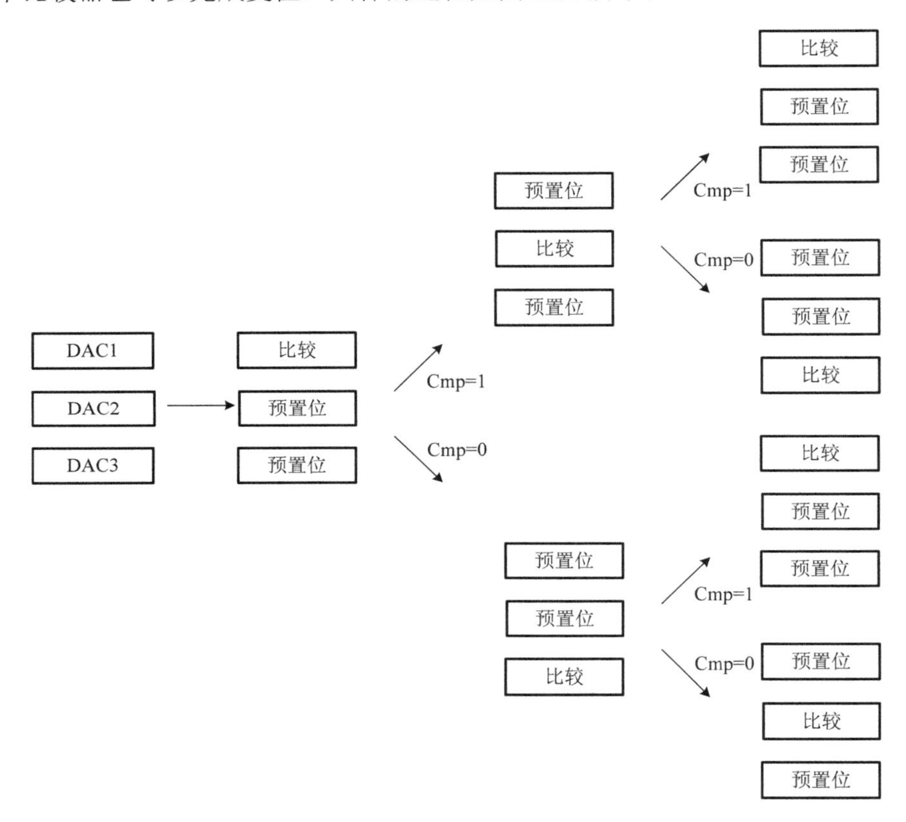

图5.30　预置位技术过程图

如图5.30所示，预先设定每次A/D转换器的比较阶段从DAC1开始进行。当第一个比较时钟上升沿来临时，DAC1和其所连接的比较器开始直接进行比较。同时，其他两个DAC将对可能产生的比较结果1和0分别进行预置位。当第一次比较阶段结束时，根据比较的结果进行一次判断。如果比较的结果是1，那么DAC2和其所连接的比较器开始进行下一位的比较，而其他DAC将进行下一次比较的预置位。如果比较结果是0，那么DAC3和其所连接的比较器开始进行下一位的比较，而其他DAC也会进行预置位。SAR A/D转换器将按照这种方式循环往复，直到最后一位比较结果结束，并在采样阶段，全部进行一次复位，为下一个比较阶段做好准备。

这样的机制可以完全消除DAC建立时间和比较器复位时间对SAR A/D转换器速

度造成的影响。虽然在每次比较之后，会根据比较器输出的值对下一次工作的 DAC 和比较器进行判定，这一段数字电路会产生一些延迟，但是相比 DAC 的建立时间已经减小了很多。

异步时钟电路本身就可以为 SAR A/D 转换器减少比较周期中一些空白时间，避免浪费，而利用预置位的技术可以使比较和复位并行工作，这样的工作方式可以最大限度地利用逐次逼近的算法原理，至少可以提高 50%以上的 A/D 转换器转换速度。同时这种方式与时域交织的方式不同，这个 SAR A/D 转换器的异步时钟只需用一个时钟来进行控制，并不会因为时钟抖动而产生错误。当然这种方式也会占用很大的面积和功耗。但是相对速度提升，这些代价依然可以接受，后面的仿真部分将通过优值来判断这个电路的效率。

5.3.3　整体电路工作过程和逻辑控制

整个 SAR A/D 转换器的结构框图如图 5.28 示。与普通的异步时钟 SAR A/D 转换器相比，该 A/D 转换器加入了三组 DAC 和比较器及其自举开关，完成一个预置位的算法。工作中的比较器将通过时钟产生电路，产生一个异步时钟，而这里三个比较器在工作阶段有且只有一个会进行比较，并产生一个时钟脉冲。所以可将三个时钟产生电路的输出一起接到一个三输入或门的输入端。只要其中有一个进行工作，就可以产生脉冲来作为整个 A/D 转换器的比较时钟，使这个时钟也作为数字电路中使用的时钟。

同样的问题也出现在三个比较结果上，一个比较周期只会存在一个比较器进行工作。把三个比较器的输出接到一个三输入或门的输入端，就可以解决这个问题，得出的将是工作中的比较器的正确结果。这样就在比较结果的判断上，节省了很多数字逻辑电路。

在每一次比较结束后，将进行一次下一位将工作的比较器的判断。利用这一次的比较结果，通过逻辑模块进行数字处理，可以产生两个三位的数字信号 decide[2:0]和 DAC[2:0]。数字信号 decide[2:0]分别用于控制三个比较器的开关，而且这个信号只会出现 100、010 和 001 三个数字码，分别会触发比较器 1、比较器 2 和比较器 3 的工作状态。数字信号 DAC[2:0]是用来控制 DAC 的，而且这个信号也只会出现 100、010 和 001 三个数字码，分别会触发 DAC1、DAC2 和 DAC3 的工作状态。控制信号为 0 的 DAC 将进行下一位预置位，它们之间的状态不会出现互相干扰。

图 5.31 所示为这个预置位 SAR A/D 转换器的时序图，详细地表示了在不同时间段，3 个 DAC 不同的工作状态。从图中可以得知，比较时间和数字延迟之后，其他两个 DAC 才结束预置位的阶段。所以 DAC 的建立时间就会非常充裕。

在 8 次比较阶段完全结束之后，3 个 DAC 将全部进入复位阶段，为下一个比较周期做好准备。因为异步时钟电路在设计的过程中，每次比较阶段完成的时间一般都不会相同，所以每个比较周期都会留出一定的余量，而这一部分余量再加上采样过程的时间，完全可以保证复位的时间足够。

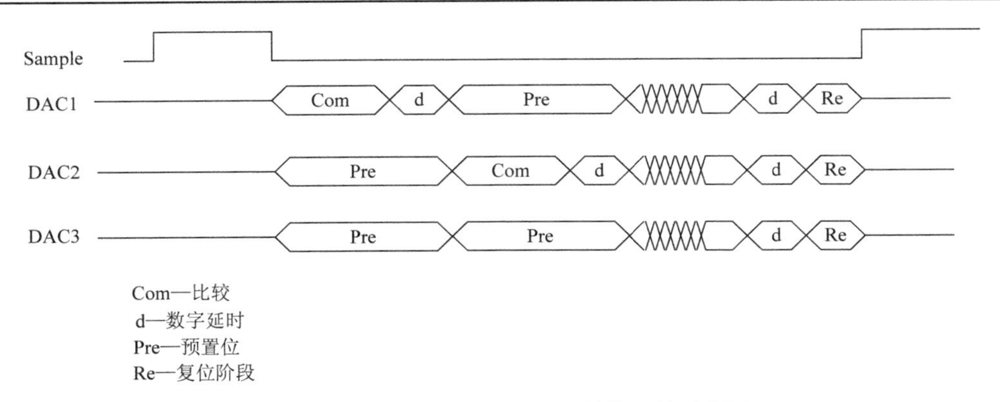

图 5.31　8 位 660MS/s SAR A/D 转换器的时序图

5.3.4　仿真结果

基于 SMIC 65nm 1P6M CMOS 工艺，对所设计的 8 位 660MS/s 异步 SAR A/D 转换器进行了仿真验证，电源电压为 1.2V，输入信号的峰峰值为 1.0V，单位电容选取 4fF，整体的电容总值为 0.5pF。100MHz 输入信号下，660MHz 采样频率下的 FFT 频谱图如图 5.32 所示，SNDR 为 49.5dB，SFDR 为 64.2dB，ENOB 为 7.94 位，功耗为 7.6mW[16]，利用预置位技术完成 SAR A/D 转换器转换速度的提升并没有牺牲过多的功耗。

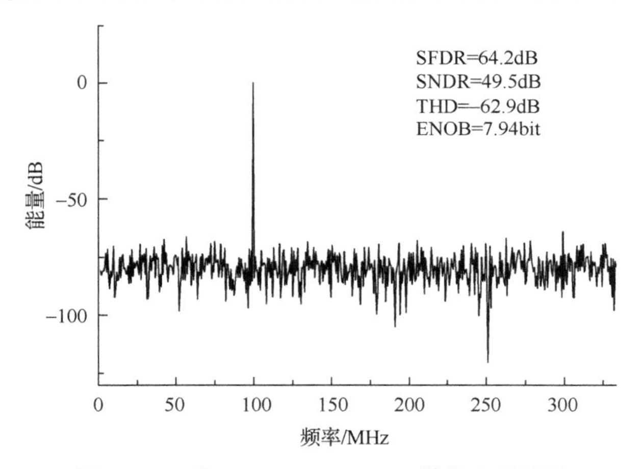

图 5.32　8 位 660MS/s SAR A/D 转换器频谱图

无论从速度还是功耗上来看，该 SAR A/D 转换器的仿真性能都可以接受。实际 A/D 转换器的工作中肯定还会存在各种非理想因素，想要达到这样的性能也是非常难的。因为异步时钟的时序和失配问题对 A/D 转换器性能的影响将会比同步时钟电路更严重。为了测试这个电路的可靠性，本设计利用 Monte-Carlo 来进行进一步的仿真验证。

本节进行了 100 次的 Monte-Carlo 仿真验证，加入了电路和工艺的随机失配。100 次的 Monte-Carlo 仿真，功能基本都可以正常完成，但是一部分的仿真性能有一定的下降。图 5.33 所示为 100 个 Monte-Carlo 仿真结果分布图。通过分析图 5.33 的柱状分布，可以观察到仿真结果有效位数主要分布在 7.6～7.8，也有一部分的仿真结果是在 7.4～7.6，这是因为异步时序逻辑对于时序的稳定要求比较高，当一些集成电路器件失配和工艺波动问题出现时，会对异步时序造成一定的影响。

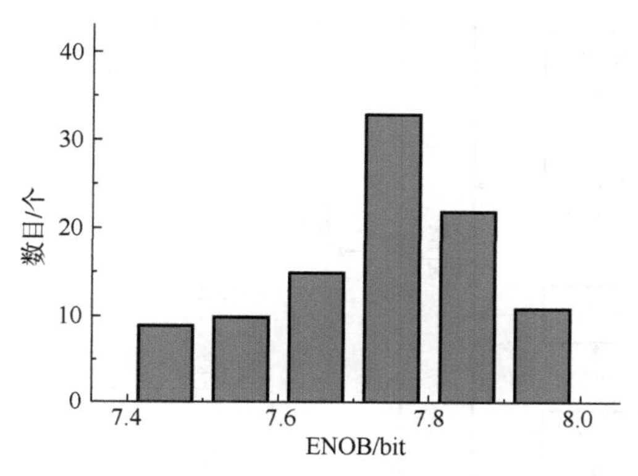

图 5.33　Monte-Carlo 仿真结果分布图

5.4　8 位 2.0GS/s 时域交织 SAR A/D 转换器

对于 UWB 这样的高速无线通信系统，通常需要 GHz 以上的采样速率。而 5.3 节的异步 SAR A/D 转换器在现有工艺条件下很难满足这样的要求，一种称为“时域交织”的技术于 1980 年由 Black 等[17]共同提出，主要思想是通过多个子 A/D 转换器并行工作的方式，使总采样速率得以成倍数提高，并且在功耗与速度之间达到很好的折中。本节提供一个 8 位 2.0GS/s 时域交织 SAR A/D 转换器的设计。该设计中包含 6 个子 A/D 转换器，均采用异步 SAR A/D 转换器结构，采样周期为 3ns。工作过程如下：各通道 A/D 转换器在各自时钟的激励下依次对输入信号进行采样—量化—输出，并最终由数据选择器将各通道输出结果依次交织在一起，其中采样时钟由模拟延迟锁相环提供。整体 8 位 2.0GS/s 时域交织 SAR A/D 转换器结构如图 5.34 所示。制约这种结构发展的主要问题是失配，包括通道间大小不等的失调和增益，以及时钟抖动和采样时刻偏差等时钟误差。

5.4.1　时域交织 A/D 转换器的误差分析

设输入为理想的正弦信号 $f(t)=A\sin(\omega_{\text{in}}t)$，相应的频谱能量为 $P_{\text{sig}}=A^2/2$。当子通道只存在失调失配时，可以等效到输入上，即此时各通道输入信号分别为 $f(t)=A\sin(\omega_{\text{in}}t)+O_m$，$m=0,1,\cdots,M-1$。假设 O_m 服从标准差为 σ_o 的正态分布，则失调失配引起的杂散总能量为 σ_o^2。杂散在频谱上的位置为 $m\cdot f_s/M$。SNDR 被限制在以下条件：

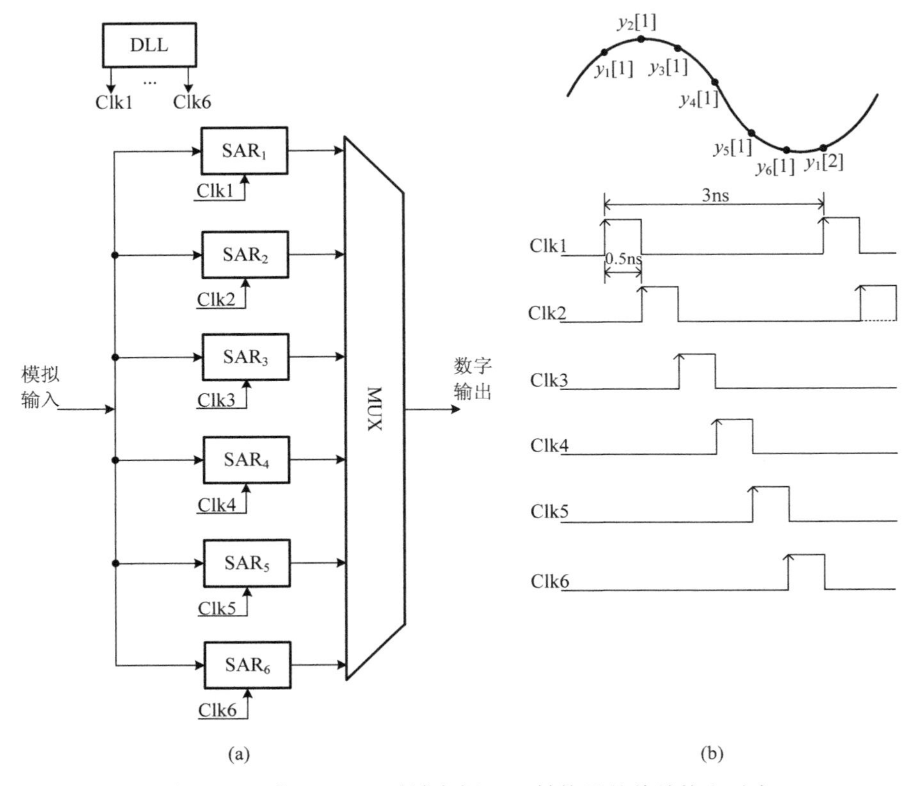

图 5.34　8 位 2.0GS/s 时域交织 A/D 转换器整体结构和时序

$$\mathrm{SNDR} < 10\lg\frac{P_{\mathrm{sig}}}{P_o} = 10\cdot\lg\left(\frac{A^2}{2\sigma_o^2}\right) \tag{5.12}$$

子通道只存在增益失配时，可以等效到各通道输入信号为 $f(t)=A_m\sin(\omega_{\mathrm{in}}t)$，$m=0, 1,\cdots,M-1$。假设 $A_m \sim N(\overline{A},\sigma_A)$，则杂散在频谱上的位置为 $\pm f_{\mathrm{in}}+\frac{k\cdot f_s}{M}, k=1,\cdots,M-1$。SNDR 被限制在以下条件：[18]

$$\mathrm{SNDR} < 10\cdot\lg\frac{P_{\mathrm{sig}}}{P_A} = 10\cdot\lg\left(\frac{\frac{1}{4}\overline{A}^2}{\frac{1}{4}\sigma_A^2}\right) = 20\cdot\lg\left(\frac{\overline{A}}{\sigma_A}\right) \tag{5.13}$$

对时域交织 A/D 转换器性能影响最大的是采样时刻偏差。发生的过程如图 5.35 所示。图中虚线为理想采样时刻，实线为实际采样时刻。可以看出，通道 2 存在一个大小为 Δt 的采样时刻偏差。

当输入信号频率为奈奎斯特频率时，最大采样误差发生在正弦输入的过零点处，利用一阶泰勒展开可得该误差电压大小为

$$V_{\text{err}} = A\pi f_s \Delta t \tag{5.14}$$

由量化误差引起的误差电压大小为[19]

$$V_Q = \sqrt{\frac{1}{T}\int_0^T \left[Q \cdot \left(\frac{t}{T} - \frac{1}{2}\right)\right]^2 \mathrm{d}t} = \frac{Q}{\sqrt{12}} \tag{5.15}$$

式中，$Q = \text{LSB} = \dfrac{A}{2^{N-1}}$。为了不引起失真，$V_{\text{err}}$ 应该小于 V_Q，即

$$\Delta t < \frac{1}{\sqrt{3}\pi} \cdot \frac{1}{f_s 2^N} \tag{5.16}$$

本设计中，$N = 8$，可容忍的 Δt 如图 5.36 所示。

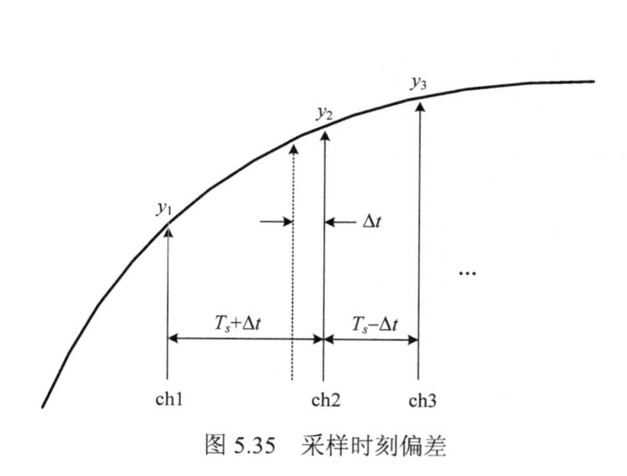

图 5.35　采样时刻偏差

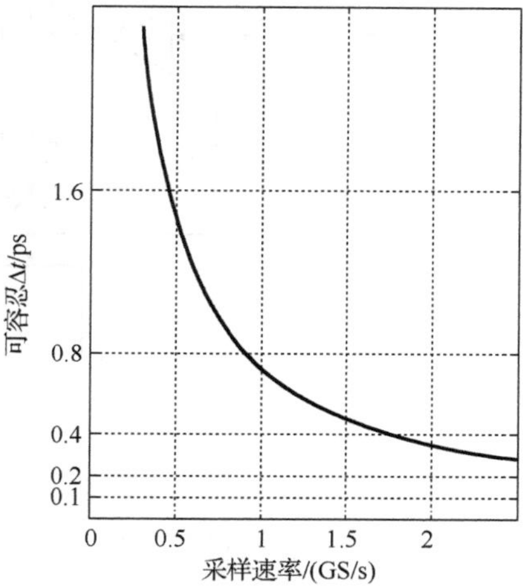

图 5.36　8 位时域交织 A/D 转换器可容忍的采样时刻偏差

5.4.2　基于模拟延迟锁相环的时钟产生器

通过 5.4.1 节的分析可知，一个精确且纯净的时钟信号对于时域交织 A/D 转换器至关重要。相比于锁相环（Phase Locked Loop，PLL），延迟锁相环（Delay-Locked Loop，DLL）具有更小的抖动和功耗，因此更适合于时域交织 A/D 转换器。本设计中所采用的 DLL 包括带起始控制的鉴相器（Start-Controlled Phase Detector，SCPD），用于检测输入信号的相位差；电荷泵（CP）用于将鉴相器检测出的相位差转换成电流；环路滤波器，即一个单电容，用于将电荷泵产生的电流转换成控制压控延迟线的控制电压；压控延迟线，用于产生不同延时的信号，并将其中两组相同相位的信号反馈回鉴相器。输出缓冲器，用于提高输出信号的翻转速度；边沿组合电路，用于产生六相时钟，且占空比均为 20%。DLL 电路结构及其时序如图 5.37 所示，其中带起始控制的鉴相器可以有效地避免环路误锁定问题[20]。电路上电后，一个 PMOS 将压控延迟线的控制电压 V_c 拉高至 V_{DD}，使压控延迟单元的延迟量最小。随后各时钟信号（$\Phi_1 \sim \Phi_7$）的延

迟量逐步增加，直至 Φ_1 与 Φ_7 没有相位差，即环路锁定。实际中每一路时钟信号都会存在抖动，抖动特性和环路的带宽有折中关系，因此为了提高精度，减小该 DLL 的带宽。

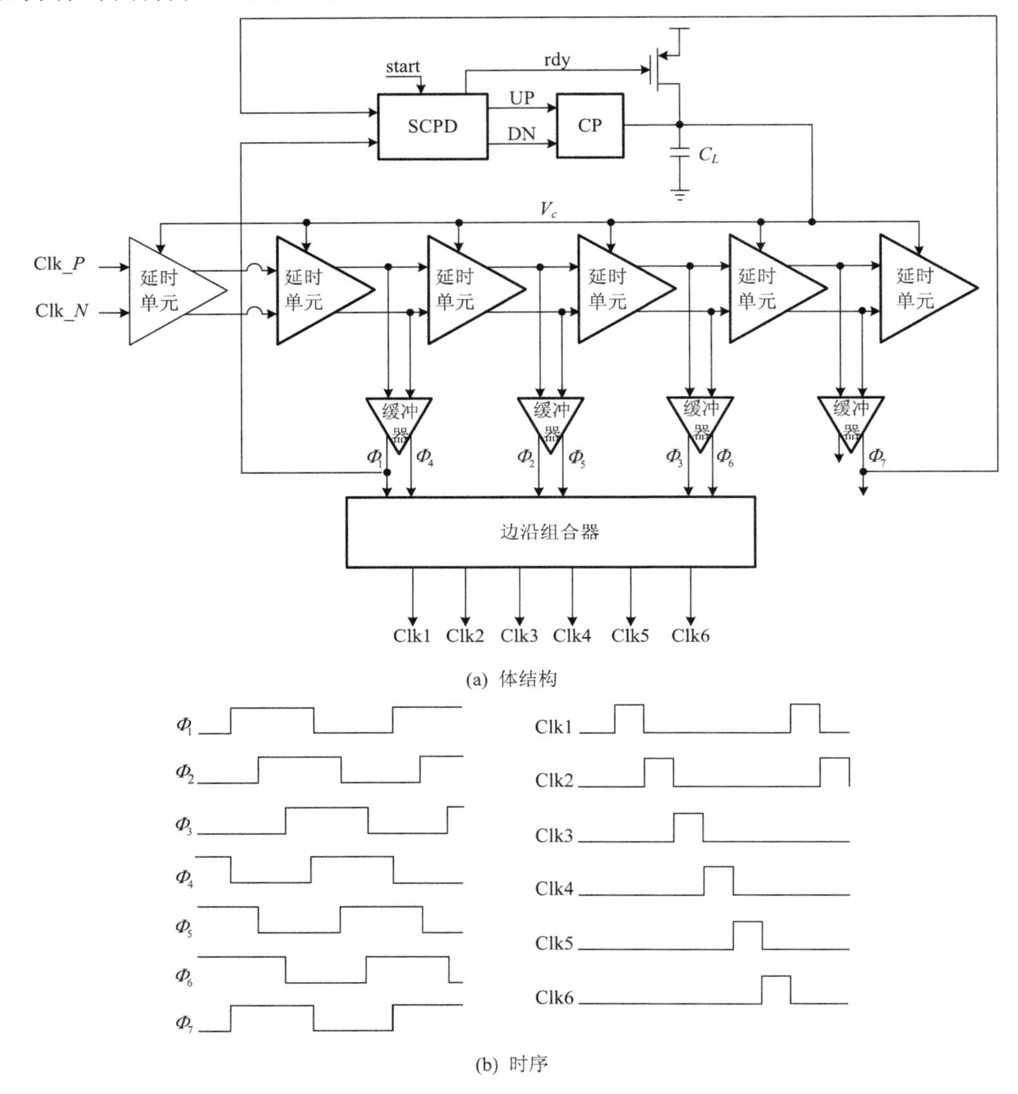

图 5.37　DLL 电路结构及其时序图

DLL 的核心部分是由 6 个可控延迟单元组成的压控延迟线。本设计中所用的是一组差分延迟单元，如图 5.38 所示。改变晶体管 M_0 的栅压即可改变尾电流大小，进而使输入信号产生不同的延迟量，实现可控延迟的目的。M_5 和 M_6 被用于二极管负载。M_3 和 M_4 栅漏交叉耦合连接，形成正反馈，可提高输出信号的翻转速度，同时获得更好的反相性能。输出端额外增加的反相器是为了达到轨对轨输出。这种结构的好处是延迟量可直接被电荷泵输出电压 V_c 控制而无须偏置电路。仿真结果显示输入信号频率为 333.3MHz，控制电压从 0.5V 增加到 1.2V 时，延迟时间从 1.06ns 下降至 0.3ns。因此，该延迟单元的增益为 1.1ns/V。

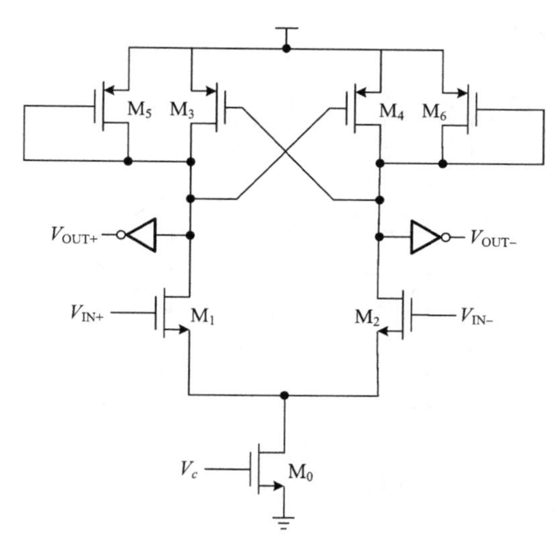

图 5.38　压控延迟单元

5.4.3　子通道 SAR A/D 转换器架构与开关电容阵列

图 5.39 是本节设计的子通道 SAR A/D 转换器的结构框图。该电路包括一对自举开关、多组电容阵列组成的 DAC、高速比较器、异步时钟产生器和 SAR 逻辑控制模块。其中拆分结构的 DAC 将传统的 7 位二进制权重电容（除了最低位电容）分别拆分成两个大小相等的子电容[21]。例如，由 64 个单位电容组成的最高位电容被拆分成两个由 32 个单位电容组成的子电容 C_{7a} 和 C_{7b}。这种改进的分裂电容结构可以有效地减少 DAC 的置位时间，提高整体工作速度。比较器的输出信号触发 SAR 逻辑控制模块和异步时钟产生器产生异步时钟信号。该时钟信号反馈回比较器，使其在置位和比较状态之间转换。与此同时，SAR 逻辑控制模块存储此时比较器的输出结果，并根据这个结果输出控制 DAC 中相应位电容的充放电状态的信号。

在采样过程中，自举开关对差分输入信号 V_{IP} 和 V_{IN} 采样，并将采样的结果分别存储在电容阵列中所有电容的上极板 V_N 和 V_P 上。与此同时，位电容 C_{1a}～C_{7a} 和 C_{1c}～C_{7c} 的下极板接地线，位电容 C_{1b}～C_{7b} 和 C_{1d}～C_{7d} 的下极板接电源线。采样过程结束后，外置的采样时钟 Clks 的下降沿触发比较器比较此时正负输入端大小。根据比较结果，DAC 将连接在电压幅值大的一端的位电容的下极板接在地线上，将连接在电压幅值小的一端的位电容的下极板接在电源线上，改变比较器两个输入电压的幅值，等待比较器下一次的比较。如图 5.40 所示，如果比较器判断 V_N 端电压比 V_P 端电压低，则

C_{7a} 的下极板连接电源线，C_{7d} 下极板连接地线；如果判断结果相反，则 C_{7c} 的下极板连接电源线，C_{7b} 下极板连接地线。除了最低位电容，其他位电容都是按照这种方式工作的。最低位转换过程只由 C_{1b} 或 C_{1d} 连接到地线完成。因为最低位电容的容值相对较小，对输入共模电平影响可以忽略。

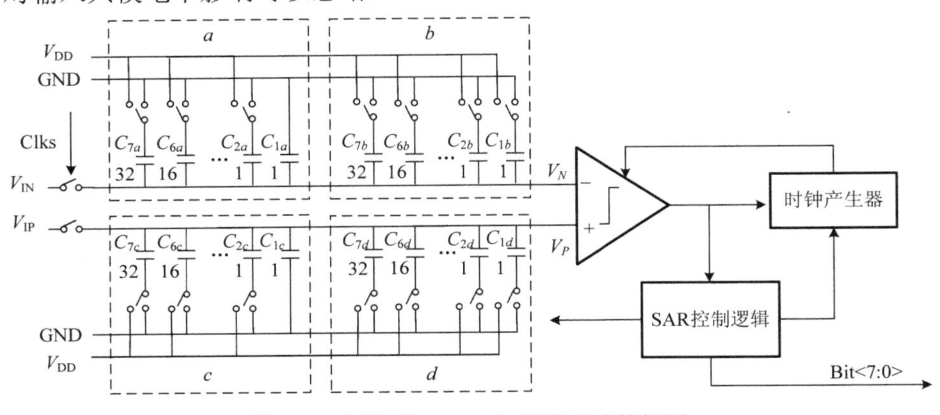

图 5.39　子通道 SAR A/D 转换器结构框图

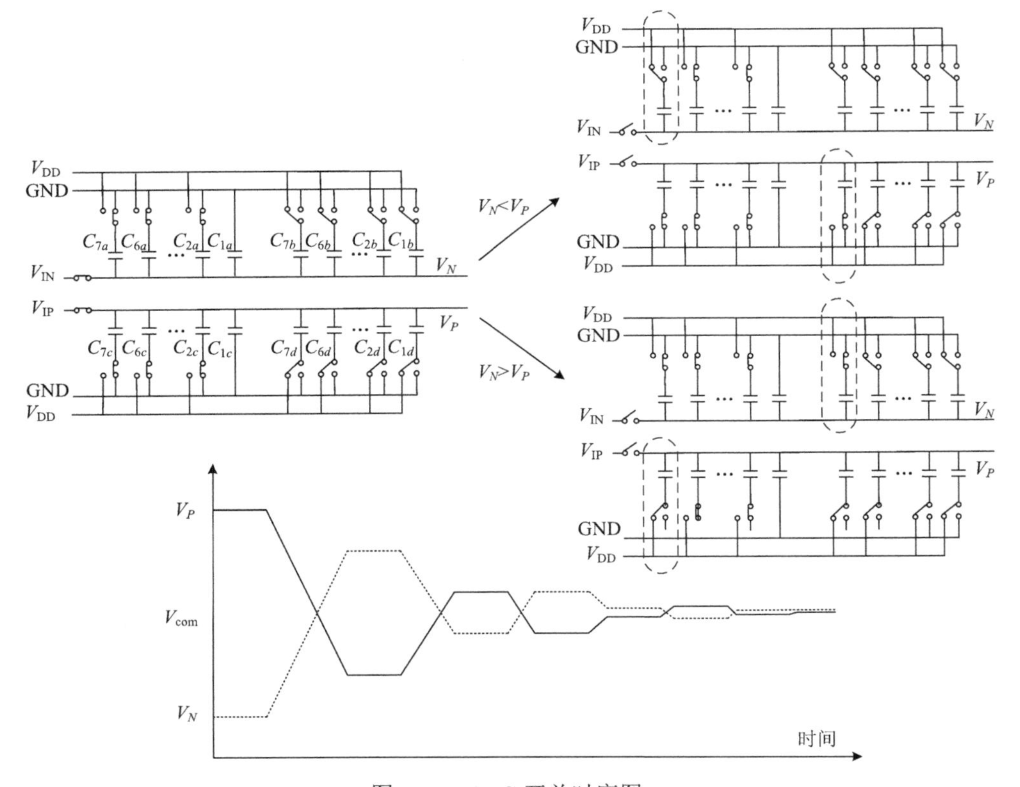

图 5.40　DAC 开关时序图

1. 时序控制

图 5.41 展示了逐次逼近转换过程的时序控制图。外置采样时钟 Clks 的高电平驱动自举开关对差分输入电压 V_{IN} 和 V_{IP} 进行采样，并将两个采样所得幅值存储在 DAC 电容阵列的上极板 V_N 和 V_P 上。随后 Clks 的下降沿触发比较器开始第一次比较两个输入电压幅值的大小。一旦比较器完成比较过程并得出结果（即 Q 或 Q' 变为高电平），Q/Q' 的高电平会驱使 Clk 变为低电平，从而控制比较器进入置位阶段。置位阶段中 Q 与 Q' 都为低电平。与此同时，Q 和 Q' 比较结果输入 SAR 逻辑控制模块，产生用来调整 DAC 输出电压的控制信号。经过一段逻辑延迟后，SAR 逻辑控制模块输出高电平的 $\mathrm{Rdy}_i\,(i=1,2,\cdots,7)$ 信号。Rdy_i 信号的上升沿会使得 Clk 时钟信号变为高电平，进而又使比较器进入比较工作状态，第二次比较 V_N 和 V_P 幅值的大小。因为 DAC 中每位电容的容值大小不同，所以它们所需要的置位时间不同。本电路中每位 Rdy_i 信号所经历的逻辑延迟大小，都设计为分别与不同的置位时间相对应，因此得到了较好的内部时钟与 DAC 置位时间的匹配，一定程度上提高了整体的转换速度。

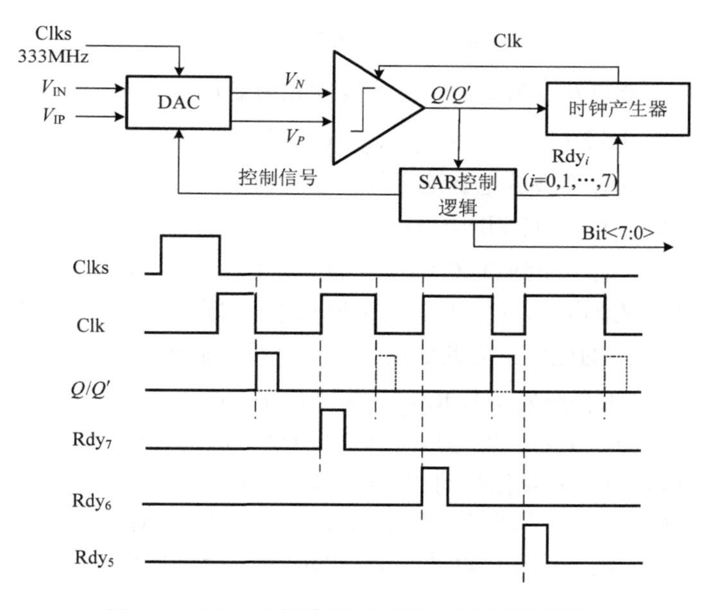

图 5.41　子 A/D 转换器时序框图及时序波形图

2. SAR 逻辑控制模块

本电路中采用的逻辑控制模块由 8 个如图 5.42 中展示的控制单元相同的单元组成。这些控制单元不仅输出控制 DAC 不同位电容的信号和驱动时钟产生器的信号 Rdy_i，还作为输出存储器存储 8 位输出数字码[22]。

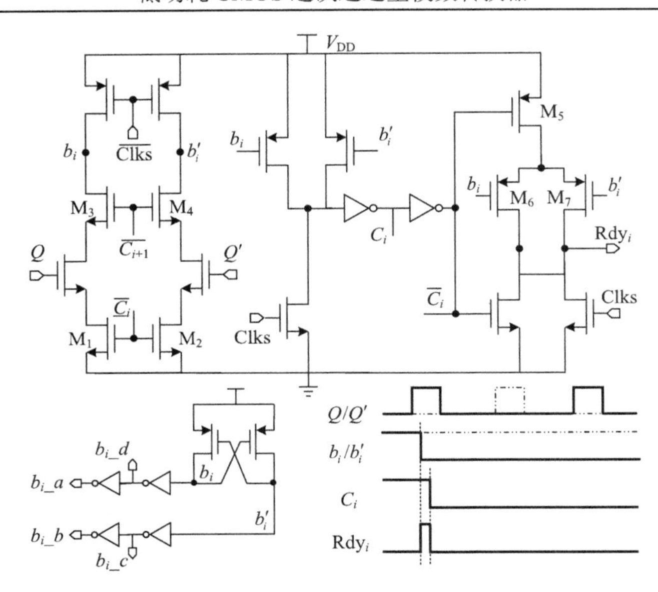

图 5.42　SAR 逻辑控制单元结构

在采样阶段，节点 $b_i/b_i'(i=1,2,\cdots,7)$ 被预充电到电源电位，输出信号 $b_{i\_a}/b_{i\_b}/b_{i\_c}/b_{i\_d}$ 分别控制图 5.39 中的电容 $C_{ia}/C_{ib}/C_{ic}/C_{id}$ 的下极板开关。同时，比较器输出信号 Q/Q' 和信号 Rdy_i 都被放电到地电位。在转换阶段，比较器两输出 Q 和 Q' 中的一个将被拉到电源电压，因此相应的控制单元将这个比较结果存储在节点 b_i/b_i' 上。同时这个结果也将迅速地传递到 DAC 中相应的位电容上，对 DAC 的输出电压进行调整。当 b_i 或者 b_i' 被放电到地电位，$\overline{C_i}$ 也放电到地电位，关断管子 M_1 和 M_2。比较器的输出将不再影响节点 b_i/b_i' 的电位，因此这两个节点可以存储该结果直到下一个转换周期。此外，b_i 和 b_i' 的下降沿会触发信号 Rdy_i 变为高电平，$\overline{C_i}$ 再触发信号 Rdy_i 回到低电平。根据 Rdy_i 信号，时钟产生器产生异步时钟信号 Clk。每个 Rdy_i 信号所需的延迟应该与不同的 DAC 位电容所需的置位时间相匹配。随着位电容越来越小，DAC 置位时间和 Rdy_i 信号的延迟相应减小。因此各个控制单元的 M_5、M_6、M_7 管子的尺寸应根据所需逻辑延迟的长短来优化，这样可以节约潜在的时间，提高整体的工作速度。

3. 时钟产生器

图 5.43 中展示了该电路中用到的异步时钟产生器的结构图。其中管子 M_8 和 M_9 作为比较完成鉴别器，当比较过程结束时，比较器输出 $\overline{Q'}$ 或 $\overline{Q}$ 变为低电平，节点 a 将被充电到高电位，并产生反馈回比较器的时钟信号 Clk。该时钟信号将两输出 $\overline{Q'}$ 和 $\overline{Q}$ 同时置位为高电平。一段逻辑延迟后信号 Rdy_i 的上升沿又会开启下个比较周期，此时时钟信号 Clk 发生翻转，比较器再次比较两输入的大小。类似地，在一个转换周期

内，时钟信号 Clk 被不断充放电 8 次，控制整体电路实现模拟信号向 8 位数字信号的转换。

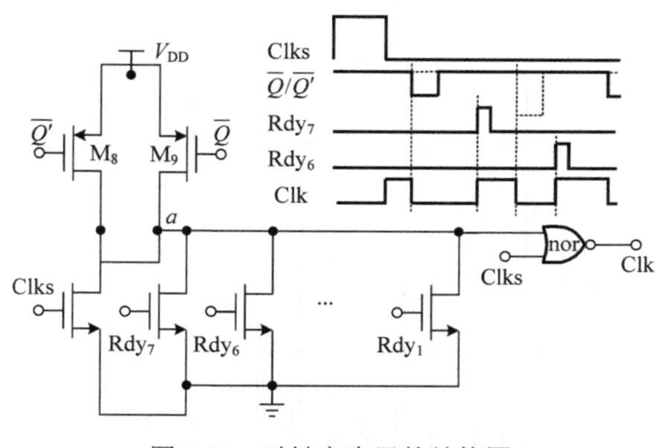

图 5.43　时钟产生器的结构图

5.4.4　仿真结果

基于 SMIC 65nm CMOS 工艺，完成所设计 8 位 2GS/s 时域交织 SAR A/D 转换器的版图，并提取 RC 寄生参数完成了后仿真，电源电压为 1.2V。图 5.44 所示为采样速率 2GS/s，输入奈奎斯特频率正弦波的 FFT 频谱图。结果显示 SNDR 和 ENOB 分别为 40.12dB 和 6.37 位。此外，该转换器消耗的功耗为 19.9mW，其中，23.1%功耗来自时钟产生器，57.3%功耗来自子 A/D 转换器，0.7%功耗来自输出选择器，版图中的寄生部分共消耗总功耗的 18.9%。由 5.1.5 节中 FOM 定义可知，该转换器的 FOM 为 120.3 fJ/Conv.-Step。

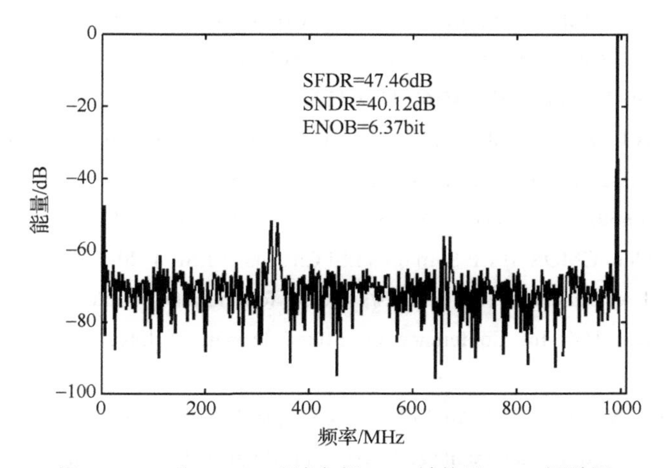

图 5.44　8 位 2GS/s 时域交织 A/D 转换器 FFT 频谱图

从图 5.44 还可看出，杂散出现的位置符合 5.4.1 节的分析结果，由采样时刻偏差引起的失配强烈地影响着时域交织 A/D 转换器的性能。为了估计电路的可靠性，考虑 DLL 和子 A/D 转换器的器件失配，进行 Monte-Carlo 仿真，结果如图 5.45 所示，ENOB 的平均值为 6.35 位。

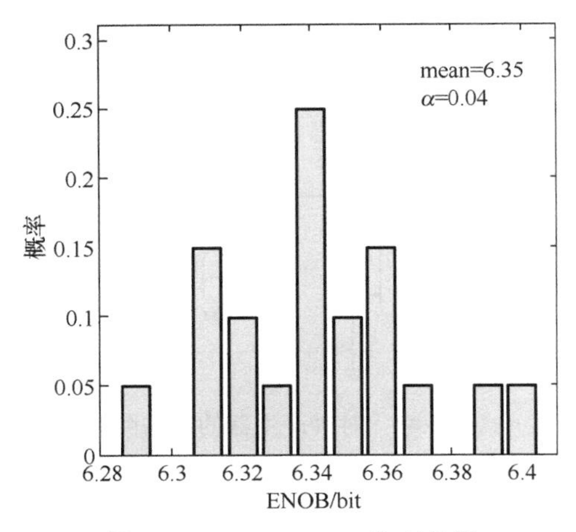

图 5.45　Monte-Carlo 仿真结果

参 考 文 献

[1] Zhu Z M, Xiao Y, Wang W T, et al. A 0.6V 100KS/s 8-10b resolution configurable SAR ADC in 0.18μm CMOS. Analog Integrated Circuits and Signal Processing, 2013, 75(2):335-342.

[2] Liu C C, Chang S J, Huang G Y, et al. A 10-bit 50-MS/s SAR ADC with a monotonic capacitor switching procedure. IEEE J Solid-State Circuits, 2010, 45(4): 731-740.

[3] Zhu Y, Chan C H, Chio U F, et al. A 10-bit 100-MS/s reference-free SAR ADC in 90nm CMOS. IEEE J Solid-State Circuits, 2010, 45(6): 1111-1121.

[4] Janssen E, Doris K, Zanikopoulos A. An 11b 3.6GS/s time-interleaved SAR ADC in 65nm CMOS. IEEE Int Solid-State Circuits Conf (ISSCC), 2013:464-465.

[5] Shikata A, Sekimoto R, Kuroda T. A 0.5V 1.1MS/sec 6.3fJ/Conv.-Step SAR-ADC with tri-level comparator in 40nm CMOS. IEEE Sym on VLSI Circuits (VLSIC), 2011:262-263.

[6] Aytar O, Tangel A, Dundar G. A 9-bit 1GS/s CMOS folding ADC implementation using TIQ based flash ADC cores. 15th Int Conference on Mixed Design of Integrated Circuits and Systems, 2008:159-164.

[7] Jiang S, Do M A, Yeo K S, et al. An 8-bit 200-MS/s pipelined ADC with mixed-mode front-end S/H circuit. IEEE Transactions on Circuits and Systems I: Regular Papers, 2008, 55(6): 1430-1440.

[8] Abbas M, Furukawa Y, Komatsu S, et al. Clocked comparator for high-speed applications in 65nm technology. IEEE Asian Solid State Circuits Conference (A-SSCC), 2010: 1-4.

[9] Zhu Z M, Wang Q Y, Xiao Y, et al. An 8-bit 208MS/s SAR ADC in 65nm CMOS. Analog Integrated Circuits and Signal Processing, 2013, 76(1): 129-137.

[10] Pan H, Segami M, Choi M, et al. A 3.3V 12-b 50MS/s A/D converter in 0.6-μm CMOS with over 80-dB SFDR. IEEE Journal of Solid-State Circuits, 2000, 35(12): 1769-1780.

[11] Liu C C. A 10b 100MS/s 1.13mW SAR ADC with binary-scaled error compensation. IEEE Int Solid-State Circuits Conference (ISSCC), 2010: 386-389.

[12] Mesgaranim A. A single channel 6-bit 900MS/s 2-bits per stage asynchronous binary search ADC. IEEE 54th Int Midwest Symposium on Circuits and Systems (MWSCAS), 2011: 1-4.

[13] Van der Plas G, Verbruggen B. A 150MS/s 133μW 7b ADC in 90nm digital CMOS using a comparator-based asynchronous binary-search sub-ADC. IEEE Int Solid-State Circuits Conference (ISSCC), 2008: 242-244.

[14] Lin Y Z, Chang S J, Liu Y T, et al. A 5b 800MS/s 2mW asynchronous binary-search ADC in 65nm CMOS. IEEE Int Solid-State Circuits Conference (ISSCC), 2009: 80-81.

[15] Yang J, Naing T L, Brodersen R W. A 1 GS/s 6 bit 6.7mW successive approximation ADC using asynchronous processing. IEEE Journal of Solid-State Circuits, 2010, 45(10): 1469-1478.

[16] Zhu Z M, Liu M J, Wang Q Y, et al. A single-channel 8-bit 660MS/s asynchronous SAR ADC with pre-Settling procedure in 65nm CMOS. Microelectronics Journal, 2014, 45(7):880-885.

[17] Black W C, Hodges D A. Time interleaved converter arrays. IEEE Journal of Solid-State Circuits, 1980, 15(6):1022-1029.

[18] Yu B Y, Black W C. Error analysis for time-interleaved analog channels. IEEE International Symposium on Circuits and Systems (ISCAS), 2001: 468-471.

[19] Walden R H. Analog-to-digital converter survey and analysis. IEEE Journal of Selected Areas in Communications, 1999, 17(4):539-550.

[20] Chang R C H, Chen H M, Huang P J. A multiphase-output delay-locked loop with a novel start-controlled phase/frequency detector. IEEE Trans on Circuits and Systems. I: Regular. Papers, 2008, 55(9):2483-2490.

[21] Tripathi V, Murmann B. An 8-bit 450-MS/s single-bit/cycle SAR ADC in 65-nm CMOS. IEEE ESSCIRC, 2013:117-120.

[22] Tsai J H, Chen Y J, Shen M H, et al. A 1-V 8b 40MS/s 113μW charge-recycling SAR ADC with a 14μW asynchronous controller. IEEE Symp on VLSI Circuits, 2011:264-265.

第 6 章　高速流水线 SAR A/D 转换器

本章介绍高速流水线 SAR A/D 转换器的基本原理和关键设计技术，并介绍了一种 12 位高速流水线 SAR A/D 转换器和一种基于过零检测的 10 位高速流水线 SAR A/D 转换器的系统结构和电路设计技术。

6.1　流水线 SAR A/D 转换器基本原理

本节主要阐述了流水线 SAR A/D 转换器的基本结构、基本工作原理和 SAR 辅助型 MDAC 的基本结构，介绍了 SAR 辅助型 MDAC 的设计考虑，讨论了转换速度、噪声和校正算法的原理。

6.1.1　流水线 SAR A/D 转换器的基本结构

高速流水线 A/D 转换器在前端通常采用采样/保持（S/H）电路作为系统的第一级，S/H 电路为 MDAC 提供稳定的采样信号，以减小 MDAC 与 Sub-ADC 的采样网络之间失配所带来的误差。然而，由于它没有放大功能，所以为了保证其运算放大器稳定性和足够的精度，使其成为系统的失真和噪声的重要来源[1, 2]。移除 S/H 电路，即文献中常见的 SHA-less 结构是首先考虑到的技术，不仅节省了功耗，还避免了 S/H 电路所贡献的噪声。SHA-less 结构需要使 MDAC 采样开关与比较器的采样网络有较好的匹配。如图 6.1(a)所示，若开关电容电路的采样网络与比较器的采样网络间存在 Δt 的偏差，则导致两条路径采样得到的值不同，将引入孔径误差，可以等效为 Sub-ADC 的外部失调误差。当内部失调和外部失调总和超过可校正范围时，如图 6.1(b)所示，系统的精度会降低，而且冗余校正算法无法量化超过量化量程的信号。

由于 SAR A/D 转换器内嵌了一个 DAC 电容阵列结构，所以可以尝试用 SAR A/D 转换器取代传统流水线 A/D 转换器中的 Sub-ADC 和 Sub-DAC 以解决上面的难题。本章设计了一种将 SAR A/D 转换器与级间增益放大器结合起来的新型 MDAC（后面将其称为 SAR 辅助型 MDAC）。图 6.2 给出了流水线 SAR A/D 转换器的单端 SAR 辅助型 MDAC 结构框图（实际电路为全差分形式)，虚线框中为 SAR A/D 转换器电路。核心思想是将传统的 MDAC 中的 Sub-ADC 和 Sub-DAC 替换为 SAR A/D 转换器，由 SAR A/D 转换器完成采样和量化功能。SAR A/D 转换器的差分二进制电容阵列既充当采样电容，又完成了流水线 A/D 转换器中的 DAC 作差的功能。保证了每一次 Sub-ADC 在量化过程中，采样信号和余量信号已经建立完成，消除了因 MDAC 和 Sub-ADC 采样网络不匹配而引入的孔径误差。

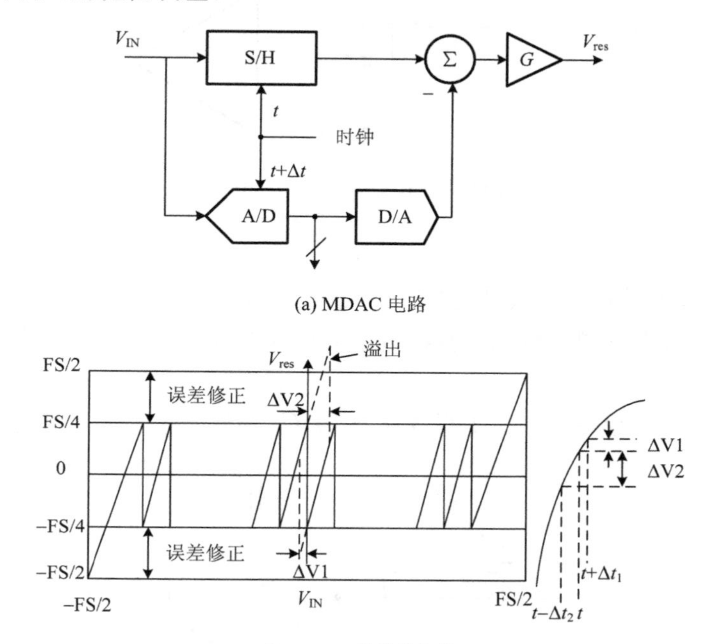

(a) MDAC 电路

(b) MDAC 的传输曲线

图 6.1　MDAC 电路原理示意图

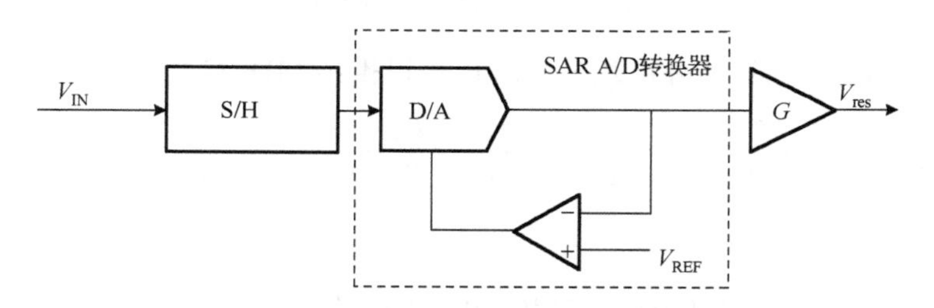

图 6.2　单端 SAR 辅助型 MDAC 系统框图

6.1.2　SAR 辅助型 MDAC 的工作原理

1）采样模式

图 6.3 给出了 SAR 辅助型 MDAC 在采样模式下的原理图。此时，反馈环路断开，输入信号 V_{IN} 通过开关向电容阵列充电，电荷存储在电容阵列中。采样开关的实现是运用工作在线性区的 MOS 管来实现的。此时电容阵列上存储的电荷总量为

$$Q_1 = -C_s(V_{IN} - V_{CM}) \tag{6.1}$$

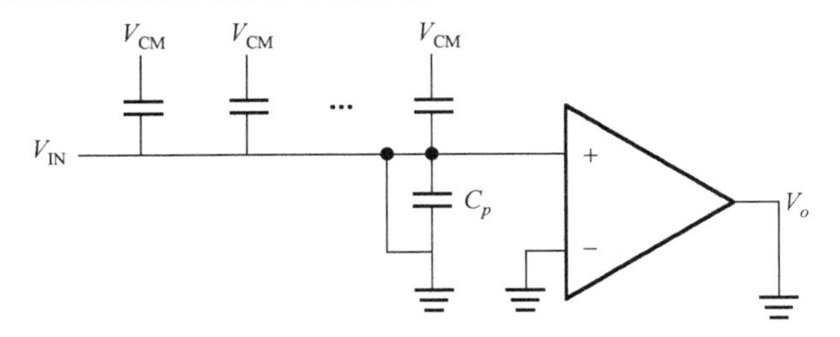

图 6.3　采样模式的 MDAC

2）放大模式

MDAC 在放大模式时，假设电容阵列底极板接信号 V'，如图 6.4 所示，其中 C_p 为运算放大器差分对管栅端寄生电容。考虑运算放大器的有限增益，放大模式下电容上存储的电荷总量为

$$Q_2=(V_x-V')\cdot C_s+(V_x-0)\cdot C_p+(V_x-V_o)\cdot C_f \tag{6.2}$$

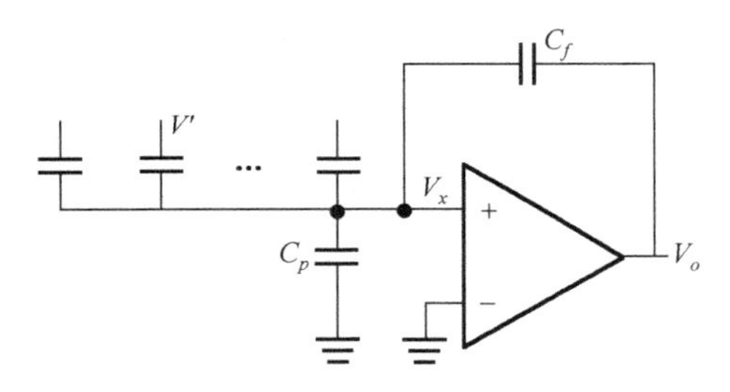

图 6.4　放大模式的 MDAC

联立式（6.1）和式（6.2），并由 $V_o=-A_v\cdot V_x$ 可以推出 MDAC 传输函数为

$$V_o=\frac{A_v}{1+A_v\beta}\cdot\frac{C_s}{C_s+C_p+C_f}\cdot V_{IN}-\frac{A_v}{1+A_v\beta}\cdot\frac{C_s}{C_s+C_p+C_f}\cdot V'-\frac{A_v}{1+A_v\beta}\cdot\frac{C_s}{C_s+C_p+C_f}\cdot V_{CM} \tag{6.3}$$

式中，$\beta=\dfrac{C_f}{C_s+C_f+C_p}$ 定义为反馈系数。由一阶近似 $\dfrac{A_v}{1+A_v\beta}\approx\dfrac{1}{\beta}\left(1-\dfrac{1}{A_v\beta}\right)$，式（6.3）可以化简为

$$V_o=\left(1-\frac{1}{A_v\beta}\right)\cdot\frac{C_s}{C_f}\cdot V_{IN}-\left(1-\frac{1}{A_v\beta}\right)\cdot\frac{C_s}{C_f}\cdot V'-\left(1-\frac{1}{A_v\beta}\right)\cdot\frac{C_s}{C_f}\cdot V_{CM} \tag{6.4}$$

由式（6.4）可以得到信号建立后的静态误差为 $\dfrac{1}{A_v\beta}$。对于后级量化精度为 N 的 MDAC，运算放大器建立的静态误差不能高于 $\mathrm{LSB}/2(\mathrm{LSB}=V_{REF}/2^N)$。

6.1.3　SAR 辅助型 MDAC 设计考虑

MDAC 电路是流水线 A/D 转换器中的重要模块，MDAC 的性能限制了整个 A/D 转换器的精度和速度。MDAC 电路的实质是一个开关电容电路，其结构是一个成熟的核心模块，在大部分文献[3-6]上均有说明。目前大部分流水线 A/D 转换器中的 MDAC 电路采用 1.5 位、2.5 位或 3.5 位开关电容结构，因为这几种结构算法简单，冗余校正余量较大。本节从转换速度、噪声和冗余位算法原理的角度介绍 MDAC 电路。

1. 转换速度

图 6.5 给出了一个处在放大相的 MDAC 示意图，反馈系数 β 为

$$\beta = \frac{C_f}{C_s + C_f} \tag{6.5}$$

式中，C_s 为采样电容；C_f 为反馈电容。级间增益可表示为 $G = C_s / C_f$，那么反馈因子为

$$\beta = \frac{1}{G+1} \tag{6.6}$$

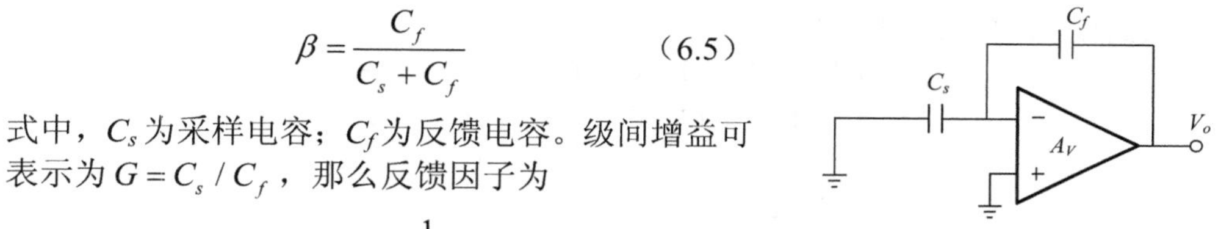

图 6.5　处在放大相的 MDAC 示意图

假设运算放大器为单极点系统，则运算放大器在放大相的输出电压可表示为

$$V_o = (1 - \mathrm{e}^{-\omega_{-3\mathrm{dB}} \cdot t_s})(2 \cdot V_{\mathrm{IN}} - b \cdot V_{\mathrm{REF}}) \tag{6.7}$$

式中，$\omega_{-3\mathrm{dB}}$ 是运算放大器闭环时的–3dB 带宽。由式（6.7）可知，要使输出信号快速建立，$\omega_{-3\mathrm{dB}} \cdot t_s$ 的值需要足够大。由于 A/D 转换器的采样速率确定后，t_s 就是确定的，因此为了使输出电压在固定时间内达到所需的精度，对 $\omega_{-3\mathrm{dB}}$ 有一个限制。$\omega_{-3\mathrm{dB}}$ 与运算放大器开环的 GBW 之间的关系为

$$\omega_{-3\mathrm{dB}} = \beta \cdot \mathrm{GBW} = \frac{1}{G+1} \cdot \mathrm{GBW} \tag{6.8}$$

式中，GBW 为增益带宽积。

若要求本级 MDAC 建立精度能够达到剩余有效位的 1/2LSB 精度，则

$$\mathrm{e}^{-\frac{\mathrm{GBW}}{1+G} \cdot t_s} \leqslant \frac{1}{2}\mathrm{LSB} = \frac{1}{2} \cdot \frac{1}{2^{N-M}} \tag{6.9}$$

式中，N 为系统的分辨率；M 为本级有效分辨率。GBW 与 M 之间的关系可表示为

$$\mathrm{GBW} > \frac{(1+G)(N-M+1)\mathrm{In}2}{t_s} \tag{6.10}$$

式中，t_s 为运算放大器的建立时间，t_s 要求小于半个采样时钟周期。

2. 噪声

1）kT/C 热噪声

图 6.6 给出了在开关电容电路中开关的切换状态图。如图 6.6(a)所示，在采样阶段，噪声随有用信号一起被采样进入开关电容电路。积分噪声的大小可表示为

$$\overline{V}^2 = \frac{kT}{C_s + C_f} \tag{6.11}$$

如图 6.6(b)所示，在放大相，采得的信号和噪声均被转移到 C_f 上。若输入信号 V_{IN} 等于 0，可得噪声的电荷量为

$$\overline{Q}_n^2 = (C \cdot V)^2 = kT(C_s + C_f) \tag{6.12}$$

等效到输出可表示为

$$\overline{V}_{\text{OUT}}^2 = \frac{\overline{Q}_n^2}{C_f^2} = kT \cdot \frac{C_s + C_f}{C_f^2} = \frac{kT}{C_f}(G+1) \tag{6.13}$$

那么等效到输入端的噪声电压为

$$\overline{V}_{\text{IN}}^2 = \frac{kT}{C_f}\frac{G+1}{G^2} = \frac{kT}{C_s} \cdot \frac{C_s}{C_f} \cdot \frac{G+1}{G^2} = \frac{kT}{C_s} \cdot \frac{G+1}{G} \tag{6.14}$$

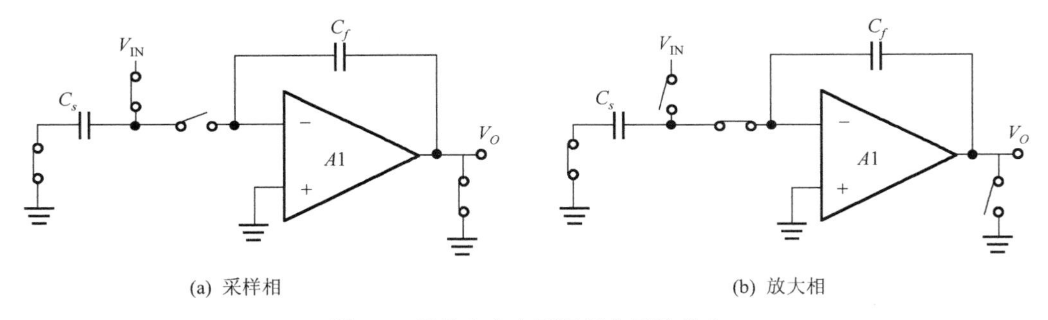

图 6.6　开关电容在不同相位下的状态

注意，以上的推导都是单端的，实际的差分 MDAC 要乘以二。从式（6.14）可知，等效输入噪声与本级的精度 M 无关，而与采样电容值成反比。要使热噪声降低，只能提高采样电容；提高采样电容，会使功耗增加，因此在设计时要在信噪比和功耗之间进行折中。

2）运算放大器的噪声

噪声贡献除了采样网络，运算放大器还会引入噪声。由于开关电容电路中不存在静态电流，且电路中 MOS 管的工作频率较高，闪烁噪声的影响可以忽略。等效到输入端的噪声谱密度可以写为

$$V_{\text{IN},n}^2 / \Delta f = \frac{4kT\gamma}{g_{m1}} \cdot n_f \tag{6.15}$$

则输出端噪声谱密度为

$$V_{\text{OUT},n}^2 / \Delta f = \frac{4kT\gamma}{g_{m1}} \cdot \frac{n_f}{F^2} \tag{6.16}$$

式中，F 为实际β值，即 $F=\dfrac{C_s}{C_s+C_f+C_{\mathrm{IN}}}$。

由输出端向闭环系统看进去的等效阻抗为 $R_{\mathrm{eff}}=1/(Fg_{\mathrm{m}})$，负载电容为 C_{eff}，那么等效带宽为$1/(4R_{\mathrm{eff}}C_{\mathrm{eff}})$。对输出端的噪声进行积分，得到输出端噪声电压为

$$P_{\mathrm{OUT},n}^2=\int_{-\infty}^{+\infty}\frac{4kT\gamma}{g_{m1}}\cdot\frac{n_f}{F^2}\cdot\Delta f=\frac{4kT\gamma}{g_{m1}}\cdot\frac{n_f}{F^2}\cdot\frac{Fg_m}{4C_{\mathrm{eff}}}=\frac{kT}{C_{\mathrm{eff}}}\cdot\frac{n_f}{F}\cdot\gamma \tag{6.17}$$

3）热噪声与量化噪声的关系

A/D 转换器系统的噪声包含了系统的热噪声和量化噪声，其中热噪声决定了电路中电容大小的选取；量化噪声决定了整个 A/D 转换器的量化位数。对于一个理想的 A/D 转换器，它能获得的最大信噪比（SNR）只受到量化噪声的限制。假设 A/D 转换器的量化噪声为白噪声分布，则量化噪声可表示为

$$\overline{v_Q^2}=\frac{\mathrm{LSB}^2}{12}=\frac{\mathrm{FSR}^2}{12\cdot 2^{2N}} \tag{6.18}$$

对于实际的 A/D 转换器，需要同时考虑量化噪声和等效输入热噪声，可得 A/D 转换器实际 SNR 的最大值为

$$\mathrm{SNR_{dB}}=10\lg\left(\frac{\dfrac{\mathrm{FSR}^2}{8}}{\dfrac{\mathrm{FSR}^2}{2^{2N}12}+\overline{v_{n,\mathrm{total}}^2}}\right)=-10\lg\left(\frac{2}{3}\frac{1}{2^{2N}}+8\frac{\overline{v_{n,\mathrm{total}}^2}}{\mathrm{FSR}^2}\right) \tag{6.19}$$

式中，$\overline{V_{n,\mathrm{total}}^2}$ 为等效输入噪声。

可以看出，由于存在热噪声，实际得到的 SNR 比理想的 SNR 小，所以单纯地从量化噪声的角度设计 A/D 转换器是不合理的。同时考虑到量化噪声和热噪声的存在，才能设计一款高线性度高信噪比的 A/D 转换器。对于电路设计者，需要对量化噪声和系统热噪声进行合理分配。本设计采用的是量化噪声远小于系统热噪声的方案。由理想 A/D 转换器的 SNR 可以求出所需设计的有效位数，即

$$\mathrm{ENOB}=\frac{\mathrm{SNR_{dB}}-1.76\mathrm{dB}}{6.02} \tag{6.20}$$

根据 ENOB 就可以算出系统的最低分辨电压（LSB）为

$$\mathrm{LSB}=\frac{\mathrm{FSR}}{2^{\mathrm{ENOB}}} \tag{6.21}$$

要使量化噪声对系统的 SNR 的影响可以忽略，则要求 $\mathrm{LSB}^2/12$ 远小于 $\overline{v_{n,\mathrm{total}}^2}$。令系统的量化精度 N 高于 ENOB，那么量化噪声压就会较低。

3. 校正算法

Lewis 等在 1992 年提出冗余校正算法，不仅实现简单，而且对比较器的性能要求大大降低，该算法已得到了广泛的应用[7]。下面对其思想和实现进行简单分析。

如图6.7所示，信号进入比较器中，得到量化数字码，ε_q 为Sub-ADC引入的量化误差，即本级MDAC的余量。

$$V_{\mathrm{IN}} + \varepsilon_q = 2^D \tag{6.22}$$

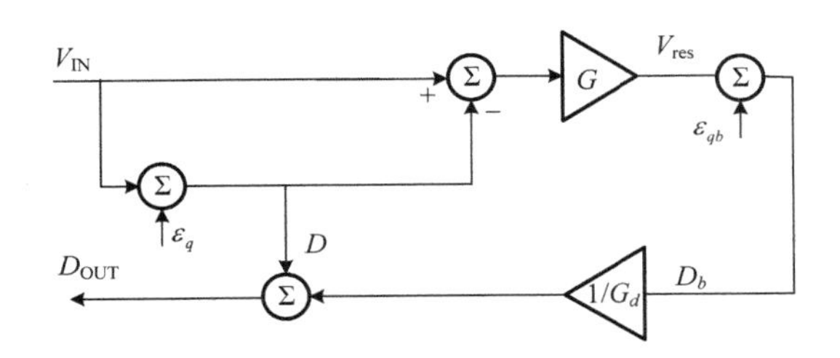

图6.7　余误差校正

放大器将余量放大级间增益 G 倍后可得

$$V_{\mathrm{res}} = G \cdot (V_{\mathrm{IN}} - 2^D) \tag{6.23}$$

第一级的输出 V_{res} 通过第二级量化器量化后得到码 D_b，ε_{qb} 为第二级的量化误差。

$$V_{\mathrm{res}} + \varepsilon_{qb} = 2^{D_b} \tag{6.24}$$

将第一级量化的码与处理后的第二级量化的码相加得到一个新的结果，即

$$2^{D_{\mathrm{OUT}}} = 2^D + \frac{2^{D_b}}{G_d} \tag{6.25}$$

化简可得

$$2^{D_{\mathrm{OUT}}} = V_{\mathrm{IN}} + \varepsilon_q \left(1 - \frac{G}{G_d}\right) + \frac{\varepsilon_{qb}}{G_d} \tag{6.26}$$

当 $G = G_b$ 时，量化误差仅为 ε_{qb} / G_d。

假设一共有 n 级量化器，如图6.8所示，同理可以得到输出为

$$2^{D_{\mathrm{OUT}}} = V_{\mathrm{IN}} + \varepsilon_{q1}\left(1 - \frac{G_1}{G_{d1}}\right) + \frac{\varepsilon_{q1}}{G_{d1}}\left(1 - \frac{G_2}{G_{d2}}\right) + \cdots + \frac{\varepsilon_{q(n-1)}}{\prod_{j=1}^{n-2} G_{dj}}\left(1 - \frac{G_{(n-1)}}{G_{d(n-1)}}\right) + \frac{\varepsilon_{qn}}{\prod_{j=1}^{n-1} G_{dj}} \tag{6.27}$$

对所有的 $G_{dj} = G_j$，有

$$2^{D_{\mathrm{OUT}}} = V_{\mathrm{IN}} + \frac{\varepsilon_{qn}}{\prod_{j=1}^{n-1} G_{dj}} \tag{6.28}$$

由式（6.28）可以看出，系统的误差等于最后一级的量化误差除以总的增益。与前级Sub-ADC的误差无关。

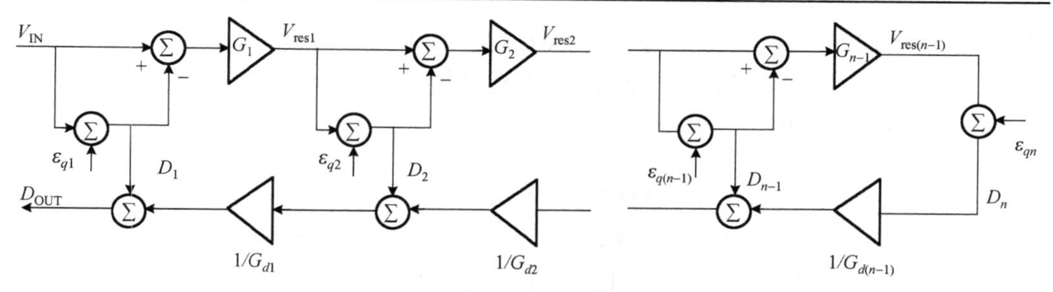

图 6.8 多级余误差的消除

如图 6.9 所示，只要保证 Sub-ADC 量化后再经过级间增益放大的 V_{res} 不超过后级的输入范围，则即使有较大的失调误差，余量仍然在量化曲线的延长线上，仍可以通过数字校正算法消除。

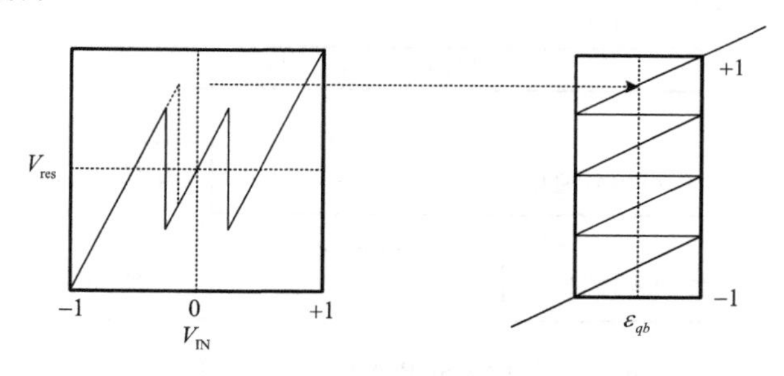

图 6.9 校准算法误差容限

6.2 一种 12 位 50MS/s 流水线 SAR A/D 转换器

6.2.1 系统结构

12 位 50MS/s 流水线 SAR A/D 转换器的系统结构如图 6.10 所示，第一级 SAR A/D 转换器与运算放大器组成的 SAR 辅助型 MDAC，将第一级粗量化后得到的余量放大 16 倍后得到 V_{res} 传递给第二级。第二级 7 位的 SAR A/D 转换器对余量进行细量化，得到 7 位数字码输出。两级量化器在非交叠时钟（$\phi1$、$\phi2$）控制下工作，第一级的 6 位数字码与第二级的 7 位数字码经过延时对准和数字校正逻辑，最后得到 12 位完整数字码输出。

考虑到第一级 MDAC 的性能对整体 A/D 转换器的动态性能、静态性能都有较大的影响，而第二级 SAR A/D 转换器只需要完成简单的 7 位细量化，因此两级 SAR A/D 转换器采用不同的开关时序。例如，对于第一级，优先选择高线性度的开关时序，这是因为高位量化码对系统的线性度有明显的影响。为了实现冗余算法，第二级 SAR A/D 转换器的量化范围减半，因此常见的时序如 V_{CM}-based 等带有共模电平 V_{CM} 的时序，若应用在第二级中，V_{CM} 电平将是整体 A/D 转换器的电源电压的 1/4，这显然是不合理的，因为电平太低的驱动器设计很复杂。在选择第二级 SAR A/D 转换器开关时序时，优先选择不含有共模电平的时序。

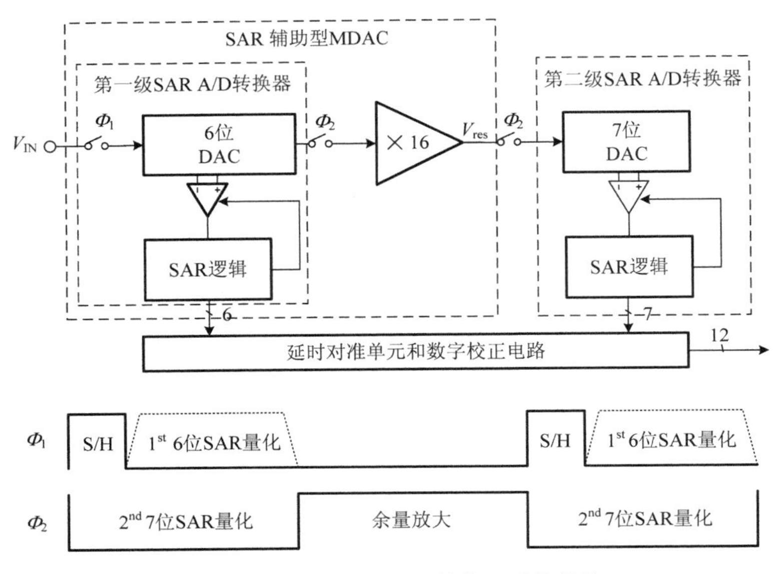

图 6.10　流水线 SAR A/D 转换器系统结构

另外，在流水线 SAR A/D 转换器设计过程中，需要同时考虑 SAR A/D 转换器和流水线 A/D 转换器的开关、电容失配、比较器、运算放大器等带来的非理想因素，如何分析和消除这些非理想因素，是成功设计流水线 SAR A/D 转换器的关键。下面对这些非理想因素逐一进行分析。

6.2.2　流水线 SAR A/D 转换器的误差分析

1. 开关的非理想因素

开关电容电路需要大量的 MOS 开关，然而 MOS 管作为开关不能做到理想开关的性能，如其导通电阻不为零，关断电阻为有限值等，因此在 MDAC 开关电容设计中要对 MOS 管开关有深入的了解。

1）电荷注入

简单的采样/保持（S/H）电路由 MOS 管和采样电容 C_s 组成，如图 6.11 所示。M_1 为 MOS 开关管，当 MOS 管关断时，上个相位导通时的导电沟道里的电荷会流向 MOS 管的源端和漏端，即电荷注入效应[8]。注入源和漏的电荷比例与时钟关断的快慢等多种因素有关。

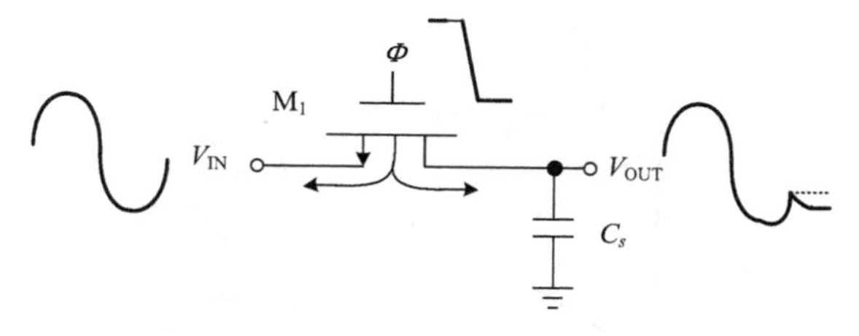

图 6.11　电荷注入效应

MOS 管导通时，$V_{\rm IN} \approx V_{\rm OUT}$，则导电沟道里面的电荷总量 $Q_{\rm ch}$ 为

$$Q_{\rm ch} = WLC_{\rm ox}(V_{\rm DD} - V_{\rm IN} - V_{\rm th}) \tag{6.29}$$

假设 MOS 管关断时，流向源与漏的电荷量相等，即流向采样电容 C_s 的电荷量为 $Q_{\rm ch}/2$，这将会在 C_s 上引起电压变化 ΔV，即

$$\Delta V = \frac{WLC_{\rm ox}(V_{\rm DD} - V_{\rm IN} - V_{\rm th})}{2C_s} \tag{6.30}$$

由于 NMOS 管的导电沟道里的电荷为负电荷，所以这个误差表现为一个负台阶，采样输出为

$$\begin{aligned} V_o &\approx V_{\rm IN} - \Delta V \\ &= V_{\rm IN} - \frac{WLC_{\rm ox}(V_{\rm DD} - V_{\rm IN} - V_{\rm th})}{2C_s} \\ &= V_{\rm IN}\left(1 + \frac{WLC_{\rm ox}}{2C_s}\right) - \frac{WLC_{\rm ox}(V_{\rm DD} - V_{\rm th})}{2C_s} \end{aligned} \tag{6.31}$$

采样的误差由增益误差（第一项）和失调误差（第二项）组成，通过增大采样电容 C_s 和减小 MOS 管尺寸可以降低其影响。

如图 6.12 所示，减小电荷注入效应还可以通过增加虚拟开关的方法，在开关关断瞬间吸收 $\rm M_1$ 中的沟道电荷。理想情况下，取 $1/2(WL)_{\rm M1} = (WL)_{\rm M2}$，$\rm M_1$ 中的沟道电荷会完全被 $\rm M_2$ 所吸收，但这是在假设流向源端与漏端的电荷量相等的前提下。然而实际上沟道电荷并不是平分的，这是需要特别注意的。

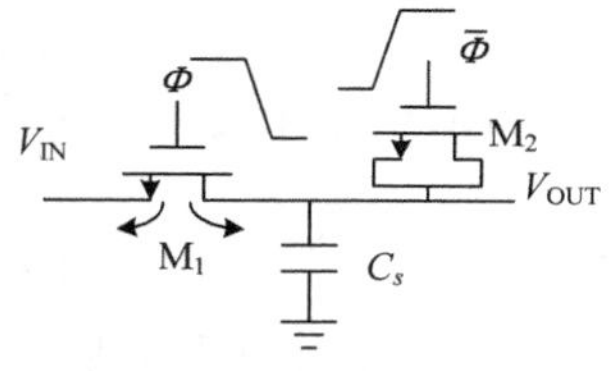

图 6.12　增加虚拟开关管

消除电荷注入效应最有效的方法是采用底极板采样技术，如图 6.13(a)所示。输入信号 $V_{\rm IN}$ 接在采样电容的底极板，而采样电容的另一个极板连到了运算放大器虚短的输入端，因此称为底极板采样技术。图 6.13(b)给出了各开关的时序。Φ_1 与 Φ_2 为两相非交叠时钟，Φ_{1p} 比 Φ_1 提早下降。底极板采样可以使电荷注入效应在输出端表现为固定失调，失调大小为 $\Delta Q/C_s$。这个失调可通过全差分电路技术消除，所以全差分电路采用底极板采样技术是解决电荷注入的有效方法。

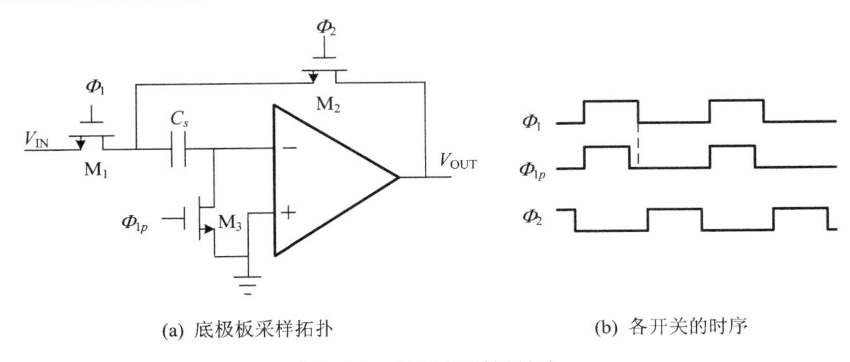

(a) 底极板采样拓扑　　(b) 各开关的时序

图 6.13　底极板采样技术

2）时钟馈通

MOS 管栅源/栅漏存在交叠的部分，交叠会形成寄生电容 C_{ov}，如图 6.14 所示。

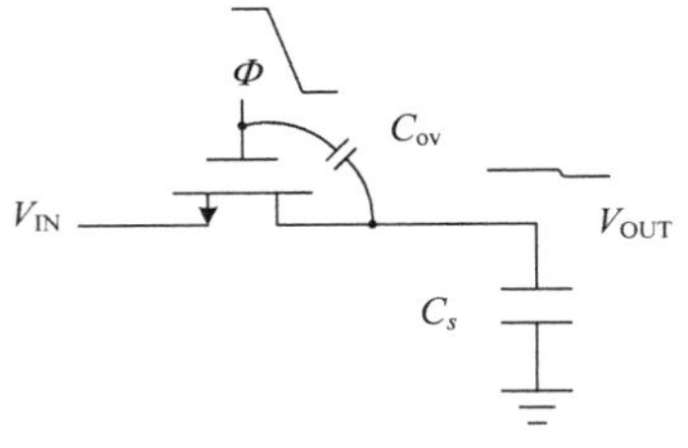

图 6.14　时钟馈通

时钟馈通导致采样得到的电压为

$$V_{OUT} = V_{IN} - \frac{WC_{ov}}{WC_{ov} + C_s} \cdot V_{DD} \tag{6.32}$$

式中，W 为 MOS 管栅源/栅漏的交叠宽度；C_{ov} 为单位宽度电容值。

时钟的跳变通过寄生交叠电容耦合到输出，给采样信号带来了误差，误差值 $\Delta V = WC_{ov}/(WC_{ov} + C_s) \cdot V_{DD}$，称为时钟馈通效应。由于 W 与 C_{ov} 是由工艺决定的参数，不是设计工程师可以改变的。要减小这个误差，可以增大采样电容 C_s，但会增加系统的功耗。另外考虑到这个误差表现为固定失调电压，可以采用全差分电路技术来消除[8,9]。

3）开关电阻的非线性

MOS 管开关在导通阶段时，处于深线性工作区，其导通电阻为

$$R_{on} = \frac{1}{\mu C_{ox} \cdot (W/L) \cdot [V_G - V_{th} - V_s]} = \frac{1}{\mu C_{ox} \cdot (W/L) \cdot [V_{DD} - V_{th} - V_{IN}]} \tag{6.33}$$

可见导通电阻不是一个定值，而是输入信号的非线性强函数，这种非线性将引入谐波失真[8, 9]。当 MOS 管的栅源电压等于阈值电压时，导通电阻的阻值趋于无穷大。要想得到低谐波失真，就要使得开关的导通电阻在信号摆幅内维持定值。另外，即便获得了恒定的开关导通电阻也存在采样失真，因为开关的 RC 网络组成的低通滤波器会对输入进来的信号进行衰减。开关电阻的非线性可以用 Dummy 管或传输门的方法来解决，但都有其局限性，最好的方法是采用栅压自举的方法。

2. 电容失配

考虑功耗最低化，则电容阵列的单位电容取值应该尽量小，但在实际应用中，单

位电容大小一般由噪声要求和电容匹配要求决定。由于 DNL 与 SNR 有着直接联系，较大的 DNL 误差将会在 A/D 转换器输出的 FFT 频谱图中以噪声的形式体现出来。另外，低频 INL 误差也会间接影响 SFDR 参数。因此对电容失配相关的 DNL 和 INL 分析有着重要的意义。

对于单端全二进制电容阵列的 SAR A/D 转换器，如图 6.15 所示，采样阶段电容阵列顶极板接 V_{IN}，底极板全部接地，可以写出所有电容中存储的电荷，即

$$Q = V_{\mathrm{IN}} \cdot \sum_{i=0}^{n} C_i \qquad (6.34)$$

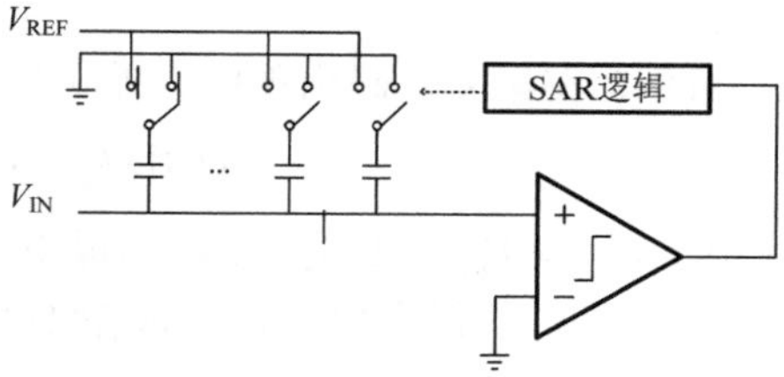

图 6.15　单端全二进制 SAR A/D 转换器电容阵列

当 A/D 转换器进入转换阶段，所有电容的底极板接到了各自的特定基准电平。根据各电容所接入的基准，可以确定此时电容阵列上存储的电荷总量为

$$Q' = (V_C - V_{\mathrm{REF}}) \cdot \sum_{V_{\mathrm{REF}}} C_i + V_c \cdot \sum_{\mathrm{GND}} C_j \qquad (6.35)$$

式中，V_c 为比较器正输入端电位；$\sum_{V_{\mathrm{REF}}} C_i$ 为底极板接 V_{REF} 电平的所有电容；$\sum_{\mathrm{GND}} C_j$ 为底极板接地的所有电容。

电容底极板开关的行为又可以用数字控制信号 $d[n-1:0] \in \{0,1\}$ 来表示，若数字位 $d[i]$=0，则电容 C_i 底极板接地；若数字位 $d[i]$=1，则电容 C_i 底极板接 V_{REF}。至此，可以写出转换阶段电容上存储的电荷总量，即

$$Q' = (V_c - V_{\mathrm{REF}}) \cdot \sum_{i=0}^{n-1} d[i] C_{i+1} + V_c \left(\sum_{j=0}^{n-1} 1 - d[j] C_{j+1} + C_0 \right) \qquad (6.36)$$

因为所有电容的顶极板只接到了比较器输入端，为高阻节点，所以在 A/D 转换器的转换阶段，电容阵列存储的电容总量保持不变。联立式（6.35）和式（6.36），可得比较器的正输入端电平为

$$V_c = V_{\mathrm{IN}} + V_{\mathrm{REF}} \frac{\sum_{i=0}^{n-1} d[i] C_{i+1}}{\sum_{i=0}^{n-1} d[i] C_{i+1} + \sum_{j=0}^{n-1} (1 - d[j]) C_{j+1} + C_0} \qquad (6.37)$$

式（6.37）中分母为电容阵列的电容总和，即

$$\sum_{i=0}^{n-1} d[i] C_{i+1} + \sum_{j=0}^{n-1} (1 - d[j]) C_{j+1} + C_0 = \sum_{i=0}^{n} C_i \qquad (6.38)$$

由于比较器输入端 V_c 逐次逼近到 V_{REF}，所以可以将式（6.10）进一步简化为

$$V_{\mathrm{IN}}=V_{\mathrm{REF}}\cdot\left(1-\frac{\sum_{i=0}^{n-1}d[i]C_{i+1}}{\sum_{i=0}^{n}C_i}\right) \tag{6.39}$$

DNL 在第 k 个码出现的误差可以表示为

$$\mathrm{DNL}(k)=V_{\mathrm{IN}}(k)-V_{\mathrm{IN}}(k+1)-V_{\mathrm{LSB}} \tag{6.40}$$

式中，$V_{\mathrm{LSB}}=V_{\mathrm{REF}}/2^n$ 为 ADC 的最小量化电压。

$\mathrm{DNL}(k)$ 的最大值应该出现在 $1/2V_{\mathrm{FS}}$ 处，即决定 MSB 位时电容失配导致 DNL 最大。在 $1/2V_{\mathrm{FS}}$ 处，$\mathrm{DNL}(2^{n-1})$ 对应的数字码 d=100…0，则

$$\frac{\mathrm{DNL}_{\mathrm{MSB}}}{V_{\mathrm{LSB}}}=2^n\cdot\frac{C_n-\sum_{i=1}^{n-1}C_i}{\sum_{i=0}^{n}C_i}-1=2^n\cdot\frac{X_1-X_2}{X_1+X_2+C_0}-1 \tag{6.41}$$

式中，X_1、X_2、C_0 为互不相干的独立变量。X_1 和 X_2 的期望和标准差分别为

$$E(X_1)=2^{n-1}\cdot C \tag{6.42}$$

$$E(X_2)=(2^{n-1}-1)\cdot C \tag{6.43}$$

$$\delta(X_1)=\sqrt{2^{n-1}}\cdot\delta(C) \tag{6.44}$$

$$\delta(X_2)=\sqrt{2^{n-1}-1}\cdot\delta(C) \tag{6.45}$$

由一阶泰勒近似可以导出

$$\frac{\delta(\mathrm{DNL}_{\mathrm{MSB}})}{V_{\mathrm{LSB}}}=\frac{\delta(C)}{C}\cdot\sqrt{2^n-1-2^{-n}}\approx\frac{\delta(C)}{C}\cdot\sqrt{2^n-1} \tag{6.46}$$

在量产芯片设计中，若要求高达 99.7%的中测良率[9]，则要求 $\delta(\mathrm{DNL})<\eta\cdot V_{\mathrm{LSB}}$，$\eta$ 由 A/D 转换器的线性度的指标决定，通常为 1/6～1/3。对于特定的集成电路工艺，全二进制电容阵列 SAR A/D 转换器能得到最大的设计精度 n 满足

$$n\leqslant\log_2\left(\left(\eta\cdot\frac{C}{\delta(C)}\right)^2+1\right) \tag{6.47}$$

为了在特定集成电路工艺下，实现高精度高线性度的 A/D 转换器，需要实现一种新型的电容型 DAC。将二进制电容阵列的高位电容拆分成相同大小的电容，实现一种部分温度计码形式的电容 DAC，如图 6.16 所示。假设 n 位 A/D 转换器中，高 m 位码为温度计码，共由 2^m-1 个相等的电容组成。

对于温度计码形式 DAC，最高位转换时，有

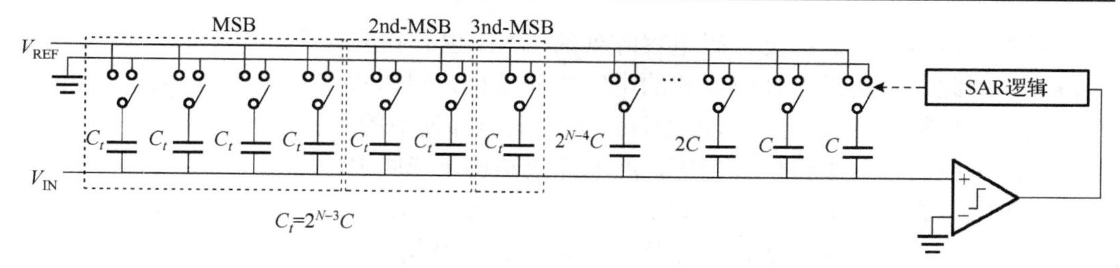

图 6.16　单端部分温度计码结构 SAR A/D 转换器电容阵列

$$V_{IN}(2^{n-1}) = V_{REF} \cdot \left(1 - \frac{\sum_{i=1}^{2^{m-1}} C_{ti}}{\sum_{i=0}^{n-m} C_i + \sum_{i=1}^{2^{m-1}} C_{ti}}\right) \tag{6.48}$$

下一位转换时，有

$$V_{IN}(2^{n-1}-1) = V_{REF} \cdot \left(1 - \frac{\sum_{i=1}^{n-m} C_i + \sum_{i=1}^{2^{m-1}-1} C_{ti}}{\sum_{i=0}^{n-m} C_i + \sum_{i=1}^{2^{m}-1} C_{ti}}\right) \tag{6.49}$$

则

$$\begin{aligned}\frac{\mathrm{DNL_{MSB}}}{V_{LSB}} &= 2^n \cdot \frac{\sum_{i=1}^{2^{m-1}} C_{ti} - \sum_{i=1}^{n-m} C_i - \sum_{i=1}^{2^{m-1}} C_{ti}}{\sum_{i=0}^{n-m} C_i + \sum_{i=1}^{2^m-1} C_{ti}} - 1 \\ &= 2^n \cdot \frac{C_{t(2^{m-1})} - \sum_{i=1}^{n-m} C_i}{\sum_{i=0}^{n-m} C_i + \sum_{i=1}^{2^m-1} C_{ti}} - 1 = 2^n \cdot \frac{C_{t(2^{m-1}-1)} - \sum_{i=1}^{n-m} C_i}{\sum_{i=0}^{n-m} C_i + \sum_{i=1}^{2^m-1} C_{ti}} - 1\end{aligned} \tag{6.50}$$

由泰勒近似得

$$\frac{\delta(\mathrm{DNL_{MSB}})}{V_{LSB}} \approx \frac{\delta(C)}{C} \cdot \sqrt{2^{n-m+1}-1} \tag{6.51}$$

则对于特定的集成电路工艺，全二进制电容阵列型 SAR A/D 转换器能得到最大的设计精度，n' 满足下面的约束，即

$$n' \leqslant \log_2\left[\left(\eta \cdot \frac{C}{\delta(C)}\right)^2 + 1\right] + m - 1 = n + m - 1 \tag{6.52}$$

全二进制电容阵列结构的最大 DNL 是温度计码形式电容阵列的最大 DNL 的 $\sqrt{2^{m-1}}$

倍。对于其他转换码，温度计码电容阵列的 DNL 也有相应改善，但不如 $1/2V_{FS}$ 处提高得多。因此，使用温度计码形式的电容阵列结构，可以提高 A/D 转换器的线性度。在特定的设计精度和线性度下，温度计码形式电容阵列中的单位电容值可以取得更小。要注意的是在同样的单位电容值下，温度计码结构不影响 INL 误差，但电容阵列面积的大幅度减小在实际芯片中在一定程度上可以减小 INL 误差。本节所设计的流水线 SAR A/D 转换器第一级电容阵列采用的是温度计码结构。

3. 比较器的非理想因素

1）比较器失调

比较器的随机失调主要由集成器件之间的失配造成，如 MOS 晶体管的阈值电压、尺寸、迁移率等，通过合理的版图设计可以减小这些影响，但是无法消除。对于 SAR A/D 转换器，比较器的失调电压在系统传输曲线上仅表现为水平的位移，不会影响 A/D 转换器的精度，但是会减小信号的输入范围，会在很小的程度上降低 SNDR。对于 SAR 辅助型 MDAC 电路，只要比较器的失调电压在校正的范围内，就不会影响系统的静态性能。

为了减小失调电压，版图布局时必须充分考虑关键信号路径上的 MOS 晶体管的对称性，将比较器的 MOS 管用保护环包围起来，以减小噪声的影响。同时在需要匹配的 MOS 管旁边，添加必要的 Dummy 布线和 Dummy 管。

2）比较器噪声

对于 SAR A/D 转换器，比较器的噪声会直接影响整体 A/D 转换器的性能。随着 CMOS 工艺的特征尺寸不断减小，电源电压的降低，使得 MOS 晶体管噪声的影响更加突出。为了理解比较器噪声对 A/D 转换器性能的影响，采用 MATLAB 对 12 位参考电压为 1.8V 的 SAR A/D 转换器作行为级建模，得出了 A/D 转换器的有效位数随比较器的等效输入噪声标准差的变化曲线图，如图 6.17 所示。当等效输入噪声标准差为 1mV 时，系统的有效位数下降到 11 位。要注意图 6.17 只是对比较器等效输入噪声进行简单的建模分析，在建模过程中粗略地假设比较器的噪声是呈高斯分布的随机变量，但是这个假设在实际芯片设计中是非常不精确的，电路中噪声的分布仍然需要更加精确的工艺模型去验证。对于电路设计者，则需要在设计过程中不断调试，并做出多种最坏情况组合的 Monte-Carlo 等效噪声和瞬态噪声分析，然后将带噪声的仿真结果与理想的高斯分布通过 MATLAB 工具拟合，保证误差在可以接受的范围之内，才能保证实际芯片与仿真设计性能相差不大。

4. 运算放大器的误差

运算放大器的误差主要表现为有限增益和带宽、噪声、失调电压和非恒定增益[10]，其中有限增益和带宽及其噪声在第 3 章已经分析过了。失调会使 MDAC 的传输特性有一个固定的偏移，不会影响 MDAC 的线性度，但过大的失调电压会导致重码，需要合理布局版图。运算放大器的非恒定增益主要表现为增益随输入输出电压的变化而变化，主要是源于输入管的跨导非恒定和输出阻抗的非恒定。这种非恒定增益会给电路引入偶次谐波失真，即使在全差分电路中也要认真对待。基于当前的深亚微米和纳米级 CMOS 集成电路工艺，如果设计要求达到 1.5%的线性度，则输入差分值应控制在 $0.5I_D/g_m$；要达到 0.1%的线性度，则输入差分值应控制在 0.2 I_D/g_m。此外，差分对管的失配会引入二次谐波失真，也是必须面对的问题。

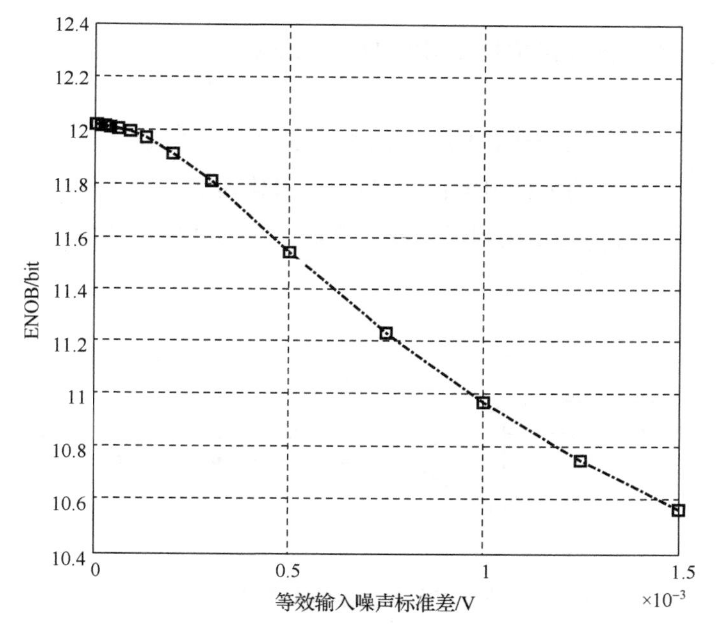

图 6.17　12 位 SAR A/D 转换器的 ENOB 随比较器噪声的变化

6.2.3　系统结构优化

在流水线 A/D 转换器的设计中，速度、精度和功耗是互相制约的因素。由于流水线 SAR A/D 转换器集成了两种 A/D 转换器的工作原理，在设计过程中同样需要认真考量当中的折中关系。设计优秀的 A/D 转换器，难点在于设计合理的系统结构，权衡速度、面积、功耗等各方面因素，这需要在单级量化精度和电容大小上进行折中设计，因此运用 MATLAB 工具对系统的功耗、量化器有效位数和采样电容大小进行建模是很有必要的。流水线 A/D 转换器的系统建模在国内外较多期刊文献上都有发表。文献[11]对流水线 A/D 转换器的功耗优化从比较器个数的角度进行优化。文献[12]～[14]对流水线 A/D 转换器的功耗优化从 MDAC 运算放大器的负载进行优化。由于流水线 SAR A/D 转换器的结构新颖，结合了流水线 A/D 转换器和 SAR A/D 转换器的优点，因此建模需要重新推导。

1. SAR 辅助型 MDAC 电路的功耗分析

单级 MDAC 的功耗由开关电容电路和比较器的功耗占据，由于流水线 SAR A/D 转换器已经把传统流水线 A/D 转换器的 Flash A/D 转换器换成了 SAR A/D 转换器，比较器的个数由 2^n 变为 1。且 SAR A/D 转换器逐次逼近的工作原理对比较器的失调要求并不高，比较器的输入 MOS 管尺寸设计不需要很大，因此比较器在本设计中不是功耗优化的对象。

图 6.18 是一个负载为 N 位量化器的 M 位 MDAC 示意图，当前级 MDAC 的负载可以表示为

$$C_{\text{eff}} = C_s // C_f + C_{\text{next}} + C_{\text{CMFB}} + C_p + C_{\text{com}} \tag{6.53}$$

式中，C_s 为本级量化器的采样电容；C_f 为本级量化器的反馈电容；C_{next} 为后一级量化器的采样电容；C_{CMFB} 为连接到运算放大器输出端的共模反馈电容；C_{com} 为后一级 MDAC 的比较器输入端寄生电容。

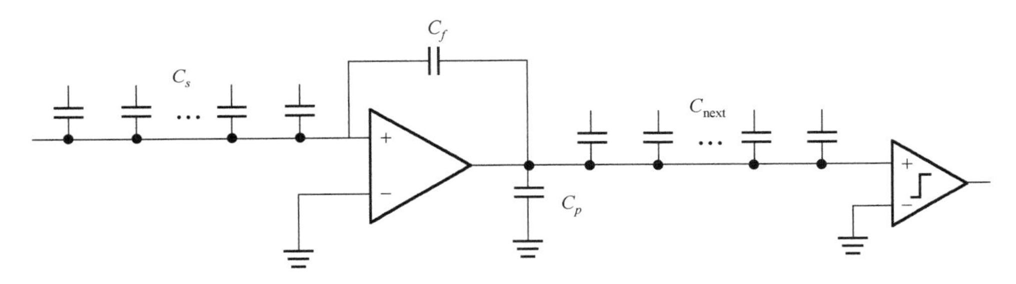

图 6.18　负载为 N 位量化器的 M 位 MDAC 示意图

开关电容电路的功耗与负载电容和反馈系数有直接的关系，因此需要建立这三者的关系式，设计者才可以知道设计需要如何优化功耗。下面推导这些参数之间的关系。MDAC 的功耗与工作静态电流成正比，则

$$P_{\text{MDAC}} \propto I \cdot V_{\text{DD}} \tag{6.54}$$

静态电流与 MOS 晶体管的过驱动和跨导又有如下关系，即

$$I \propto g_m \cdot (V_{\text{GS}} - V_{\text{th}}) \tag{6.55}$$

又由第 3 章的推导可知，开关电容的时常数可表示为

$$\tau = \frac{1}{\omega_{-3\text{dB}}} = \frac{1}{\omega_\mu \cdot \beta} = \frac{C_{\text{load}}}{\beta} \tag{6.56}$$

因此 $P_{\text{MDAC}} \propto \dfrac{C_{\text{load}}}{\tau \cdot \beta}$。其中，$\tau$ 为信号建立过程的时间常数。综上分析可知，MDAC 的功耗反比于开关电容电路的反馈系数，正比于负载电容值。

2. 逐级递减

逐级递减技术是指将不需要低噪声设计的后级 MDAC 的采样电容设计得小一些，以减小功耗和面积。在进行优化之前，为了简化起见，需要进行几个假设，以使得优化易于控制[12]。下面有部分假设是简单近似的，但这些假设所得到的结论可以让设计者对设计参数、性能表现有一个定性的概念，是非常有利的。下面列出了这些基本假设。

（1）系统中所有开关的导通电阻为零。

（2）运算放大器是一个理想的跨导放大器。

（3）运算放大器不会出现转换的大信号特性，即运算放大器一直工作在小信号线性建立区域。

在高速 A/D 转换器设计中，噪声主要由采样噪声和运算放大器自身引入的热噪声构成。等效输入噪声与第一级和第二级采样电容之间的关系可表示为

$$P_{\text{noise}} \propto kT\left(\frac{1}{C_{s1}}+\frac{1}{G^2 C_{s2}}\right) \tag{6.57}$$

式中，C_{s1} 为第一级 MDAC 的采样电容；C_{s2} 为第二级 MDAC 的采样电容；G 为本级 MDAC 的级间增益。

定义 $\gamma = C_{s1}/C_{s2} = G^x$ 为递减系数。在设计时存在两个极端：一个是在 A/D 转换器中不进行逐级递减，即 $\gamma = 1$，则后级 MDAC 贡献的噪声折算到输入端很小，但这样消耗了与前几级 MDAC 几乎同样的功耗；另一个极端是使每级贡献的噪声折算到输入端后刚好相等，即 $\gamma = G^2$，这就使后级 MDAC 的采样电容值很小，从而功耗也很小。通常设计者把 x 设定为 0～2。

MDAC 的负载组成中，共模反馈电容、比较器寄生电容和运算放大器输出端寄生电容相比于其他电容，所占比例较小，在计算时只考虑了反馈网络等效负载和下一级采样网络负载，得到等效负载的表达式为

$$\begin{aligned} C_{\text{eff}} &= \frac{2^{M-2}}{2^{M-2}+1}\cdot C_f + 2^{N-1}\cdot\frac{C_{s1}}{\gamma} \\ &= \left(\frac{1}{2^{M-2}+1}+\frac{2^{N-1}}{\gamma}\right)\cdot C_{s1} \end{aligned} \tag{6.58}$$

那么 MDAC 的功耗可表示为

$$\begin{aligned} P_{\text{total}} &\propto \left(\frac{1}{2^{M-2}+1}+\frac{2^{N-1}}{\gamma}\right)\cdot(2^M\cdot C_0) \\ &= \left(\frac{1}{2^{M-2}+1}+\frac{2^{N-1}}{2^{x\cdot G}}\right)\cdot(2^M\cdot C_0) \end{aligned} \tag{6.59}$$

式中，$G = 2^{M-2}$；C_0 为第一级 MDAC 的电容 DAC 阵列中的单位电容值。

在12位系统量化精度下，以第一级MDAC量化位数 M 为自变量，可以作A/D转换器整体的功耗的变化曲线图，如图6.19所示。可以看到第一级MDAC的有效精度 M 取值在6～8位，系统的功耗最优。图6.20给出了功耗随缩减系数 x、量化位数 M 变化图。可以得到与图6.19同样的结论，当 $M>5$ 时，在各 M 下的功耗已经基本在一个数量级。缩减系数在大于0.6时，功耗的降低也变得缓慢。

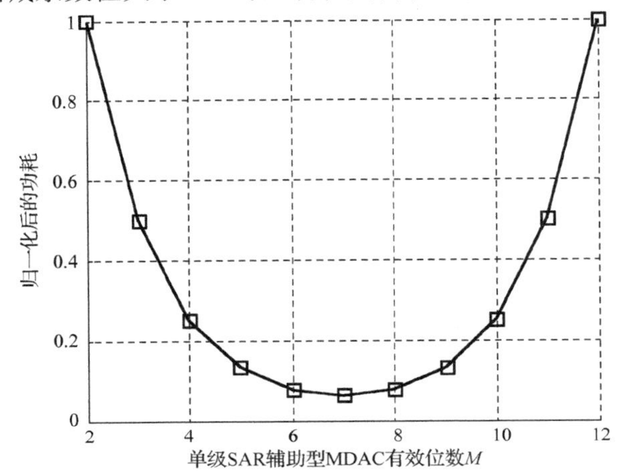

图6.19　A/D转换器的功耗与第一级MDAC量化精度的关系

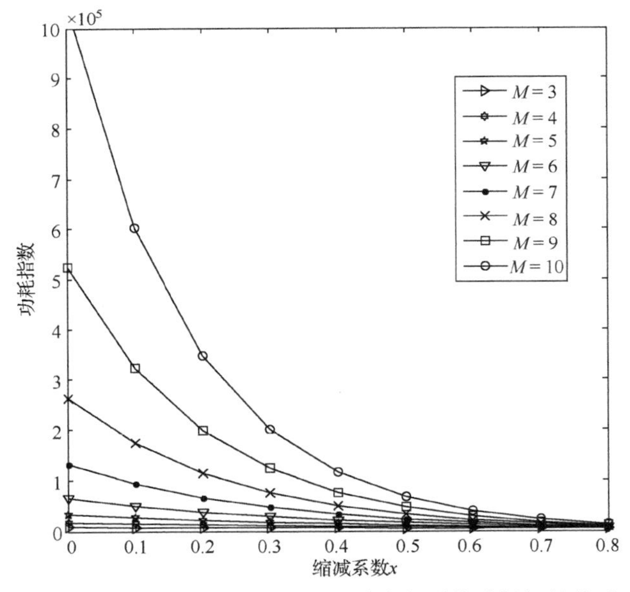

图6.20　缩减系数 x 和每级量化精度与系统功耗间的关系

经过对功耗、噪声和速度的折中，最后选择第一级MDAC的有效位数为6，第二级的有效位数为7，递减系数 γ 设定为0.165。

6.2.4　SAR 辅助型 MDAC 电路

本节所设计的第一级 MDAC 电路结构如图 6.21 所示。从根本上说，这种 MDAC 结构与传统 MDAC 电路一样，也是由运算放大器、开关电容电路和比较器组成的。图 6.22 为第一级 6 位 SAR 辅助型 MDAC 电路的正输入差分传输曲线，可以看到摆幅相比于传统的 MDAC 电路已经缩减了一半。

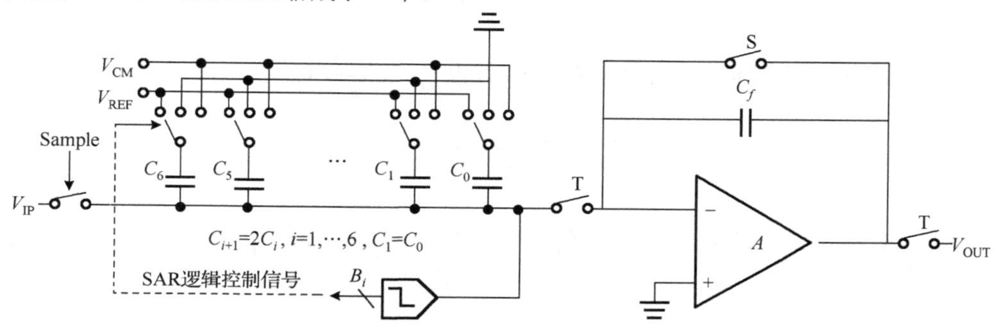

图 6.21　第一级 MDAC 电路结构

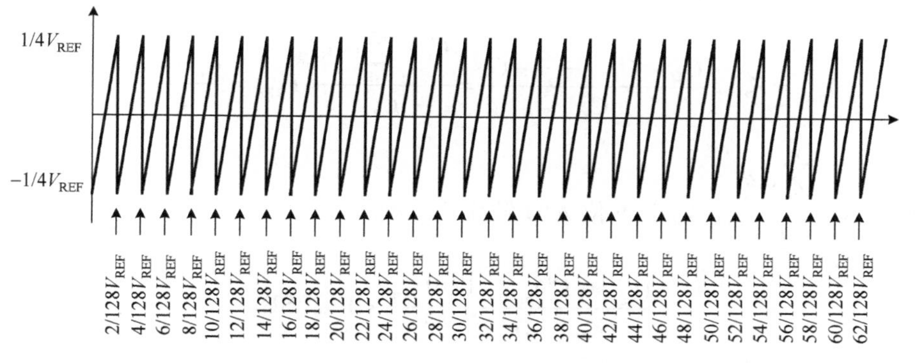

图 6.22　第一级 MDAC 传输曲线

由 6.1 节的分析可知，采用温度计码的电容阵列开关时序可以提高 A/D 转换器的线性度。下面对第一级量化器的电容阵列进行电容失配分析，并根据分析的结论确定单位电容的大小。

DNL 定义为相邻两个数字码宽度之差。假设第一级 MDAC 的有效位为 M，MDAC 的单端传输曲线如图 6.23 所示。考虑到传输曲线中的第 i 部分，当电荷转移稳定时，MDAC 的传输函数为

$$V_o = V_{IN}\cdot\frac{C_1+C_2+\cdots+C_M}{C_f} - V_{REF}\cdot\frac{C_1d_1+C_1d_2+\cdots+C_Md_M}{C_f} - V_{CM}\cdot\frac{C_1+C_2+\cdots+C_M}{C_f} \tag{6.60}$$

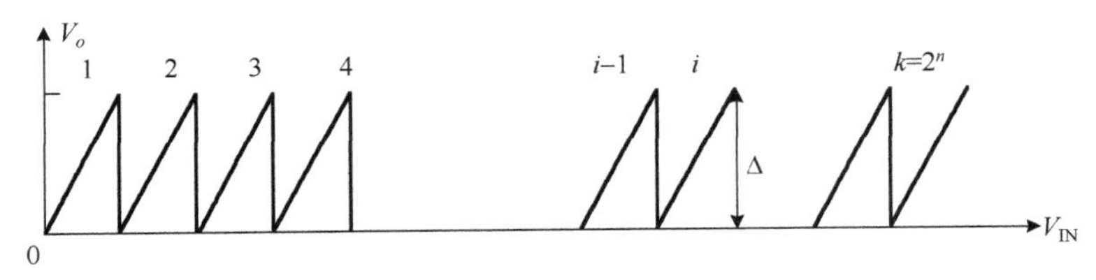

图 6.23 MDAC 传输曲线

若考虑第 $i-1$ 步转换与第 i 步转换，并假设 $V_{IN}=\frac{i-1}{k}\cdot V_{REF}$，则

$$\begin{cases} V_o^{i-1}=V_{REF}\cdot\left(\dfrac{i-1}{k}\cdot\dfrac{C_1+C_2+\cdots+C_M}{C_f}-\dfrac{C_1d_1+C_2d_2+\cdots+C_Md_M}{C_f}\right)-V_{CM}\cdot\dfrac{C_1+C_2+\cdots+C_M}{C_f} \\ V_o^{i}=V_{REF}\cdot\left(\dfrac{i-1}{k}\cdot\dfrac{C_1+C_2+\cdots+C_M}{C_f}-\dfrac{C_1d_1'+C_2d_2'+\cdots+C_Md_M'}{C_f}\right)-V_{CM}\cdot\dfrac{C_1+C_2+\cdots+C_M}{C_f} \end{cases} \tag{6.61}$$

式（6.61）中的两式相减的理想值为 $V_{REF}/4(GV_{REF}/2^M)$。若考虑失配，则

$$(V_o^{i-1}-V_o^i)_{\max}=V_{REF}\cdot\frac{C_M-C_{M-1}-\cdots-C_1}{C_f}=\frac{C_0+\sum_{i=1}^{M}\delta_i d_i}{C_f}\cdot V_{REF}=\frac{C_0(1+\Delta)}{C_f}\cdot V_{REF} \tag{6.62}$$

假设 $\Delta=\frac{\sum_{i=1}^{M}\delta_i d_i}{C_0}$，对于 N 位 A/D 转换器，则

$$\frac{(V_o^{i-1}-V_o^i)_{\max}-1/4V_{REF}}{(V_{REF}/2)/2^{N-M+1}}<1/2\text{LSB} \tag{6.63}$$

得 $\Delta<4/2^{N-M+1}$，那么 $\frac{(2^M-1)\cdot\sigma_1^2}{C_1^2}<\left(\frac{4}{2^{N-M+1}}\right)^2$，即 $\frac{\sigma_1}{C_1}<\frac{4}{2^{N-M+1}}\cdot\frac{1}{\sqrt{2^M-1}}$。

假设两个工艺上完全匹配制造的电容值的失配标准差为

$$\sigma\left(\frac{\Delta C}{C}\right)=\frac{A_c}{\sqrt{W\cdot L}} \tag{6.64}$$

式中，A_c 为工艺比例系数；W 和 L 分别是电容的宽和长。

由于单位电容的失配标准差是两个电容之间的失配标准差的 $1/\sqrt{2}$，所以对于两个单位电容之间的失配要求约束可以表示为

$$\frac{\sigma_1'}{C_1'}<\sqrt{2}\cdot\frac{4}{2^{N-M+1}}\cdot\frac{1}{\sqrt{2^M-1}} \tag{6.65}$$

对于 0.18μm 1P6M 1.8V CMOS 工艺，关于两个电容之间的失配标准差说明，如

表 6.1 所示。在版图上采用共质心结构的电容阵列的匹配精度可以提高 50%～80%，为了在电容匹配精度上留有一定余量，采用 5μm×5μm 单位电容。同理，第二级 SAR A/D 转换器的单位电容取 4μm ×4μm，满足要求的匹配精度。

表 6.1　0.18μm 1P6M 1.8V CMOS 工艺电容失配标准差

斜率/%μm^2	面积/μm^2	失配标准差/%
64.6	225	0.289
	400	0.148
	625	0.111
	900	0.077
	1600	0.052
	2500	0.031

采用 MATLAB 行为级模型对上述两级采样电容 2000 个样本的 Monte-Carlo 失配进行仿真，得到系统在失配下 ENOB 的概率分布图呈半边的高斯分布状，如图 6.24 所示。ENOB 主要集中在 11.91 位，低于 11.91 位的有效位数出现概率呈高斯分布，而对于高于 11.91 位的区间并不是理想的高斯分布。这是因为在高于 11.91 位的区间，量化噪声的影响已经突显出来。量化噪声在大多数情况下认为是白噪声，将 A/D 转换器的精度限定在 12 位以内。

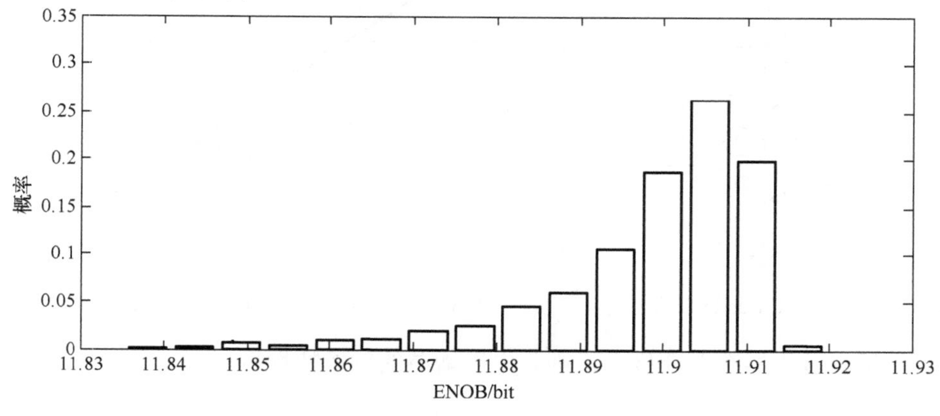

图 6.24　整体 A/D 转换器的 Monte-Carlo 电容失配分析

6.2.5　增益自举运算放大器

图 6.25 是增益自举共源共栅（Cascode）放大器的基本电路，通过提高输出节点的阻抗可以达到高增益，从而避免多级级联后中低频次级点引入传输函数。在图 6.25 中去掉辅助运算放大器，直接用 V_{bias} 偏置，则电路退化为普通的 Cascode 电路，Cascode 电路的输出阻抗为

$$r_o = A_{v2} \cdot V_x / I_o = g_{m2} r_{o2} r_{o1} \tag{6.66}$$

可以看出 M_2 管构成环路的同相跟随器。为保证环路为负反馈环路，辅助运算放大器必须是反相放大器，才能使环路稳定。M_2 管的源电压变化信号 V_x 经过辅助运算放大器反相放大 $-A_{\text{boost}}$ 倍，加到 M_2 管栅上的信号近似为 $-A_{\text{boost}} \cdot V_x$，得到 M_2 管的栅源电压为 $-(1+A_{\text{boost}})V_x$。因此当采用调节型增益倍增技术后，直流支路输出到 GND 的阻抗变为

$$r_o = \frac{A_v V_x}{I_o} = (1+A_{\text{boost}})g_{m2}r_{o1}r_{o2} = (1+A_{\text{boost}})g_{m2}r_{o1}r_{o2} \approx A_{\text{boost}}g_{m2}r_{o1}r_{o2} \tag{6.67}$$

在 A_{boost} 为理想常数且带宽无穷大的假设条件下，辅助运算放大器不会引入额外的极点。

增益自举运算放大器的频率特性与两级运算放大器的频率特性有本质区别。若忽略高频次极点产生的影响，那么增益自举运算放大器保持普通 Cascode 单级运算放大器的频率特性。如图 6.26 所示，A_m 为主运算放大器 Cascode 电路的幅频特性，A_{boost} 为辅助运算放大器的幅频特性，A_{tot} 为增益自举运算放大器总电压增益的幅频特性。

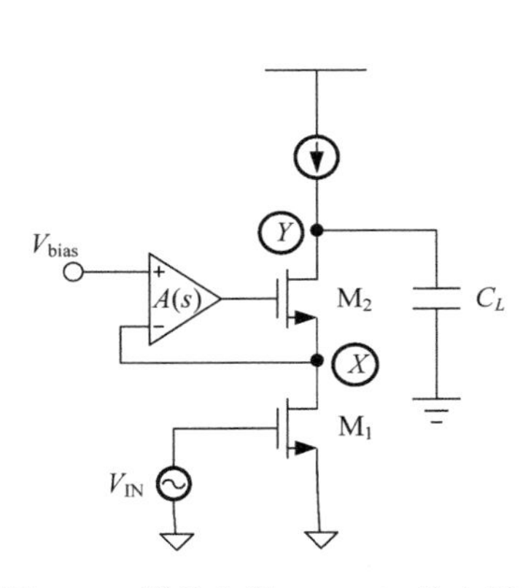

图 6.25　增益自举 Cascode 放大器

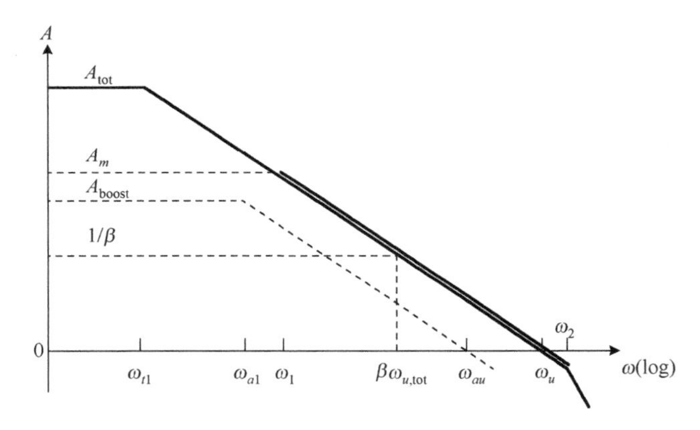

图 6.26　增益自举运算放大器的幅频特性

设主运算放大器有两个极点，则其电压增益的频率特性可以表示为

$$A_m(s) = \frac{A_{m0}}{(1+s/\omega_1)(1+s/\omega_2)} \tag{6.68}$$

式中，A_{m0} 为主运算放大器的低频增益；ω_1 和 ω_2 分别为主运算放大器的主极点和次极点。若认为辅助运算放大器的带宽无穷大，则其对主运算放大器的影响可以简单地认为是主极点的压缩，即

$$\omega_{t1} = \frac{\omega_1}{A_{\text{boost}}} \tag{6.69}$$

因为次主极点在 $\omega_2 = (1+A_{\text{boost}}) \cdot g_{m2} / C_x$ 高频频率点，所以增益自举运算放大器可

简化成两极点系统。理想增益自举运算放大器保持主运算放大器的频率特性不变，在远高于 ω_{t1} 但低于 ω_2 的中等频段，增益自举运算放大器的频率特性可表示为

$$A_{\text{tot}}(s)=\frac{A_{\text{tot}0}}{(1+s/\omega_{t1})(1+s/\omega_2)}\approx\frac{A_{m0}A_{\text{boost}0}}{1+s/\omega_{t1}}=\frac{\text{GBW}}{s} \quad (6.70)$$

若辅助运算放大器为单极点系统，ω_{a1} 和 ω_u 分别为辅助运算放大器的主极点和单位增益带宽。增益自举运算放大器的次主极点 ω_2 同时也成为内部环路的高频次极点，即环路次极点与主运算放大器的次极点重合。为确保辅助运算放大器与主运算放大器构成的负反馈环路稳定，ω_{au} 必须小于 ω_2，这样辅助运算放大器的主极点 ω_{a1} 被压缩到远小于 ω_2 频段处。

通常 $\omega_{a1}>\omega_u$ 的条件很难得到满足，但至少在 ω_{t1} 频段内，辅助运算放大器的低频增益应该保持常数，这样就可以保持主极点位置不变。一般 $\omega_{a1}>\omega_{t1}$ 的条件容易满足，那么在设计时应该选择 $\omega_{au}>\omega_1$ 来实现增益提升。当辅助运算放大器与主运算放大器具有相同拓扑结构时，上述条件是比较容易满足的。由此得到 ω_{au} 的取值范围为

$$\omega_1<\omega_{au}<\omega_2,\quad \omega_{au}=\frac{g_{ma}}{C_{g2}},\ \omega_2\approx\frac{g_{m2}}{C_x} \quad (6.71)$$

辅助运算放大器的引入会在增益自举运算放大器的 GBW 附近引入开环零极点偶对，会对瞬态特性产生较大的影响，因此有必要对零极点对进行频域分析。单极点系统的增益自举运算放大器的传输函数为

$$A_{\text{tot}}(s)=-g_{m1}\left[R_o(s)//\frac{1}{sC_L}\right]=\frac{g_{m1}}{\dfrac{1}{[1-A_{\text{boost}}(s)]g_{m2}r_{o1}r_{o2}}+sC_L} \quad (6.72)$$

假设辅助运算放大器具有单极点频率特性，则

$$A_{\text{boost}}(s)=\frac{A_{\text{boost}}}{1+\dfrac{s}{\omega_{a1}}} \quad (6.73)$$

则增益自举运算放大器的传递函数可以写为

$$\begin{aligned}A_{\text{tot}}(s)&=\frac{g_{m1}(A_{\text{boost}}+1+s/\omega_{a1})}{sC_L(A_{\text{boost}}+1+s/\omega_{a1})+(1+s/\omega_{a1})/(g_{m2}r_{o1}r_{o2})}\\&\approx\frac{g_{m1}}{C_L}\cdot\frac{A_{\text{boost}}+s/\omega_{a1}}{s(A_{\text{boost}}+s/\omega_{a1})+\omega_1(1+s/\omega_{a1})}\end{aligned} \quad (6.74)$$

又 $\omega_{au}=A_{\text{boost}}\cdot\omega_{a1}$，且在高频段（$s$ 远大于 ω_{au}），则（6.74）可以写为

$$A_{\text{tot}}(s)=\frac{\omega_u}{s}\cdot\frac{1+s/\omega_{au}}{1+s/\omega_{au}+\omega_1/\omega_{au}}=\frac{\omega_u}{s}\cdot\frac{1}{1+\omega_1/\omega_{au}}\cdot\frac{1+s/\omega_{dz}}{1+\omega_{dp}} \quad (6.75)$$

其中有内部环路形成的一对偶对分别为

$$\begin{aligned}\omega_{dz} &= \omega_{au}\\ \omega_{dp} &= \omega_{au}+\omega_1\end{aligned} \tag{6.76}$$

零极点偶对中零点的频率较低。以零点为参考频率，可以将偶对的分离系数写为归一化形式，即

$$\alpha=\frac{\omega_{dp}}{\omega_{dz}}=\frac{\omega_{au}+\omega_1}{\omega_{au}}=1+\frac{1/(g_{m2}r_{o1}r_{o2}C_L)}{g_{ma}/C_{La}}=1+\frac{C_L}{C_{La}}\cdot\frac{1}{g_{m2}g_{ma}r_{o1}r_{o2}} \tag{6.77}$$

可以看到分离系数取决于主运算放大器共源共栅管的源端寄生电容及其跨导、辅助运算放大器输入管跨导和主运算放大器的输出负载。当辅助运算放大器单位增益带宽远大于ω_1时，α趋近等于1，此时极点和零点刚好相互抵消，偶对对运算放大器的幅频和相频影响都可忽略。在考虑零极点对闭环开关电容的影响时，使运算放大器处在闭环中来分析。假设运算放大器工作在反馈系数为β的闭环系统中，闭环系统的主极点频率为$\omega_t=\beta\cdot\omega_u$。若$\omega_{au}$远大于$\omega_1$，则

$$A_{CL}(s)=\frac{1}{\beta+\dfrac{s}{\omega_u}\cdot\dfrac{1+s/\omega_{dp}}{1+s/\omega_{dz}}\left(1+\dfrac{\omega_1}{\omega_{au}}\right)}=\frac{1}{\beta}\frac{1+s/\omega_{dz}}{1+s/\omega_{dz}+\dfrac{s}{\beta\omega_u}\cdot\alpha\cdot(1+s/\omega_{dp})} \tag{6.78}$$

式中，$\omega_{dp}=\alpha\cdot\omega_{dz}=\alpha\cdot\omega_{au}$。设零极点对中$\omega_{dp}$与$\omega_t$的相对位置由系数$\eta=\omega_{dp}/\omega_t$确定，$\omega_{au}=(\eta/\alpha)\cdot\omega_t$，则

$$A_{CL}(s)\approx\frac{1}{\beta}\frac{1+s/\omega_{au}}{[1+s/(\omega_t/\alpha)][1+s/(\eta\omega_t)]} \tag{6.79}$$

在阶跃信号激励下，得

$$\frac{V_o(s)}{V_{\text{swing}}}=\frac{1}{s}-\frac{A}{s+\omega_t/\alpha}-\frac{B}{s+\eta\omega_t}=\frac{1}{s}-\frac{\alpha(\eta-1)/(\alpha\eta-1)}{s+\omega_t/\alpha}-\frac{(\alpha-1)/(\alpha\eta-1)}{s+\eta\omega_t} \tag{6.80}$$

可以看到，当$\alpha\to1$时，闭环系统的瞬态响应为

$$V_o(t)\approx\beta\cdot V_{\text{step}}\left[1-\exp\left(-\frac{1}{\alpha}\cdot\omega_t\cdot t\right)-\frac{\alpha-1}{\eta-1}\exp(-\eta\cdot\omega_t\cdot t)\right] \tag{6.81}$$

综上所述，闭环系统的偶对与开环运算放大器的偶对具有相近似的相对位置。由于存在的高频极点，闭环系统的主极点变为ω_t/α。当$\eta>1$时，零极点对在闭环带宽外，对闭环系统的瞬态特性几乎没有影响；当$\eta<1$时，零极点小于闭环带宽，将严重影响闭环系统瞬态建立特性。因此在增益自举运算放大器设计中，应取$\eta\geqslant1$，且$\alpha\to1$。此外，辅助运算放大器与主运算放大器构成的负反馈环路的环路相移达到180°，环路将会不稳定，从而要求$\omega_{u,\text{add}}<\omega_2$。

$$\omega_t < \omega_{au} < \omega_2,\quad \omega_t = \beta\omega_u,\quad \omega_{au} = \frac{g_{ma}}{C_{g2}},\quad \omega_2 \approx \frac{g_{m2}}{C_x} \tag{6.82}$$

因此在辅助运算放大器为单极点系统的假设前提下，辅助运算放大器的带宽通常选取大于闭环带宽 ω_t，但又远小于 ω_2。这样就可以既保证运算放大器稳定，又可以使闭环系统快速建立。

图 6.27 给出了第一级 MDAC 中所采用的运算放大器的电路结构。折叠式结构运算放大器的差分输入管沟长取小一些以提高带宽。电流源管的过驱动电压设计得相对大一些以减小其噪声贡献，且 M_4 管的过驱动电压要取得比 M_{10} 管还要大，这样做可以明显减小噪声。因为 M_4 管流过的电流需要是 M_{10} 管的两倍以上。但要注意的是，太大的过驱动电压将会消耗大的输出电压摆幅。同样会降低开关电容电路的信噪比。Cascode 管的过驱动电压的取值要合理折中输出端寄生电容和摆幅之间的关系。最后可以确定运算放大器的噪声系数约等于 3.2，这与 5.1.2 节对噪声系统估计是相近的，也是合理的。通过查晶体管参数表，可确定各管的尺寸和支路的电流。另外需要注意，每个管子的 V_{ds} 应比过驱动电压高 80～150mV。这是为了保证各管在 PVT 变化下一直能工作在饱和区。也就是常说的经验：过驱动电压通常设为 V_{DD} 的 5%。对于高速电路设计，可以将驱动电压设到 V_{DD} 的 10%甚至更高，以获得大电流和低的噪声。同时要注意，驱动电压太高，MOS 管很容易进入线性区，即降低了运算放大器的摆幅，降低了运算放大器的 SNR。因此设计运算放大器，摆幅和噪声是矛盾的，在设计时需要折中。

本节所设计的增益自举运算放大器电路如图 6.27 所示，辅助运算放大器采用与主运算放大器类似的设计方法，其负载为主运算放大器的 Cascode 管的寄生电容，因此辅助运算放大器的 MOS 晶体管尺寸约为主运算放大器的 1/10 左右。辅助运算放大器的输出共模是通过控制输入共模来实现的，省去了很大的面积和功耗，且不会占用运算放大器的输出摆幅，但缺点是其共模可调控的范围较小。

对于主运算放大器的共模反馈，本设计中采用的是如图 6.28 所示的开关电容共模反馈。共模反馈电路的实现方式有两种，连续时间的共模反馈电路是较常用的一种，但因连续时间共模反馈电路需要消耗直流功耗，而且会限制运算放大器的输出摆幅，故在低功耗设计中并不希望采用。另一种共模反馈实现方式是开关电容形式的非连续时间共模反馈，开关电容共模反馈不需要静态电流一直流过电路，因此功耗较低；也不像连续时间共模反馈一样需在运算放大器钳位，因此没有 MOS 管贡献热噪声。此外，因此在流水线 A/D 转换器本身就有两相非交叠时钟，各级 MDAC 工作在非连续时间，所以目前大多数 A/D 转换器中的全差分运算放大器均采用开关电容共模反馈电路。

在 Φ_1 阶段时，即保持阶段，电容 C_1 充电至 $V_{\text{bias}} - V_{\text{CM}}$，电容 C_2 上存储的电荷量为

$$q_1 = 2(V_{\text{bias}} - V_{\text{CM}})C_2 \tag{6.83}$$

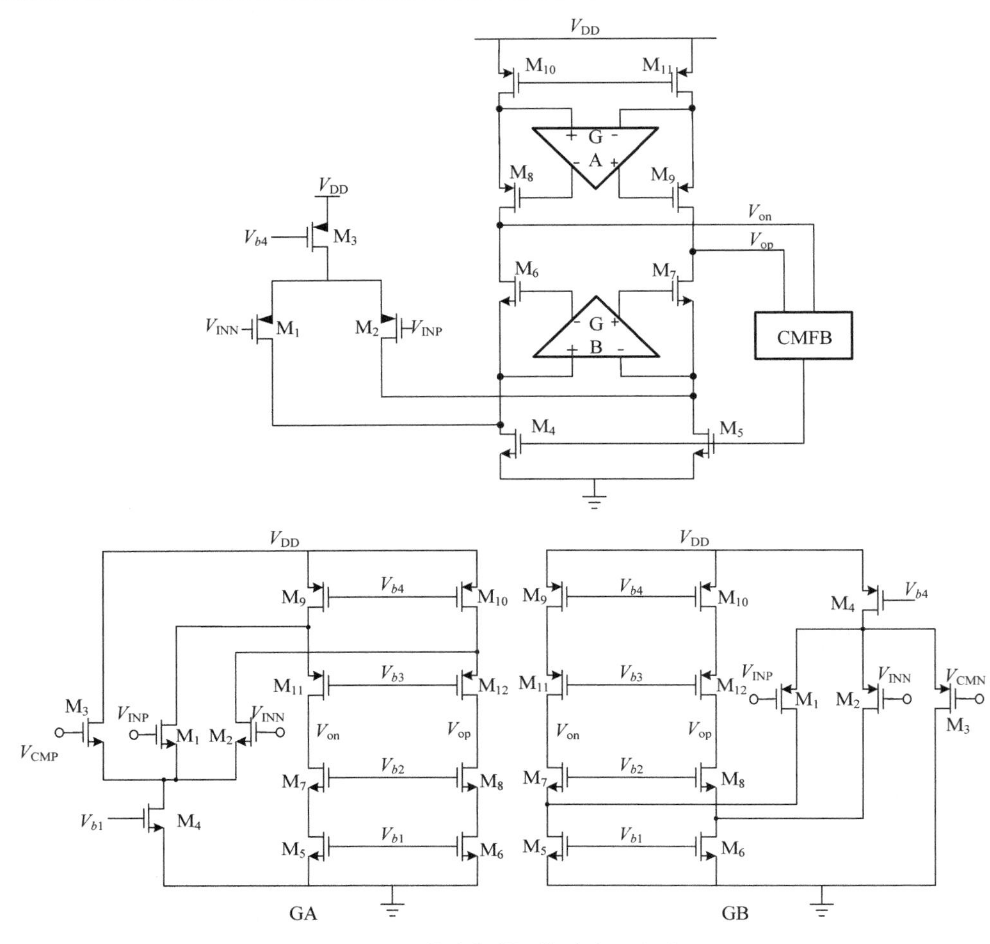

图 6.27　增益自举运算放大器电路

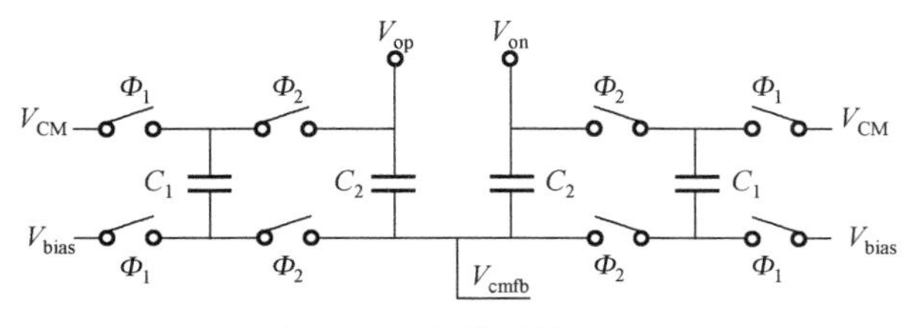

图 6.28　共模反馈电路

在 Φ_2 阶段时，即采样阶段，电容 C_1 与 C_2 并联，电荷分享完成后，两个电容 C_1 上电荷为

$$q_2 = (V_{\text{cmfb}} - V_{\text{op}})C_1 + (V_{\text{cmfb}} - V_{\text{on}})C_1 \tag{6.84}$$

由式(6.83)和式(6.84)可得 $2V_{\text{cmfb}}(C_1 + C_2) \propto (q_1 - q_2)$，可以发现共模反馈电压 V_{cmfb}

会一直持续变化，直到 q_1 和 q_2 两部分电荷相等。当电路到达稳定状态时，电容 C_1、C_2 两端的电压几乎相等，不存在电荷转移，共模电压 $(V_{\text{op}}+V_{\text{on}})/2$ 就会达到一个稳定的值，并在 V_{CM} 附近小幅摆动，共模电位稳定的速度和精度分别与反馈环路的带宽和增益有关。增益和带宽越大，得到的反馈电位稳定的速度越快，与理想的反馈电平越接近。

增益自举运算放大器的偏置电路如图 6.29 所示，偏置电路采用了 Cascode 结构以提高电流镜的匹配度和电源抑制比（Power Supply Rejection Ratio，PSRR）。通过使 M_{14}、M_{16} 和 M_{25} 的漏源电压略微大于一个过驱动电压，该偏置电路就可以使运算放大器工作在宽摆幅状态。为了使 M_{14}、M_{16} 的漏端电压等于一个过驱动电压，M_{13}、M_{17} 的栅端电压必须等于管子的阈值电压加上两倍的过驱动电压。为使电路中各 MOS 管在 PVT 的变化下都能工作在饱和区，静态电流不会有大的波动，靠近 GND 的 MOS 管和靠近电源线的 MOS 管的 V_{ds} 应高出过驱动电压约 100mV。由于通常偏置电路也需要足够的响应速度，对运算放大器中的各 MOS 管做出及时的偏置，因此偏置电路的电流过低也是不可行的。另外，电流镜的镜像比例不宜过大，如果比例过大，则很难保证电流镜的匹配精度。

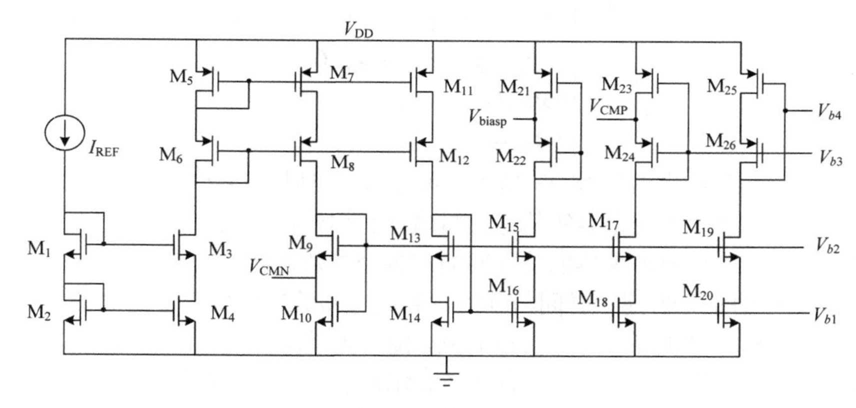

图 6.29　偏置电路

增益自举运算放大器的小信号等效模型如图 6.30 所示[15,16]，其中 $a(s)$为辅助运算放大器 B 的传输函数，即

$$a(s)=\frac{A_{0B}}{\left(1+\dfrac{s}{P_{F1B}}\right)\left(1+\dfrac{s}{P_{F2B}}\right)}=\frac{A_{0B}}{\left(1+\dfrac{A_{0B}s}{\omega_{ub}}\right)\left(1+\dfrac{s\tan(90-\text{PM}_B)}{\omega_{ub}}\right)} \tag{6.85}$$

式中，PM_B 为辅助运算放大器 B 的相位裕度；A_{0B} 为开环直流增益；ω_{ub} 为单位增益带宽。图 6.30 的 G_L 为从 M_6 漏极向上看进去的阻抗，可表示为

$$G_L=\frac{g_{ds8}}{1+\dfrac{(g_{m8}+g_{mb8})A_{0B}}{g_{ds10}}} \tag{6.86}$$

因此增益自举型运算放大器的开环传输函数可表示为

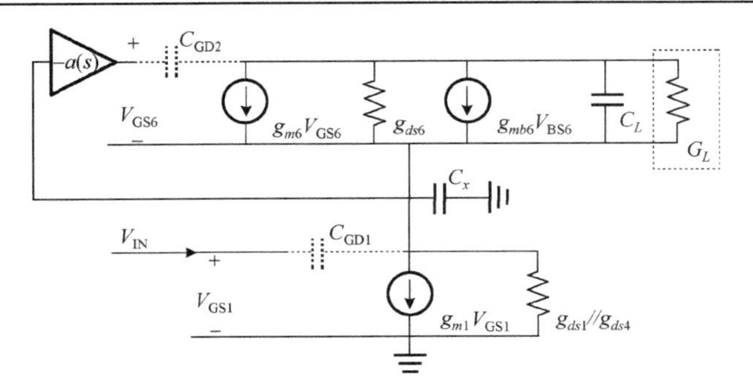

图 6.30　增益自举运算放大器等效电路

$$H(s)=\frac{V_{OUT}}{V_{IN}}=\{g_{m1}[g_{m6}a(s)+(g_{m6}+g_{ds6}+g_{mb6})]\}\Bigg/\left\{\begin{aligned}&C_xC_Ls^2+g_{m6}(G_L+C_Ls)a(s)\\&+[(g_{ds1}//g_{ds4}+g_{ds6}+g_{mb6}+g_{m6})C_Ls\\&+(g_{ds6}+G_L)C_xs]+(g_{ds1}//g_{ds4})g_{ds6}\\&+(g_{ds1}//g_{ds4})G_L+g_{ds6}G_L\\&+g_{mb6}G_L\\&+g_{m6}G_L\end{aligned}\right\}\tag{6.87}$$

在初步确定运算放大器的MOS晶体管尺寸后，可以获得运算放大器的各参数，如增益大小、相位裕度、寄生电容等信息。将这些有用的信息通过MATLAB行为级描述语言描述，可以得到运算放大器的建立时间与各个参数之间的关系。图6.31所示为归一化的运算放大器的0.2%建立时间与辅助运算放大器的单位增益带宽W_{ua}，以及辅助运算放大器的相位裕度PM_a的关系。可以看到，随着辅助运算放大器带宽增加，运算放大器建立时间起初降得很快。当带宽增加到60MHz时，运算放大器的速度已经基本稳定不变，然而改变辅助运算放大器的相位裕度，对建立的速度基本没有影响。因此在设计好一个增益自举运算放大器后，可以通过建模，得到类似于图6.31的曲线。通过适当降低辅助运算放大器的带宽，以避免不必要的功耗，同时保证较快的建立速度。

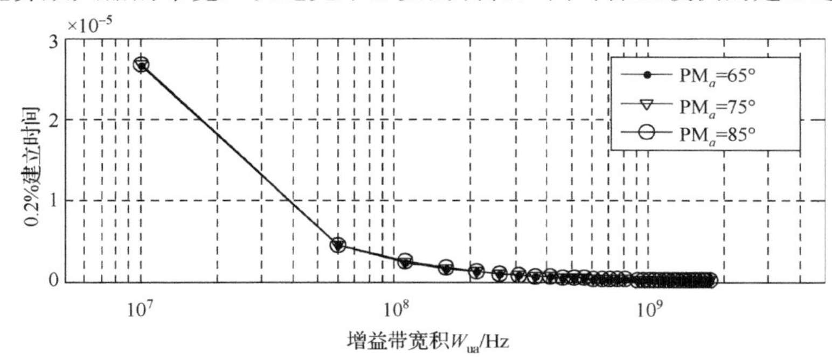

图 6.31　建立时间与辅助运算放大器GBW之间的关系

6.2.6　第二级 SAR A/D 转换器

第二级 SAR A/D 转换器在系统中担任的是对第一级 MDAC 量化后的余量的精细量化的角色，即便第一级 SAR 辅助型 MDAC 设计得完美，若第二级 SAR ADC 性能达不到细量化的要求，或者第二级与第一级的匹配达不到细量化的要求，则系统仍然无法实现 12 位 50MS/s 的设计要求。因此，需要对第二级 SAR A/D 转换器的设计和匹配性、兼容性进行仔细的考虑。下面对第二级 SAR A/D 转换器的电容阵列开关时序、低漏电的 SAR 控制逻辑两方面进行详细介绍和分析。

1. 第二级 SAR A/D 转换器电容阵列开关时序

为了实现第一级 MDAC 的输出码和第二级的 SAR A/D 转换器的输出码冗余相加，需要将第二级的基准电平 V_{REF} 降低到 $1/2V_{DD}$，即 V_{CM} 电位。共模基准也就相应地要求降到 $1/4V_{DD}$，若使用常用的带 V_{CM} 基准的开关时序，则显得不合时宜。MCS 是一种不需要共模电平 V_{CM} 的 SAR A/D 转换器开关时序，但这种时序单调特性，导致比较器输入端共模电平 V_{CM} 单调降低。由于比较器的失调电压会随着共模电平 V_{CM} 的变化发生较大的变化，因此这种时序在深亚微米或纳米级 CMOS 工艺、高速 A/D 转换器设计中并不是一个好的选择。

本节针对设计需求，设计了一种无须共模电平 V_{CM} 的开关时序，使 DAC 的电容阵列（即比较器输入端）共模电平 V_{CM} 保持不变，从而大大降低了比较器的失调电压。这种时序的特点是将 DAC 中所有电容均加倍，例如，电容 C_i 加倍后，第 i 位电容为 C_{i0} 和 C_{i1}，下面具体解释这种时序的工作原理。

首先是采样阶段。差分输入信号 V_{IP} 和 V_{IN} 通过自举开关被电容的上极板采样，同时所有电容的下极板均连接到各自的基准，即电容 C_{i0} 和 C_{i1} 分别接到 V_{REF} 和地。采样结束后，自举开关断开，比较器进行第一次比较，这一个过程不消耗能量。当 MSB 确定后，根据比较器比较的结果把输入信号较大一端电容阵列的 C_{i0} 的下极板由接 V_{REF} 切换到接地，同时输入信号较小一端的电容阵列的 C_{i1} 的下极板由接地切换到接 V_{REF}，其余电容的接法保持不变。经过这个过程，比较器输入端的电平均向共模电平 V_{CM} 靠近了 $1/4V_{REF}$。在后续逐次逼近过程中，根据比较器的输出结果为各位电容选择不同的电压基准。若 CMPP=1，则 V_{IP} 一侧的电容阵列的 C_{i0} 由原先的 V_{REF} 接地，V_{IN} 一侧的电容 C_{i1} 由地接 V_{REF}；反之，若 CMPP=0，则 V_{IN} 一侧的电容阵列的 C_{i0} 由 V_{REF} 接地，V_{IP} 一侧的电容 C_{i1} 由地接 V_{REF}。这个过程一直重复直到 LSB 确定。

为了更直观地理解这种电容开关时序的工作原理，图 6.32 给出了一个 4 位电容阵列开关时序示意图。特别注意的是，在确定 LSB 位时，电容阵列的基准只改变单边，刚好等于前一位逼近的 1/2。这种最后一位的非对称开关时序的优点是充分利用了最后一组电容，使得电容阵列的总电容值降低了一半，即前级 MDAC 的负载降了一半，降低了系统功耗。

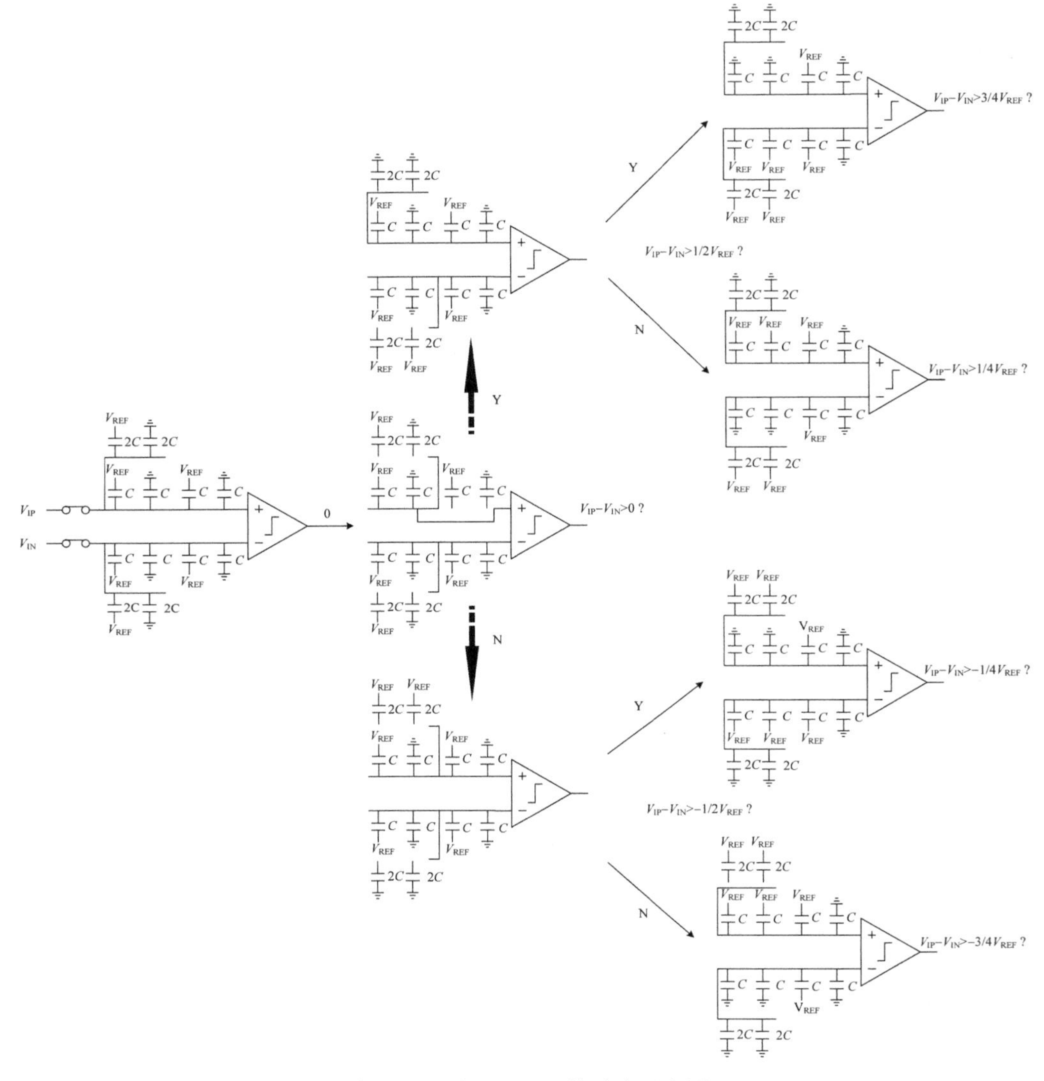

图 6.32　4 位 DAC 开关时序示意图

2. 低漏电 SAR 控制逻辑

为了降低 SAR 逻辑部分的功耗，本设计采用了基于动态逻辑电路的实现方法。传统逻辑电路如图 6.33(a)所示[17]，其一个周期的时序图如图 6.33(b)所示。采用动态逻辑电路实现的 SAR 控制消耗更少的 MOS 晶体管，因此降低了功耗和面积。

随着集成电路工艺尺寸的不断缩减，MOS 管的漏电逐渐成为设计工程师所关注的问题，如由于节点 *P*/*N* 在储存比较器比较结果时处于悬空状态，会出现如图 6.34(a)所示的严重的漏电现象，将会导致 A/D 转换器出现误码。增加晶体管的沟道长度可以一定程度上缓减漏电，如图 6.34(b)所示，增加了 M_{10} 和 M_{13} 的沟道长度，节点 P/N 仍然存在漏电，但电平未降低至反相器的阈值电平以下，不至于引起误码。然而在芯片实际工作过程中，比较器的亚稳态和时钟抖动均会引起 P/N 的保持时间长短变化，因此单纯增加 M_{10} 和 M_{13} 的沟道长度不能彻底消除节点 P 和 N 的漏电问题。本节提出了一种新型逻辑电路单元，如图 6.35 所示。通过在已有的传统逻辑电路的基础上引入由 M_9、M_{11}、M_{12} 和 M_{14} 组成的背靠背锁存结构，将比较结果分别存储在节点 P 和节点 N。逻辑电路产生的 Q 在低电平时，M_{15} 关断动态逻辑的电流以节省功耗。当 Q 跳至高电平时，表征比较器已经完成建立过程。Q 信号打开 M_{15}，关断 M_7 和 M_{16}。逻辑电路开始将 CMPP 和 CMPN 结果锁存起来。由于锁存结构的正反馈机制，可以消除因漏电而导致误码的问题。如图 6.34(c)所示，节点 P 和 N 在高电平时维持在 V_{DD} 电位，没有漏电现象发生。

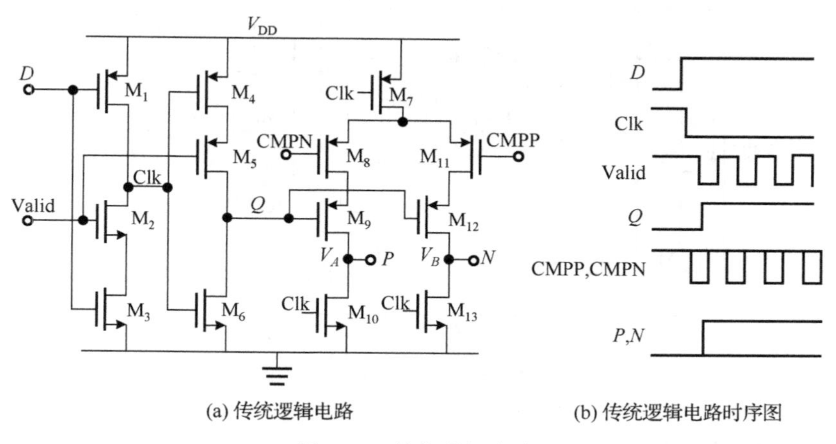

(a) 传统逻辑电路　　(b) 传统逻辑电路时序图

图 6.33　传统逻辑电路

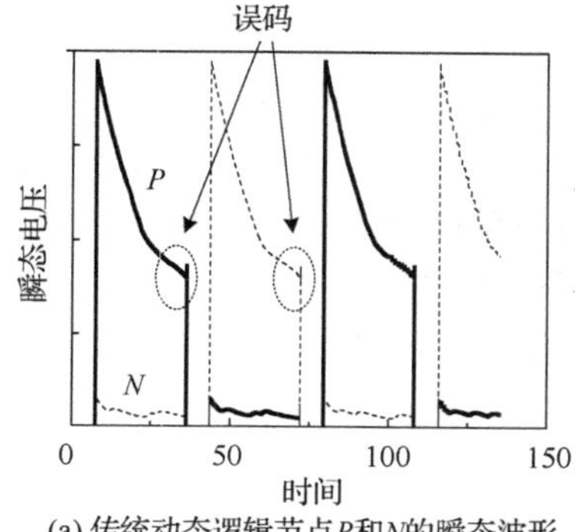

(a) 传统动态逻辑节点P和N的瞬态波形

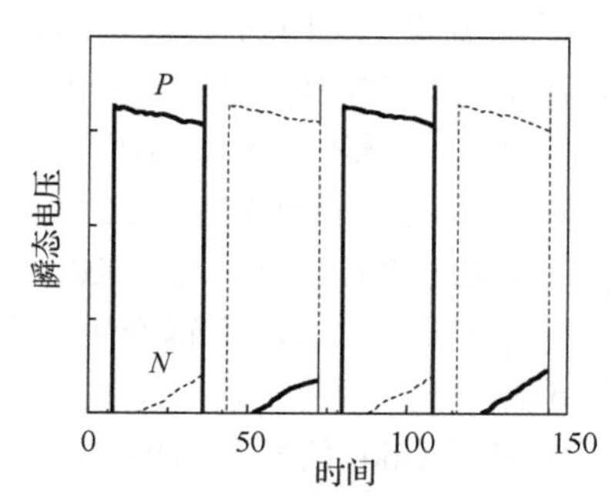

(b) 增加沟长后传统动态逻辑节点P和N的瞬态波形

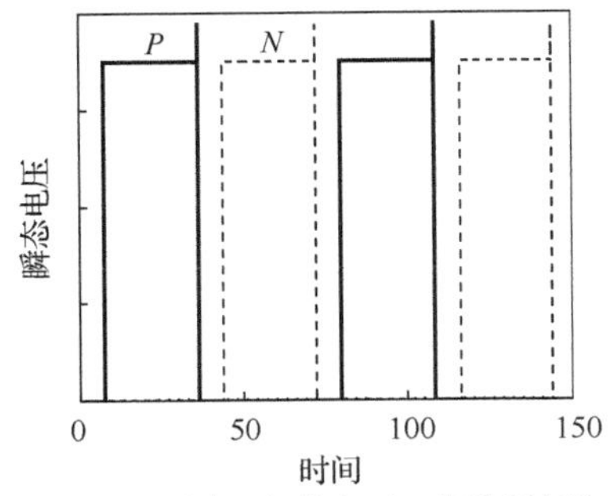

(c) 新型动态逻辑节点P和N的瞬态波形

图 6.34　逻辑电路中节点的漏电问题

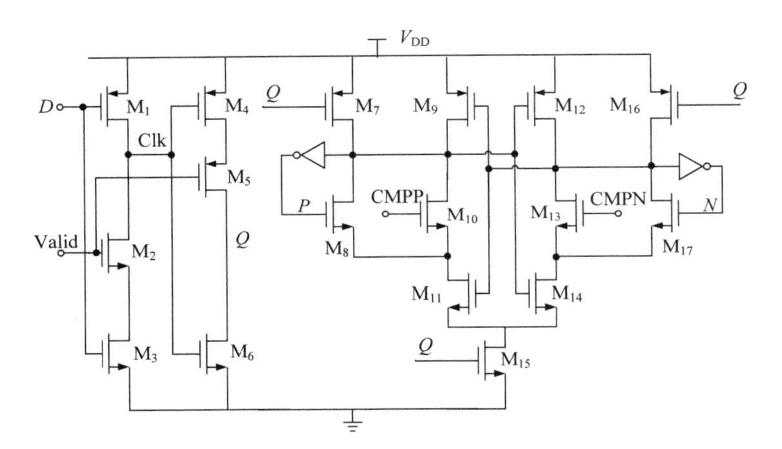

图 6.35　新型动态逻辑单元电路

6.2.7　内部时钟产生电路

对于第一级 MDAC 中的子 SAR A/D 转换器，以及第二级的细量化 SAR A/D 转换器的比较器都需要一个时钟 Clkc，SAR A/D 转换器每一步的逐次逼近需要根据比较器输出的判决信号来控制电容阵列的开关，因此对于一个 N 位的量化器，Clkc 在一个量化周期内需要 N 个脉冲信号。为了提高 A/D 转换器的采样速率，并减小整体时钟设计工作量，本设计运用了异步时钟来产生每级量化器各自的时钟，如图 6.36(a)所示，其中 Sample 为系统输入采样信号，Rdy 信号为 SAR 逻辑中的完成信号，即每个量化周期中逐次逼近完成后 SAR 逻辑产生一个高电平 Rdy 信号。图 6.36(b)给出了每个信号的时序波形图。

下式给出了 Clkc 信号脉宽的表达式，即

$$\Delta t = t_{\text{delay}} + t_{\text{comparator}} + t_{\text{settle}} \tag{6.88}$$

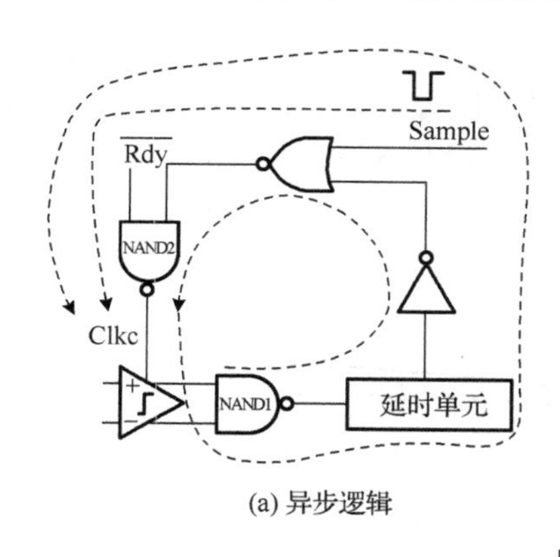

(a) 异步逻辑

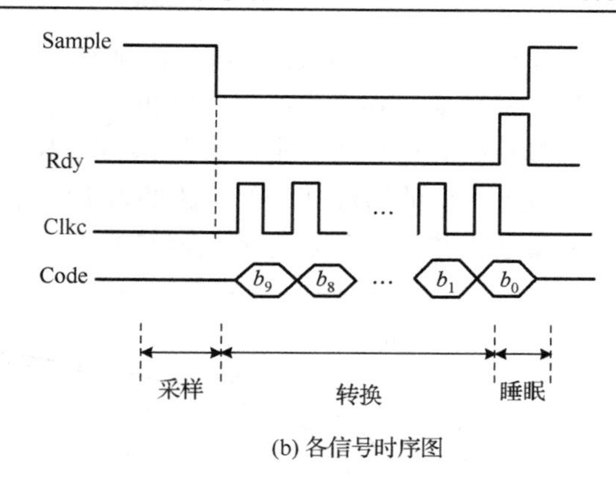

(b) 各信号时序图

图 6.36　异步时钟

式中，t_{delay}、$t_{comparator}$、t_{settle} 分别为时钟链延时、比较器判决延时、电容阵列的建立时间。其中每一次逐次逼近过程 t_{delay} 基本不变，而 $t_{comparator}$ 和 t_{settle} 分别取决于比较器输入信号差值大小和电容的充放电速度。因此，这种自适应式的时钟产生电路能够很好地产生 A/D 转换器转换所需要的脉宽信号 Clkc。

6.2.8　自举开关电路

采用 MOS 管实现开关会有较大的失真，普通 CMOS 开关要达到 50MHz 的采样速率，有效位通常被限制在 10 位以下。通常开关的二次谐波失真通过全差分设计，可以将其影响减小，设计时主要考虑三次谐波。根据文献[18]的"时变 Volterra 级数分析"方法，可以得到用 MOS 管实现的开关引入的三次谐波为

$$\left|\mathrm{HD3}\right| \cong \frac{1}{4}\frac{A^2}{(V_{GS}-V_T)^2}2\pi f_{IN}\cdot R\cdot C \tag{6.89}$$

式中，A 为输入信号的摆幅；R 为开关的导通电阻；C 为采样电容；V_T 为 MOS 开关管的阈值电压；f_{IN} 为输入信号频率。

图 6.37 中实线是由式（6.89）得到的三次谐波随开关导通电阻的变化曲线，点线为实际 MOS 管采样开关的三次谐波与导通电阻的关系，两者拟合程度很好，表明式（6.89）对三次谐波的估算是合理的。对于一定采样开关的线性度要求，在设计自举开关时，其导通电阻具有最高上限值。

正如 6.1 节所述，要降低开关导通电阻，减小开关失真，比较常用的方法是采用栅压自举技术[18]。通过维持栅源电压 V_{GS} 为一定值，使开关管的导通电阻成为输入信号 V_{IN} 的弱函数。图 6.38 给出了栅压自举开关电路，当 Clk 为低时，M_{11} 和 M_{12} 导通。此时，M_{10} 的栅电位为低电平。同时 M_3、M_4 管导通使 C_3 两端被充电到 V_{DD}。当 Clk 为高电平时，M_6 导通将 M_7 的栅电压拉低，使 M_7 导通。注意，M_9 管是为了使 M_{10} 的栅极电压跟随输入信号的变化而变化，以保证 M_{10} 栅源两端电压恒定。M_7 的源极与衬

底连接是为了防止闩锁效应。因为闩锁会引起芯片局部电路不能工作，出现“大电流、小电压”的现象。在仿真时，闩锁也会使信号噪声谐波比降低。要特别注意的是开关管 M_{10} 的输入信号幅值不能超过 V_{DD}。否则，会出现局部 MOS 管出现电流“倒灌”现象，产生不希望的谐波并降低电路的寿命。“倒灌”的电流甚至会流入衬底，严重干扰对信号敏感的模块（如运算放大器等）。

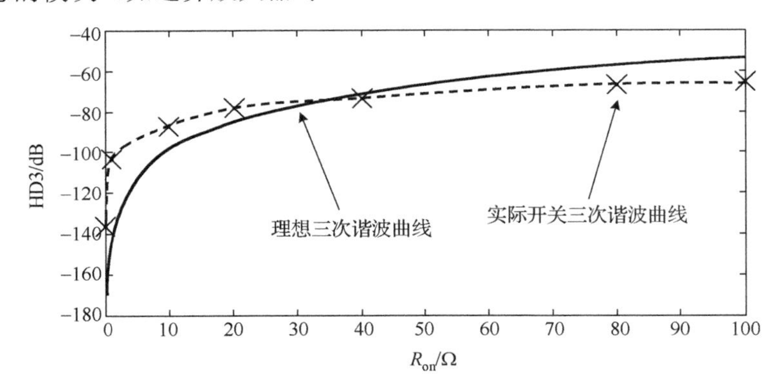

图 6.37　三次谐波随开关导通电阻的变化曲线

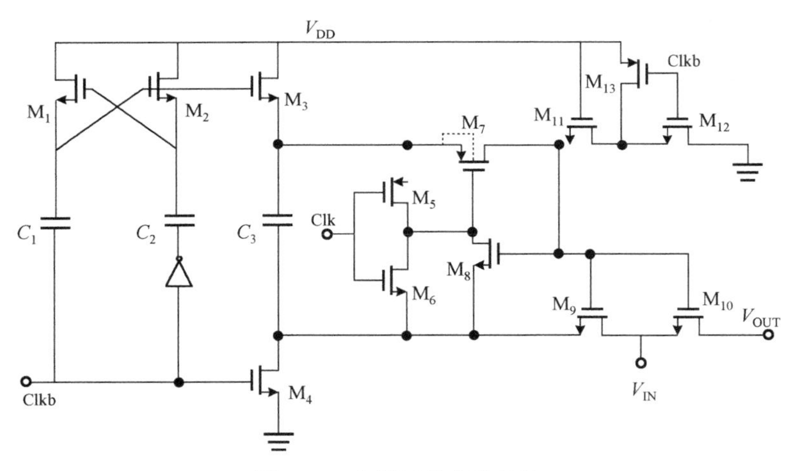

图 6.38　自举开关电路结构

图 6.39 分别为输入信号 25MHz，不考虑噪声与考虑噪声时采样开关的 FFT 频谱图，可见本设计的采样开关已经满足 12 位 A/D 转换器的系统要求。

6.2.9　流片测试结果

本节设计的 12 位 50MS/s 流水线 SAR A/D 转换器采用了 SMIC 0.18μm 1.8V CMOS 工艺进行了流片，芯片核有效面积为 771μm×492μm，是目前国内外发表论文中同等工艺尺寸同等性能 A/D 转换器类别中面积相对较小的，芯片照片如图 6.40 所示。搭建

PCB 板测试平台，实验测试了本设计实现的芯片的动态性能和静态性能，其中 A/D 转换器芯片在 1.8V 供电电压，25MHz 输入信号，50MHz 采样时的功耗为 10.8mW。

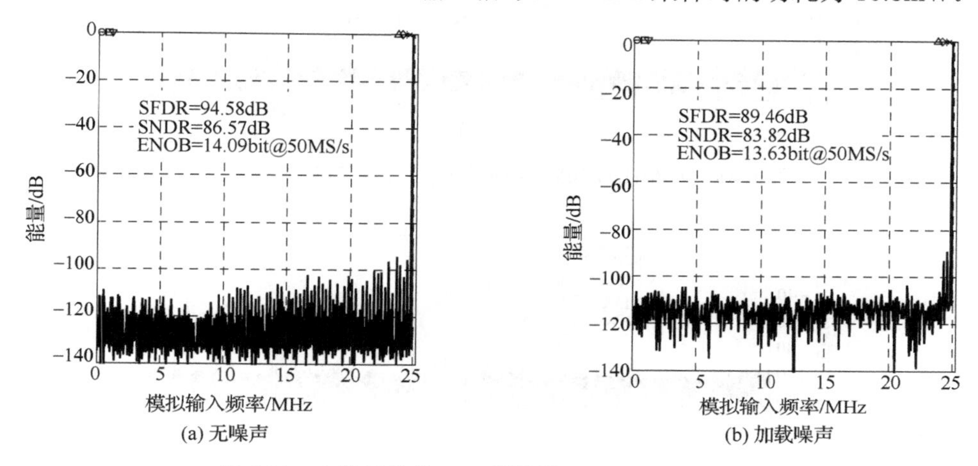

图 6.39　自举开关的 FFT 频谱图（25MHz@50MS/s)

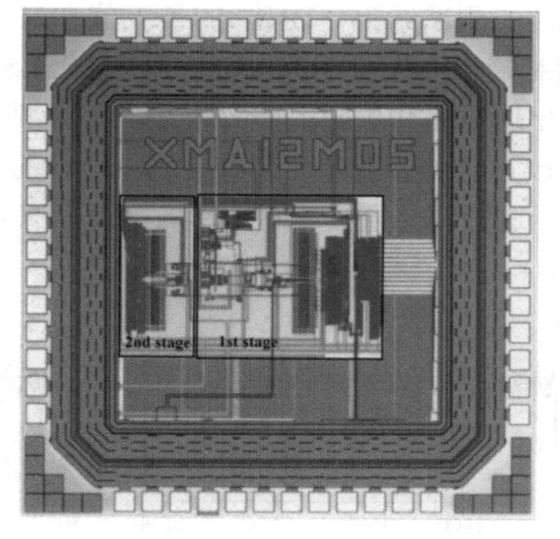

图 6.40　12 位 50MS/s A/D 转换器芯片照片

图 6.41 给出了中等输入信号频率时，12 位 A/D 转换器的 8192 个点 FFT 测试频谱，在 9.911111MHz 输入频率下，SFDR 达到 81.97dB，SNDR 为 67.53dB。注意，由于实际测试过程中，仪器的输入信号频率无法精确设置为傅里叶变换所需的频率点，因此在适当的时候，对测得的数据需要加窗处理。图 6.42 给出了接近奈奎斯特频率的输入信号下，对 12 位 A/D 转换器的输出做的 8192 个点的 FFT 测试频谱，SFDR 达到 77.13dB，SNDR 为 67.01dB。可见芯片的实测性能较好地符合设计预期。这主要归功于设计过程中对噪声的合理分配。采用热噪声远高于量化噪声的方案，使得因闭环运算放大器引入的二次和三次谐波失真分量较小，从而达到高 SFDR 的频谱结果。

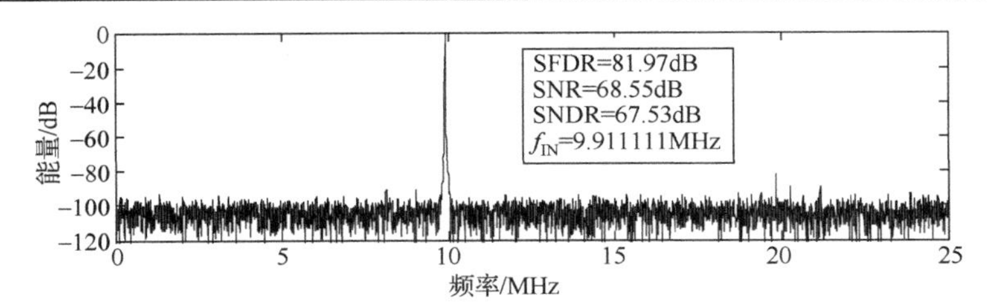

图 6.41　9.9MHz@50MS/s 时的 8192 个点 FFT 测试频谱

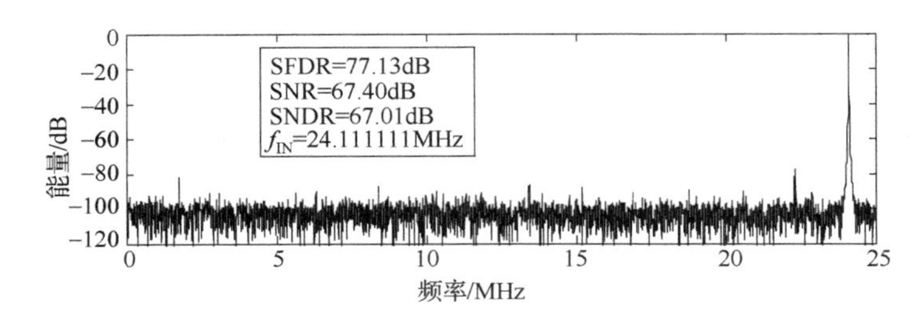

图 6.42　24.1MHz@50MS/s 时的 8192 个点 FFT 测试频谱

图 6.43 给出了静态性能测试结果，DNL 的最大值和最小值分别为 0.536LSB 和 –0.676LSB。INL 的最大值和最小值分别为 0.959LSB 和–1.025LSB。可见实测的 12 位 A/D 转换器芯片是单调的，且出现重码和失码的概率很小，这主要归功于在设计初期，对电容取值进行的建模、运算放大器设计进行的余量控制、新颖的高线性度开关时序和高可靠性高线性度的自举开关。这些都会直接或间接影响 A/D 转换器芯片的静态性能的。

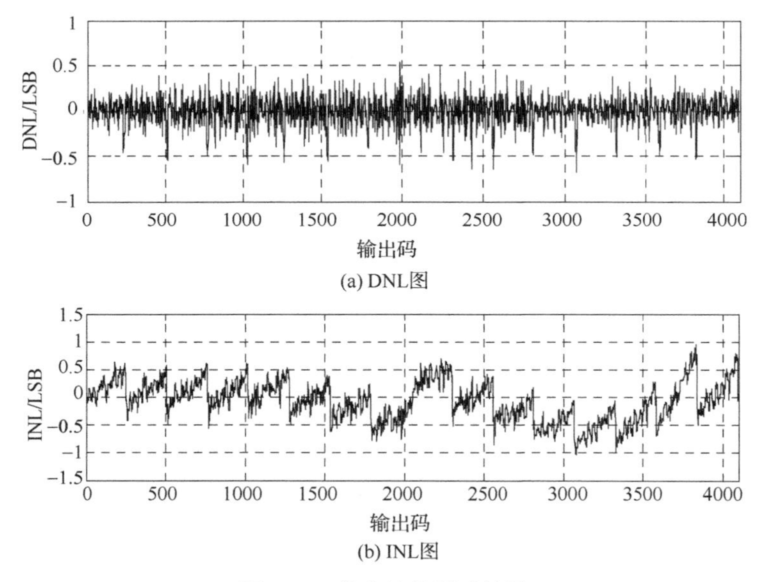

图 6.43　静态性能测试结果

表 6.2 给出了设计的 12 位 50MS/s 流水线 SAR A/D 转换器与近几年具有代表性的几款 A/D 转换器[19-21]的性能对比。其中文献[19]、[20]是 IEEE JSSC 上刊登的流水线 SAR A/D 转换器。从对比可以看到，由于文献[19]、[20]采用较先进的工艺，所以面积上有较大的优势，但优势并不明显，而本节介绍的芯片虽然使用较落后的工艺，其功耗并不逊色于文献[19]、[20]。文献[21]为一款传统的流水线 A/D 转换器，采用的工艺也是 0.18μm CMOS 工艺，其面积和功耗远高于本节介绍的芯片，而动态性能却不及本节介绍的芯片。

表 6.2　芯片测试性能和其他 A/D 转换器对比

出处 / 性能指标	文献[19]	文献[20]	文献[21]	我们的工作
CMOS 工艺技术	90nm	65nm	0.18μm	0.18μm
面积/mm^2	0.16	0.06	0.93	0.37
电源电压/V	1.3	1.1	1.8	1.8
分辨率/位	12	10	12	12
采样速率/MHz	50	40	50	50
SNDR/dB	65.6	55.1	60.6	67.01
SFDR /dB	77	71.5	69.4	77.13
功耗/mW	3.6	1.21	21.6	10.08
FOM/(fJ/Conv.-Step)	53	65	494	110

6.3　一种基于过零检测的 10 位 50MS/s 流水线 SAR A/D 转换器

6.3.1　基于过零检测器的开关电容电路

MDAC 电路是流水线 SAR A/D 转换器的关键功能模块之一，其设计至关重要。在传统流水线 A/D 转换器中，MDAC 电路一般由基于运算放大器的开关电容电路实现，其基本原理是通过一个高增益高带宽运算放大器的负反馈作用来实现电容极板间的电荷转移，从而实现余量放大的功能。在流水线 SAR A/D 转换器中，其每级位数高于传统流水线 A/D 转换器的每级位数，使其 MDAC 的增益和负载都高于传统流水线 A/D 转换器中的 MDAC，这需要更高增益和带宽的运算放大器来保证精度和转换速度，运算放大器的设计难度将大大增加，并且会带来更大的功耗。随着集成电路工艺的进步，器件尺寸和电源电压不断减小，进一步加大了高增益高带宽运算放大器的设计难度。为了解决传统基于运算放大器的 MDAC 电路在流水线 SAR A/D 转换器结构中遇到的问题，本节在分析传统开关电容电路放大原理的基础上，提出了基于比较器的开关电容电路[22, 23]和基于过零检测器的开关电容电路[24, 25]这两种新型结构，并阐述了其基本工作原理和优点。

1. 基于运算放大器的开关电容电路

基于运算放大器的开关电容电路由运算放大器、电容和开关组成，其基本结构如

图 6.44 所示。工作原理如下：当Φ_1为高、Φ_2为低时，电路工作在采样阶段，输入电压V_{IN}被采样到采样电容C_s上；当Φ_1为低、Φ_2为高时，电路工作在放大阶段，此时采样电容C_s上的电荷将在运算放大器的作用下转移到反馈电容C_f上，运算放大器输出端电压V_{OUT}和反相输入端电压V_x的瞬态响应如图 6.45 所示。根据电荷守恒，该开关电容电路的传输函数可以表示为

$$\frac{V_{OUT}-V_{CM}}{V_{IN}-V_{CM}}=\frac{C_s}{C_f} \tag{6.90}$$

由式（6.90）可以看出，在放大阶段，输出电压V_{OUT}相当于输入电压V_{IN}被放大了C_s/C_f倍，故可通过改变采样电容C_s和反馈电容C_f的比值来调节该电路的放大系数。

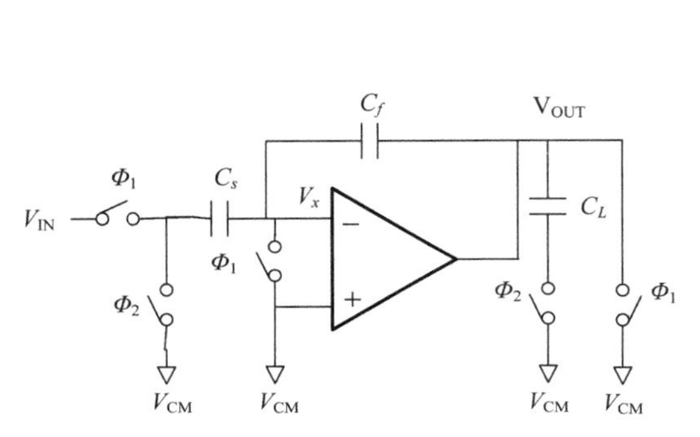

图 6.44　基于运算放大器的开关电容电路

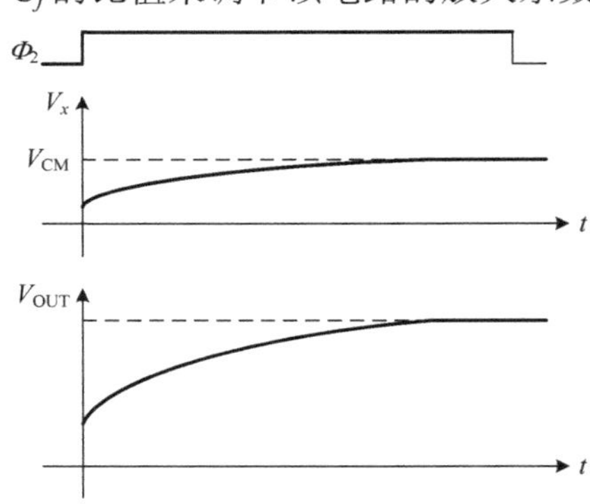

图 6.45　基于运算放大器的开关电容电路的瞬态响应

在基于运算放大器的开关电容电路结构中，需要运算放大器的开环增益和带宽足够大以满足系统精度的要求。运算放大器的开环增益一般通过增加 Cascode 管和使用多级运算放大器来提高，但是增加 Cascode 管会减小输出摆幅，而且随着电源电压和器件本征增益的减小，需要使运算放大器各个 MOS 管工作在亚阈值区才能满足要求，而多级运算放大器会引入更多的零极点，降低运算放大器的稳定性。综上所述，以上两种提高增益的方法都会降低运算放大器的可靠性。由于 MDAC 的输出负载一定，所以高带宽的运算放大器将引入非常大的电流，这将消耗非常大的功耗。

2. 基于比较器的开关电容电路

为了降低运算放大器的设计难度并且减小基于运算放大器的开关电容电路的功耗，提出了基于比较器的开关电容电路结构，如图 6.46 所示。与基于运算放大器的开关电容电路相比，基于比较器的开关电容电路采用比较器和电流源代替运算放大器完成了相同的功能，其工作过程如下：当Φ_1为高、Φ_2为低时，电路处于采样阶段，此阶段与基于运算放大器的开关电容电路的采样阶段相同，输入电压V_{IN}被采样到采样电容C_s上；当Φ_1变为低、Φ_2变为高时，电路工作进入放大阶段，短脉冲信号Φ_{2I}变为高，

输出电压 V_{OUT} 的电位被复位到 GND，对电荷转移进行复位初始化，根据电荷守恒可得此时比较器反相输入端电压 V_x 为

$$V_x = \frac{C_s}{C_s + C_f} \cdot (2V_{CM} - V_{IN}) \tag{6.91}$$

式中，输入电压 V_{IN} 可表示为

$$V_{IN} = V_{CM} + \Delta V \tag{6.92}$$

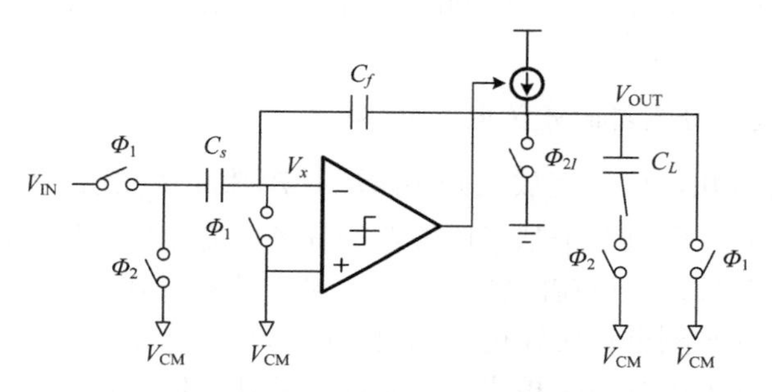

图 6.46　基于比较器的开关电容电路

结合式（6.91）和式（6.92）并使 $\beta = C_f / (C_s + C_f)$，可得

$$\begin{aligned} V_x &= (1-\beta)\cdot(V_{CM} - \Delta V) \\ &\leqslant (1-\beta)\cdot(V_{CM} - V_{CM}\cdot\beta) \\ &= V_{CM}\cdot(1-\beta)^2 \end{aligned} \tag{6.93}$$

由式(6.93)可知，短脉冲信号 Φ_{2I} 使比较器反相输入端电压 V_x 小于共模电平 V_{CM}。在短脉冲信号 Φ_{2I} 变为低之后，由于此时比较器反相输入端电压 V_x 小于同相输入端电压 V_{CM}，因此比较器输出为高电平，电流源开始工作，对负载电容 C_L 充电，使得输出电压 V_{OUT} 升高，由于电荷守恒定理，电压 V_x 将随着 V_{OUT} 的升高而升高，其瞬态响应如图 6.47 所示。当电压 V_x 大于 V_{CM} 时，比较器输出由高电平变为低电平，于是电流源停止工作，完成对输入信号的放大。该电路的传输函数可表示为

$$\frac{V_{OUT} - V_{CM}}{V_{IN} - V_{CM}} = \frac{C_s}{C_f} \tag{6.94}$$

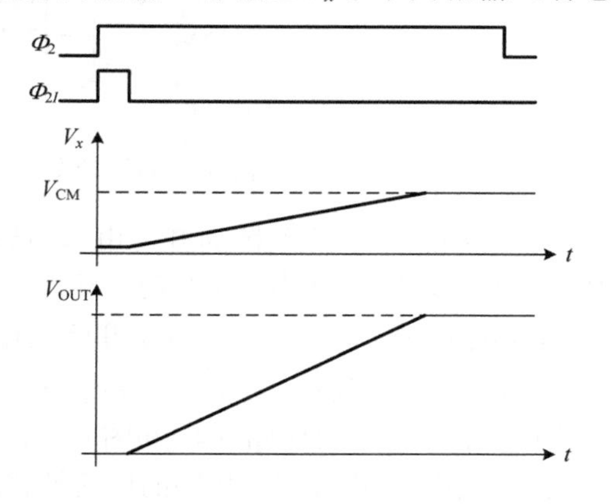

图 6.47　基于比较器的开关电容电路的瞬态响应

对比图 6.45 和图 6.47，虽然两种电路瞬态响应曲线建立过程有不同的斜率，但是曲线最终建立后的电压是一样的，即对于相同的输入信号，两者有相同的最终输出电压。这从式（6.90）和式（6.94）也能看

出，两者有相同的传输函数，所以基于比较器的开关电容电路可以完成与基于运算放大器的开关电容电路一样的功能。

在基于运算放大器的开关电容电路中，随着电容负载的增加，运算放大器需要更高的带宽以保证足够的建立精度。在基于比较器的开关电容电路中，只需要增加电流源的电流大小就能保证电荷转移的速度。同时，由于基于运算放大器的开关电容电路是通过运算放大器的负反馈作用实现电荷转移的，这需要考虑环路的稳定性。在基于比较器的开关电路中，没有引入闭环回路，因此不需要考虑稳定性的问题，使得电路更易于设计。

3. 基于动态过零检测器的开关电容电路

由上面的分析可知，信号在放大开始阶段，短脉冲 Φ_{2I} 使比较器反相输入端电压 V_x 小于共模电平 V_{CM}。所以对于基于比较器的开关电容电路，比较器只起到一个单向过零检测的功能，并且只在电荷的转移过程中用于过零检测。比较器的功能是对两个任意输入电压在任意时刻进行比较得到输出，所以基于比较器的开关电容电路虽然与基于运算放大器的开关电容电路相比已经降低了功耗，但是仍然有很大的功能浪费，还有一定的优化空间。基于以上原因，为了进一步降低功耗和设计复杂度，动态过零检测器（DZCD）被用来代替比较器，以实现相同的功能，其基本结构和瞬态响应如图 6.48 和图 6.49 所示。

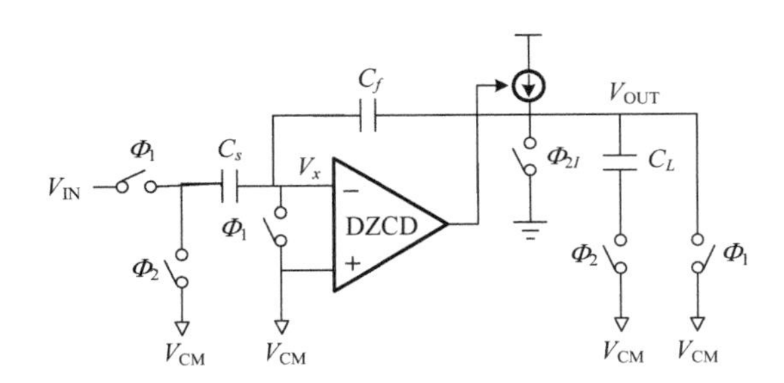

图 6.48　基于动态过零检测器的开关电容电路

基于动态过零检测器的开关电容电路的工作原理和基于比较器的开关电容电路基本相同，只是在 Φ_2 为低电平时，动态过零检测器为关断状态，不产生静态功耗。当 Φ_2 为高电平时，动态过零检测器开始工作且输出高电平，控制电流源对负载电容 C_L 进行充电。当反相输入端电压 V_x 高于同相输入端电压 V_{CM} 时，输出低电平以关断电流源完成电荷转移。对比图 6.47 和图 6.49，基于过零检测器的开关电容电路和基于比较器的开关电容电路有完全相同的电荷转移瞬态响应。但是动态过零检测器的架构相对于比较器的结构更加简单，并且只在电荷转移阶段工作，所以有更低的功耗。动态过零检测器的具体电路在本节中没有给出，因为根据不同的设计要求有不同的电路结构，所以将在后续具体设计实例中给出实际电路图。

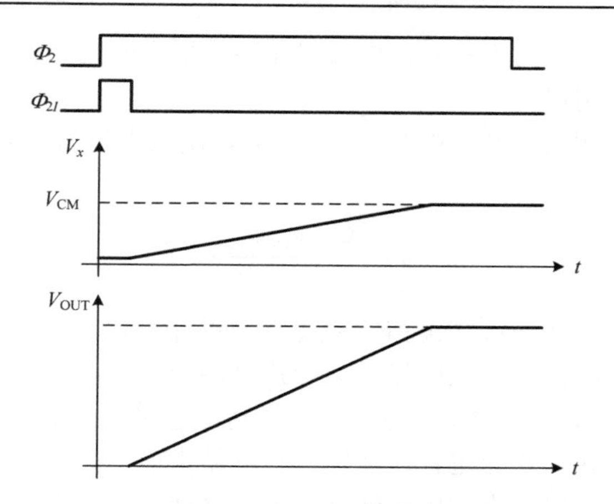

图 6.49　基于动态过零检测器的开关电容电路的瞬态响应

综上所述，基于动态过零检测器的开关电容电路可以完成与基于运算放大器的开关电容电路相同的电荷转移功能，但是与之相比，基于动态过零检测器的开关电容电路不需要稳定的高增益高带宽运算放大器，而且结构更简单，能耗利用率更高，并且有更宽的输出摆幅。

6.3.2　基于过零检测器的流水线 SAR A/D 转换器的非理想效应

1. 过零检测器的过冲误差

在基于过零检测器的开关电容 MDAC 中，从过零检测器检测到零点至电流源关断会有一段延迟时间，这个延迟时间将会使 MDAC 的输出结果与理想情况出现偏差，这就是过零检测器的过冲误差，如图 6.50 所示[26]。过冲误差可以表示为

$$\Delta V = \frac{I}{C_L}\Delta t \tag{6.95}$$

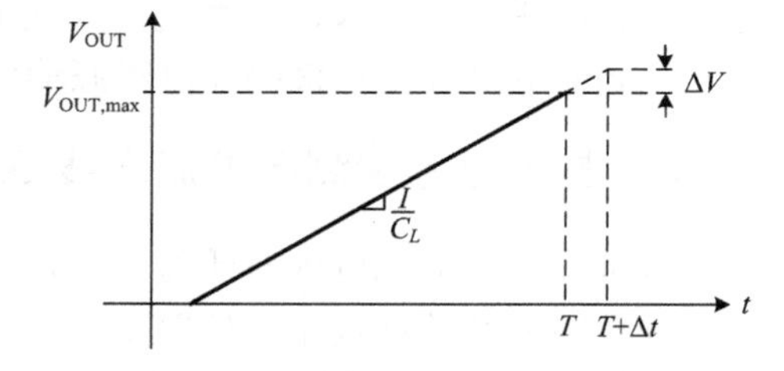

图 6.50　过零检测器的过冲误差

式中，I 为电流源电流大小；C_L 为负载电容；Δt 为过冲时间，过冲时间主要由过零检测器的延迟决定。因为传播延迟总是存在，所以过冲误差不可避免，通常要求过冲误差小于后级流水线级最低分辨率的 1/4，即

$$\Delta V < \frac{1}{4}\text{LSB} \tag{6.96}$$

式中，LSB 为后级流水线的最低分辨率。

由式（6.95）可知，当过冲时间固定时，过冲误差由电流源电流大小和输出负载决定。当输出负载一定时，只能通过减小电流源电流大小来降低过冲误差。当电流源

电流、输出负载和过冲时间不变时，过冲误差不随采样的输入信号的变化而变化，为一个恒定值，造成失调误差。

假设基于过零检测器的开关电容 MDAC 的输出最大值为 $V_{\mathrm{OUT,max}}$，则 MDAC 的建立时间可表示为

$$T=\frac{C_L\cdot V_{\mathrm{OUT,max}}}{I} \tag{6.97}$$

式中，输出负载 C_L 和输出最大摆幅 $V_{\mathrm{OUT,max}}$ 都由设计决定，因此减小建立时间，需要增大电流源的电流大小，而增大电流又会导致过冲误差的增大。为了解决这一矛盾，一般采用大/小电流源来对输出负载进行充电。基本思想是：先使用大电流源对输出负载进行充电，使电荷转移快速进行，在电荷转移结束前，关断大电流源并只使用小电流源对输出负载进行充电，直到电荷转移结束。这样既可以提高 MDAC 的建立速度，又可以降低 MDAC 的输出过冲误差。

2. 电流源的非线性

基于过零检测器的 MDAC 与传统 MDAC 电路的区别是用过零检测器和电流源替代了运算放大器来实现电荷转移的功能，除了因为过零检测器的延迟产生的过冲误差，电流源的精度也将直接影响 MDAC 的精度。

由上述可知，基于过零检测器的开关电容 MDAC 存在过冲误差，如果电流源 I，负载电容 C_L 和过冲时间固定不变，则过冲误差为一个定值，表现为静态失调误差。但是随着输入电压的不同，电流源输出端的电压也不同，对于实际电流源，输出阻抗不可能无穷大，所以电流源电流会随着输出电压的变化而发生变化。电流源的非线性误差将会直接进入下一级，对系统造成很大的影响。为了增加电流源的线性度，一般采用 Cascode 电流源技术来提高电流源输出阻抗。

6.3.3 基于过零检测器的流水线 SAR A/D 转换器系统设计

本节重点针对高性能基于过零检测器的流水线 SAR A/D 转换器的系统要求，在满足各项性能参数的前提下，研究如何分配级数与每级位数，使得功耗、速度和线性度最优，然后根据 A/D 转换器的性能指标，确定了 10 位基于过零检测器的流水线 SAR A/D 转换器架构。

1. 第一级 MDAC 量化器位数的选取与线性度的关系

第一级 MDAC 在输出端产生的非线性误差将直接进入第二级子流水线电路中，这些非线性误差难以消除，将极大地恶化后级子流水线电路的量化性能。由于后级子流水线的非线性误差受前级 MDAC 级间增益的衰减，所以第一级 MDAC 电路的非线性误差必须单独考虑。在第一级子流水线级的非线性因素中，电流源产生的非线性误差可以通过增大电流源输出阻抗来解决。但是由工艺精度造成的电容失配在版图布局

一定的情况下，只能通过增大单位电容值来减小，这会增大系统的功耗，所以通过合理地设计第一级量化器的量化位数来弱化电容失配的影响非常有意义。

这里只考虑电容失配问题，假设一个 N 位 A/D 转换器中第一级子流水线级的量化位数为 M_1 位，则 M_1 位全差分 MDAC 传输曲线如图 6.51 所示。可以看出，输入信号范围被 MDAC 传输曲线等分为 k 个小区间，每个小区间对应一个二进制码，其中 $k=2^{M_1}$ 。在理想情况下，MDAC 将第一级的余量电压放大到输入范围，所以其输出摆幅 Δ 等于 $2V_{REF}$。下面来具体研究电容失配对 M_1 位 MDAC 的线性度的影响[27]。

电容阵列由 M_1+1 个电容并联而成，包括两个相等的单位电容和 M_1 个呈二进制递增的电容，如图 6.52 所示，其中 $V_{DAC}(i)$ 为 DAC 的模拟输出，S_j 为 DAC 的数字输入。电容阵列中每个电容都可以表示为理想电容加上一个误差，则

$$C_j = 2^{j-2}C_u + \delta_j (j = 2,\cdots,M_1+1) \tag{6.98}$$

$$C_1 = C_2 \tag{6.99}$$

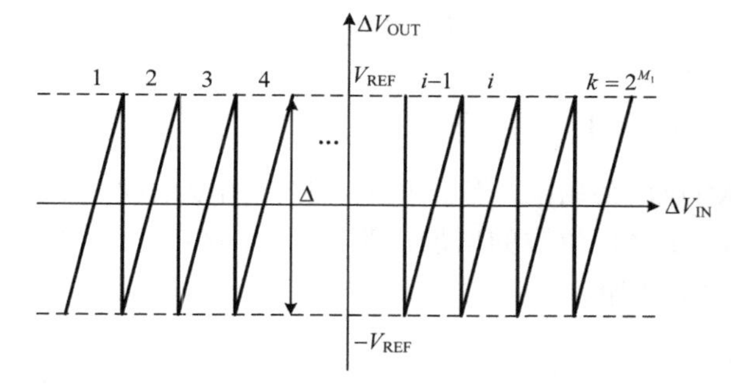

图 6.51　MDAC 传输曲线

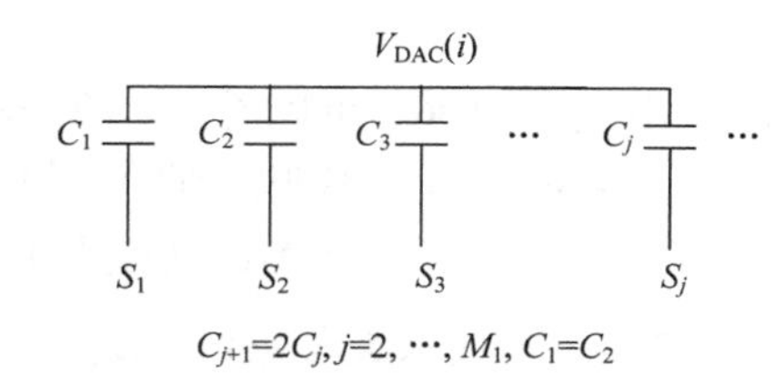

图 6.52　DAC 电容阵列

每个误差都服从独立的高斯分布，假设单位电容的误差的标准差为 σ_u ，则

$$E(\delta_j^2) = 2^{j-2}\sigma_u^2 (j=2,\cdots,M_1+1) \tag{6.100}$$

假设 DAC 的初始值为零，则 DAC 的模拟输出 $V_{DAC}(i)$ 可表示为

$$V_{DAC}(i) = \frac{\sum_{j=2}^{M_1+1}(2^{j-2}C_u+\delta_j)S_j + (C_u+\delta_1)S_1}{2^{M_1}C_u + \sum_{j=1}^{M_1+1}\delta_j} \tag{6.101}$$

当电荷转移稳定时，传输曲线中的第 i 部分可表示为

$$\Delta V_{OUT} = \frac{2^{M_1}C_u + \sum_{j=1}^{M_1+1}\delta_j}{C_u+\delta_1}\Delta V_{IN} + \frac{2^{M_1}C_u + \sum_{j=1}^{M_1+1}\delta_j}{C_u+\delta_1}V_{DAC}(i) \tag{6.102}$$

若电容完全匹配，则

$$\Delta V_{\mathrm{OUT}} = 2^{M_1}\Delta V_{\mathrm{IN}} + 2^{M_1} V_{\mathrm{DAC}}(i) \tag{6.103}$$

DNL定义为两相邻数字码宽度之间的误差，而INL定义为实际输出与理想输出之差。对于SAR A/D转换器，最大DNL一般发生在V_{FS}与$V_{\mathrm{FS-1}}$之间，最大INL一般发生在V_{FS}处。

为了简化计算，忽略$\sum_{j=0}^{M_1-1}\delta_j$和反馈电容失配误差的影响，则

$$\begin{aligned}\sigma(\mathrm{DNL}_{\max}) &= \sigma[(\Delta V_{\mathrm{OUT}}^{V_{\mathrm{FS}}} - \Delta V_{\mathrm{OUT}}^{V_{\mathrm{FS}}-1})_{\mathrm{real}} - (\Delta V_{\mathrm{OUT}}^{V_{\mathrm{FS}}} - \Delta V_{\mathrm{OUT}}^{V_{\mathrm{FS}}-1})_{\mathrm{ideal}}] \\ &\approx \frac{\sqrt{2^{M_1}-1}\sigma_u}{4C_u}V_{\mathrm{REF}}\end{aligned} \tag{6.104}$$

$$\sigma(\mathrm{INL}_{\max}) = \sigma\left(\Delta V_{\mathrm{OUT}}^{V_{\mathrm{FS}}} - \frac{1}{2}V_{\mathrm{REF}}\right) \approx \frac{\sqrt{2^{M_1-1}}\sigma_u}{4C_u}V_{\mathrm{REF}} \tag{6.105}$$

一般要求DNL和INL都要小于后级流水线级精度的1/2LSB，则

$$\frac{\sigma_u}{C_u} < \frac{4}{2^{N+1-M_1}\sqrt{2^{M_1}-1}} \approx \frac{1}{2^{N-1-\frac{M_1}{2}}} \tag{6.106}$$

由式（6.106）可以看出，第一级MDAC每增加一位，则电容失配的要求放宽$\sqrt{2}$倍。如果单位电容不变，则随着第一级MDAC位数的增加，第一级MDAC的线性度也增加，从而使整个A/D转换器的线性度增加。

2. 流水线级数与每级位数的选取

由前面可知，第一级量化位数越高，整个A/D转换器的线性度就越好。为了得到高线性度并简化设计，本设计采用两级流水线结构。下面对每级位数的选取进行优化分析。

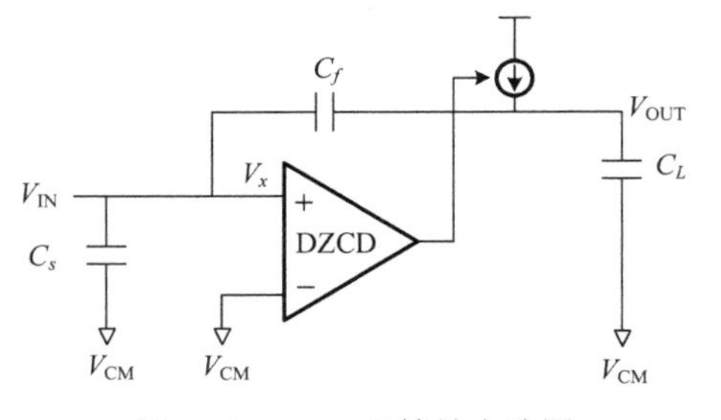

图 6.53　MDAC等效电路图

先对功耗进行分析，整个A/D转换器的功耗主要来自MDAC的功耗，SAR A/D转换器的功耗相对来说可以忽略，所以这里只分析基于过零检测器的MDAC的功耗和相关参数。图6.53示意了MDAC工作时的等效电路图，其中C_s为第一级采样等效电容，C_f为反馈电容，C_L为MDAC的输出负载，这里等效为第二级的等效采样电容。从图中可以看出，MDAC的功耗主要受等效负载电容、信号建立时间和电流源的影响。

基于过零检测器的MDAC的功耗主要来自电流源在MDAC输出端的充放电，为了简化分析，这里忽略过零检测器的功耗，则MDAC的功耗可以近似为

$$P_{\text{MDAC}} \propto I \cdot \int_0^T V_{\text{OUT}}(t)\mathrm{d}t \tag{6.107}$$

式中，I 为电流源电流大小，这里假设电流源为恒流源；$V_{\text{OUT}}(t)$为 MDAC 输出端的电压。假设电荷转移经过时间 T 后结束，$V_{\text{OUT}}(t)$被放大到最大电压 V_{DD}，则

$$P_{\text{MDAC}} \propto \frac{1}{3} C_{\text{eff}} T V_{\text{DD}}^2 \tag{6.108}$$

$$C_{\text{eff}} = (1-\beta) \cdot C_f + C_L \tag{6.109}$$

式中，C_{eff} 为 MDAC 输出端等效负载；β 为反馈系数。当建立时间 T 和 V_{DD} 一定时，MDAC 的功耗正比于输出端等效电容。

假设第一级位数为 M_1，第二级位数为 M_2，第一级和第二级的单位电容相等且都为 C_u，则

$$C_s = 2^{M_1} \cdot C_u \tag{6.110}$$

$$C_L = 2^{M_2-1} \cdot C_u \tag{6.111}$$

$$C_f = \frac{C_s}{2^{M_1-1}} \cdot C_u = 2 \cdot C_u \tag{6.112}$$

$$\beta = \frac{C_f}{C_s + C_f} \tag{6.113}$$

将式（6.110）～式（6.113）代入式（6.109）可得

$$C_{\text{eff}} = \left(2 - \frac{4}{2^{M_1}+2} + 2^{M_2-1}\right) \cdot C_u \tag{6.114}$$

由于采用两级流水线结构和冗余位校正技术，得

$$M_1 + M_2 = N + 1 \tag{6.115}$$

将式（6.115）代入式（6.114），再结合式（6.108），可以得到功耗与第一级子流水线量化位数的关系为

$$P_{\text{MDAC}} \propto \left(2 - \frac{4}{2^{M_1}+2} + 2^{N-M_1}\right) \cdot C_u \tag{6.116}$$

在 10 位精度的条件下，设单位 C_u 为一个定值，以第一级子流水线量化位数 M_1 为自变量，作总功耗的函数图，如图 6.54 所示。由函数图可以得出以下结论：在假设系统功耗主要由 MDAC 的电流源贡献的情况下，第一级量化位数越高，则系统的功耗越小，且当第一级量化位数小于等于 5 位时，每多一级量化位数，功耗减小 45%～55%；当第一级量化位数大于 5 位时，每多一级量化位数，功耗减小 17%～40%。

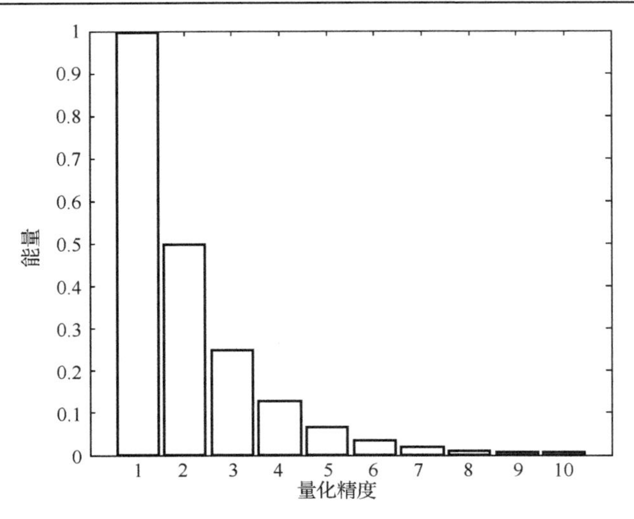

图 6.54　第一级量化精度与系统功耗的关系

接着对两级流水线 SAR A/D 转换器工作时序进行分析，其时序如图 6.55 所示。从图中可以看出，在第一级采样和逐次量化本周期高 M_1 位数字码的同时，第二级进行上一个周期低 M_2 位的量化，在第一级 MDAC 对余量进行放大的同时，第二级对余量放大信号进行采样，如此按流水线形式对输入信号进行量化。

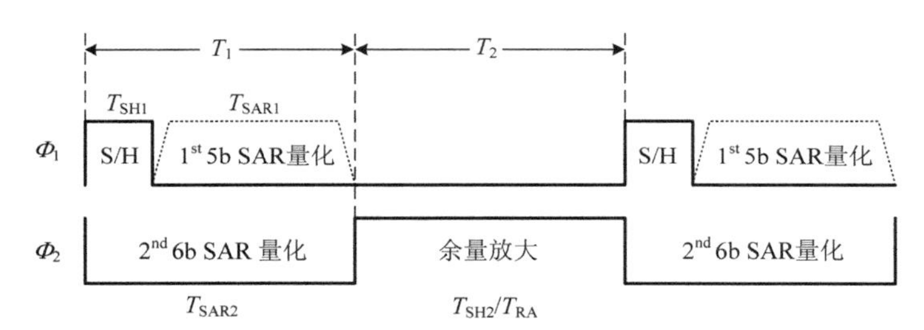

图 6.55　两级流水线 SAR A/D 转换器工作时序图

$$T_1 = \{T_{SH1} + T_{SAR1}, T_{SAR2}\}_{max} \tag{6.117}$$

$$T_2 = \{T_{SH2} + T_{RA}\}_{max} \tag{6.118}$$

$$T = T_1 + T_2 \tag{6.119}$$

式中，T 为 A/D 转换器的工作周期；T_{SH1} 为第一级 SAR A/D 转换器的采样时间；T_{SH2} 为第二级 SAR A/D 转换器的采样时间；T_{SAR1} 为第一级 SAR A/D 转换器的转换时间；T_{SAR2} 为第二级 SAR A/D 转换器的转换时间；T_{RA} 为第一级 MDAC 的余量放大时间。

根据设计经验，第一级采样时间相当于量化 1 位数字码的时间，所以式（6.117）可以变换为

$$T_1 = \{T_{M_1+1}, T_{M_2}\}_{\max} \tag{6.120}$$

所以当 $T_{M_1+1} = T_{M_2}$ 时，T_1 最小。又因为 $M_1 + M_2 = N + 1$，当 $N = 10$，M_1 取 5 位，M_2 取 6 位时，T_1 做到最优。

时间 T_2 的取值需要满足 MADC 建立和第二级采样建立时间，而在实际电路中，采样开关是在 MDAC 开始放大之前就已经打开。第二级采样建立时间低于 MDAC 的建立时间，所以 T_2 由 MDAC 的建立时间决定。

根据之前的分析，MDAC 的建立时间由过冲误差决定，而过冲误差由过零检测器的延迟时间决定，与第一级和第二级的位数分配没有关系，因此这里只优化 T_1 的时间，综合上述分析可得，当第一级取 5 位，第二级取 6 位时，两级流水线的时序达到最优。

根据功耗的优化分析，采用“5+6”的结构时，功耗已经非常小，能够满足设计要求，继续提高第一级位数，对功耗的优化有限，但是在时序上会恶化，所以综合功耗和时序的优化分析，本设计采用“5+6”的结构来实现 10 位精度的两步式流水线 SAR A/D 转换器。

3. 10 位基于过零检测器的流水线 SAR A/D 转换器系统结构

图 6.56 示意了 10 位 50MS/s 基于过零检测器的流水线 SAR A/D 转换器的结构框图和时序图。为了提高共模噪声抑制能力和转换精度，实际 A/D 转换器采用差分结构。根据速度与功耗的折中，A/D 转换器采用“5+6”的两级流水线型结构，其中冗余 1 位作为校正，基本模块包括自举开关、差分电容阵列、动态比较器、SAR 逻辑、放大网络和数字编码电路。当 Φ_1 为高时，第一级差分电容阵列通过自举开关对差分输入信号进行采样以减小信号失真。当 Φ_1 为低时，在 SAR 逻辑的控制下，对输入信号进行高 5 位的量化。完成量化后，高 5 位量化码进入编码电路等待编码。当 Φ_2 为高时，放大网络对第一级差分电容阵列上的余量电压进行放大，同时第二级差分电容阵列对放

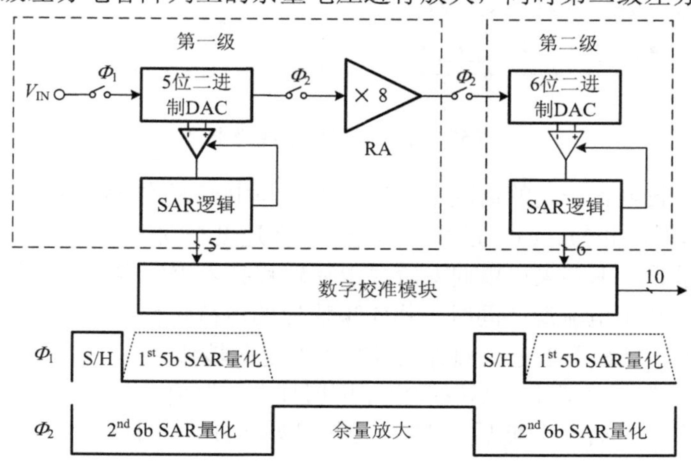

图 6.56　10 位 50MS/s 基于过零检测器的流水线 SAR A/D 转换器结构框图和时序图

大后的余量信号进行采样。当Φ_2为低时，完成对余量电压的放大，第二级差分电容阵列完成采样，在第二级SAR逻辑的控制下对余量放大信号进行低6位的量化，并将量化码输入编码电路。从图中可以看出，高5位和低6位的量化同时进行，实现流水线工作方式。编码电路对高5位量化码和低6位量化码进行编码，最终输出得到10位量化码。

6.3.4 关键模块电路

由于本节的部分电路采用了6.2节的部分电路，所以本节仅介绍与6.2节中差异较大的关键模块电路。

1. 第一级子流水线级电路单元

图6.57所示为第一级子流水线级具体电路图，可以等效为一个5位SAR A/D转换器和一个基于过零检测器的MDAC。5位SAR A/D转换器先对采样信号进行高5位的量化，并通过逐次逼近将电容阵列上的采样信号减去高5位数字码所对应的模拟量，产生相应的余量信号。5位SAR A/D转换器工作结束后，由基于过零检测器的MDAC对余量信号进行放大，并输出给下一级子流水线级。

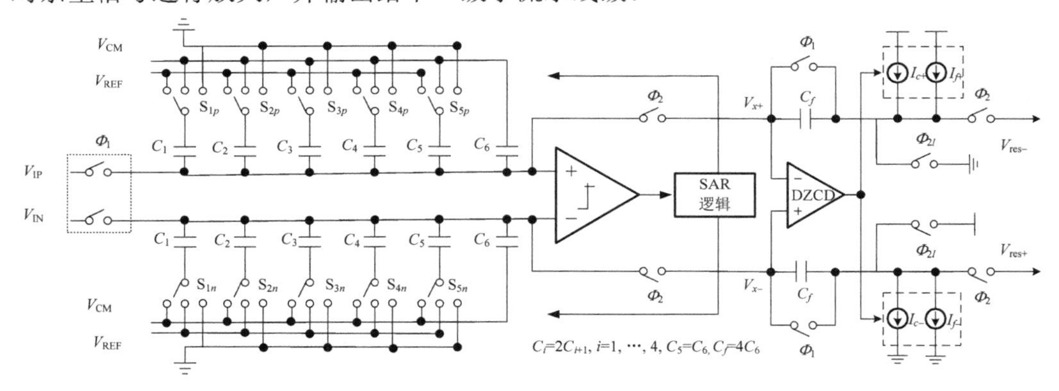

图6.57　第一级子流水线级电路

在工艺和负载电容一定的情况下，过冲误差与电流源的电流成反比，电流源电流越大，电荷转移时间越短，但是过冲误差越大，即速度与误差精度不能同时满足要求。为了解决这一矛盾，本书采用单向双阶段电荷转移技术来实现高速下低过冲误差。先通过大电流源I_c和小电流源I_f同时工作实现快速的电荷转移，在接近过零点的时候，断开大电流源I_c，只剩下小电流源I_f完成剩下的电荷转移。

图6.58所示为第一级子流水线级电路的时序图。当Φ_1为高时，差分电容阵列对输入信号进行采样。当Φ_1变为低后，SAR逻辑开始工作，并且在Φ_2变为高之前，完成高5位的量化和逐次逼近。当Φ_2变为高电平后，基于过零检测器的开关电容电路与差

分电容阵列上极板相连，组成一个 MDAC，开始对差分电容阵列上的余量信号进行放大。在 Φ_2 变为高电平后，有一个短脉冲 Φ_{2l}，使得输出节点 V_{OUT-} 接地，V_{OUT+} 接电源电压，其作用是为了使电荷转移开始阶段差分电容阵列同相输出余量电压 V_{x+} 小于反相输出余量电压 V_{x-}，这样过零检测器只需要完成单向的检测，简化电路的设计难度。时钟 Φ_c 和 Φ_f 分别为大电流源和小电流源的控制时钟，当 Φ_c 为高电平时，大电流源和小电流源同时对输出节点进行充电，在非常短的时间内完成对余量电压的粗略放大；当 Φ_c 跳变为低电平时，Φ_f 仍然为高电平，只有小电流源对输出节点充电，完成对余量电压的精确放大。

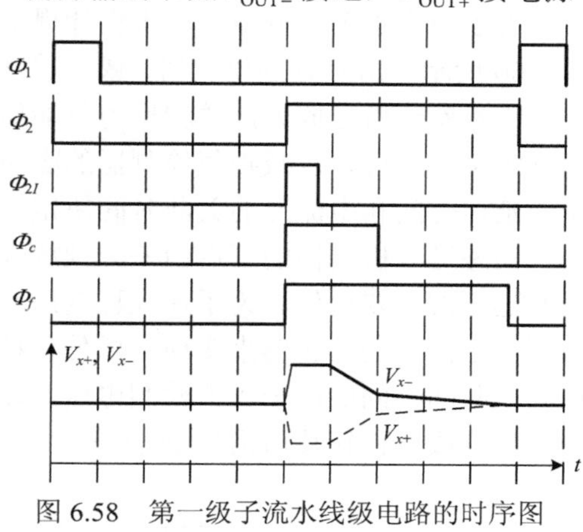

图 6.58　第一级子流水线级电路的时序图

为了降低功耗并且使第一级 SAR A/D 转换器的输出余量共模电平为 V_{CM}，本设计采用“V_{CM}-based” SAR 开关时序[28]，该时序实现 5 位 A/D 转换器仅需要 32 个单位电容，比传统结构减少了 50%。

采样阶段，差分输入信号 V_{IP} 和 V_{IN} 被采样到差分电容阵列的上极板上，同时所有电容的下极板与共模电压 V_{CM} 相连接。采样结束后，采样开关断开，比较器进行第一次比较，得出最高位数字码 B_{10}，并将结果输入 SAR 逻辑中。SAR 逻辑根据比较器的输出结果，驱动最高位电容下极板上的控制开关 S_{1p} 和 S_{1n}，把输入信号较大一端电容阵列的最高位电容 C_1 的下极板由接 V_{CM} 切换到接地，同时输入信号较小一端电容阵列的最高位电容 C_1 的下极板由接 V_{CM} 切换到接 V_{REF}，而剩余低位电容的接法保持不变。完成最高位的逐次逼近后，在 SAR 逻辑的控制下，进行次高位的量化和逐次逼近，方式和最高位一样，以此类推，最终得到 5 位的量化数字码和相应的余量。图 6.59 所示为差分电容阵列上极板电位 V_{xn} 和 V_{xp} 在 SAR 逻辑控制下的时序图。从图中可以看出，比较器输入端的共模电平一直为 V_{CM}，在逐次逼近过程中没有发生变化。

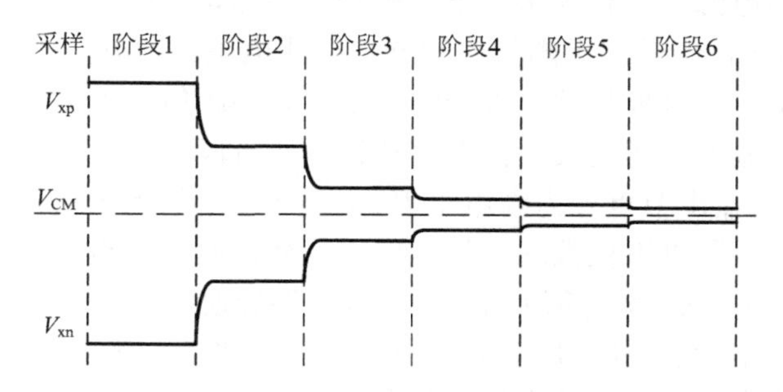

图 6.59　5 位 SAR A/D 转换器时序图

2. 动态过零检测器

为了应用于全差分电路，本设计提出了一种差分动态过零检测器，其电路结构如图6.60所示，由差分预放大器、阈值检测器和电平转移电容 C_{LS} 组成[29]。差分预放大器将输入差分信号放大，并转换为单端信号。预放大器除了增大输入信号的大小以提高分辨率，还可以衰减阈值检测器的噪声对输入端的影响。过冲误差由动态过零检测器的延迟时间和电流源的关断时间决定，而其中动态过零检测器的延迟时间为主要因素。动态过零检测器的延迟由差分预放大器和阈值检测器的延迟决定，其中阈值检测器的延迟占主要地位。为了最大程度地减小过零检测器的延迟时间，本书设计的阈值检测器由简单的反相器来实现，以使传播延迟尽可能小。电平转移电容 C_{LS} 用来产生在同一时间不同的两个阈值检测电压，以此驱动大阈值检测器和小阈值检测器，产生单向双阶段电荷转移所需控制电平。

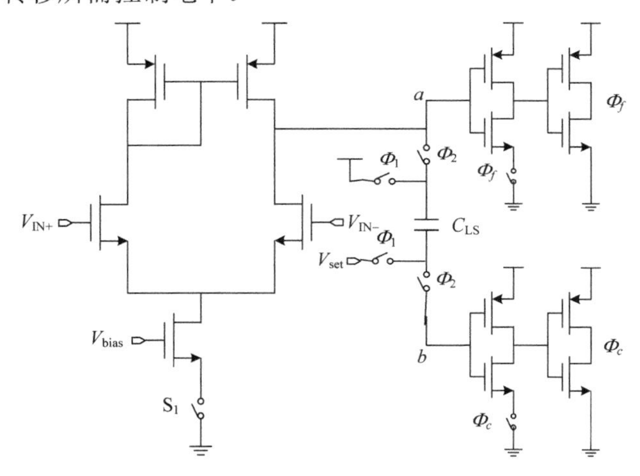

图6.60　动态过零检测器

下面对本设计的动态过零检测器的工作原理进行具体说明：当 Φ_1 为高电平时，电容 C_{LS} 的上极板与电源电压相连接，下极板与一个恒定复位电压 V_{set} 相连接，其中电压 V_{set} 低于电源电压，但是高于阈值检测器的检测电压。当 Φ_2 为高电平时，进入电荷转移阶段，电容 C_{LS} 上极板与预放大器的输出端和小阈值检测器输入端相连接，下极板与大阈值检测器输入端相连接。在电荷转移初始阶段，输入电压 V_{IN+} 大于输入电压 V_{IN-}，所以预放大器输出节点 a 为高电平 V_{DD}，电容 C_{LS} 的上极板的电位保持高电平不变，因为电荷守恒，所以下极板的电位也保持不变，此时节点 b 的电位为 V_{set}。此时大/小电流源的控制电平 Φ_c 和 Φ_f 都为高电平，电流源导通持续给MDAC的输出端充电，实现开关电容电路的电荷转移，V_{IN+} 减小，V_{IN-} 增大。当 V_{IN-} 接近 V_{IN+} 时，预放大器的输出节点 a 开始从高电平向低电平转变，此时由于电荷守恒原理，节点 b 电平从电压 V_{set} 向低电平转变。由于电压 V_{set} 小于高电平 V_{DD}，因此节点 b 的电位先于节点 a 低于阈值检测器的检测电平，Φ_c 的电位先从高电平转变为低电平，于是大电流源先关断。在大电流源关断后，小电流源还在工作，MDAC 进入小电荷转移阶段。当节点 a 的电位也低于阈值检测器的检测电平时，Φ_f 的电位从高电平转变为低电平，于是小电流源关断，MDAC 小电荷转移阶段结束，完成对余量信号的放大。此时开关 S_1 也在 Φ_f 的控制下关断，使预放大器停止工作，完成了动态过零检测的功能，大大降低了功耗。

由动态过零检测器的工作原理可以看出，阈值检测器没有静态功耗，只有预放大器在电荷转移阶段存在静态功耗，所以整个动态过零检测器的功耗由预放大器决定。在双阶段电荷转移技术的 MDAC 电路中，一般采用两个过零检测器来产生电流源控制信号 Φ_c 和 Φ_f，但是两个过零检测器之间的失配会影响 MDAC 的精度，而且两个过零检测器会消耗额外的功耗。本设计采取共用一个预放大器来驱动两个阈值检测器的方式实现同一功能，既消除了因两个过零检测器产生的失配，又降低了功耗。

3. 电流源

电流源的非理想性直接影响 MDAC 的精度，所以电流源的设计至关重要。由于本设计采用全差分结构，所以为了使 MDAC 的输出节点的寄生电容相等，减小失配，采用增加 Dummy 电流源的方法来提高正负电流源的对称性，具体电路如图 6.61 所示[30]。M_{16}/M_{17} 和 M_{22}/M_{23} 组成的电流源对 MDAC 的反相输出端进行充电，M_{18}/M_{19} 和 M_{24}/M_{25} 组成的电流沉对 MDAC 的同相输出端进行放电，电流源和电流沉都采用共源共栅结构，提高电流源的输出阻抗，保证电流源的线性度。M_{27}/M_{28} 管在选择信号的控制下，断开电流源或者电流沉，使得电流源和电流沉不同时工作。其具体工作过程如下。

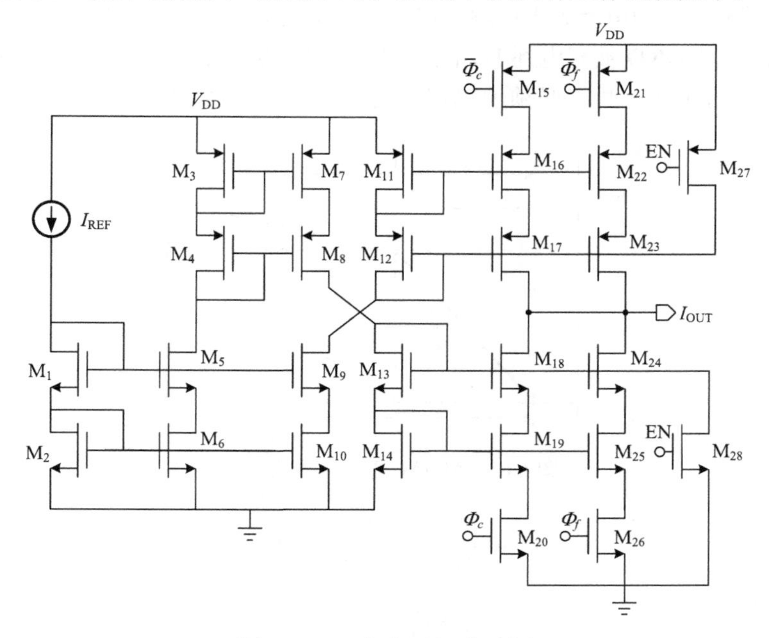

图 6.61　双电流源/沉电路图

在MDAC的反相输出端，选择信号EN恒定接高电平V_{DD}，此时M_{27}管关断，对电流源不起作用；M_{28}管导通，M_{18}/M_{24}管的栅极接GND被断开，电流沉不工作，作为Dummy电流沉。当Φ_c/Φ_f为高电平时，M_{15}/M_{21}导通，两个电流源同时对MDAC反相输出端进行充电，进行电荷转移。当Φ_c为低电平时，M_{15}管关断，M_{16}/M_{17}组成的大电流源被关断，M_{22}/M_{23}组成的小电流源继续对MDAC反相输出端进行充电，直到Φ_f变为低电平。

在MDAC的同相输出端，选择信号EN恒定接低电平GND，此时M_{28}管关断，对电流沉不起作用；M_{27}管导通，M_{17}/M_{23}管的栅极接V_{DD}被断开，电流源不工作，作为Dummy电流源。当Φ_c/Φ_f为高电平时，M_{20}/M_{26}导通，两个电流沉同时对MDAC同相输出端进行放电，进行电荷转移。当Φ_c为低电平时，M_{20}管关断，M_{18}/M_{19}组成的大电流沉被关断，M_{24}/M_{25}组成的小电流沉继续对MDAC同相输出端进行放电，直到Φ_f变为低电平。

由上述工作过程可知，M_{27}或M_{28}导通时，会关断电流源或者电流沉，使得被关断的电流源或者电流沉是恒定无效的，只是作为Dummy电路的存在，不消耗静态误差。

接着对大电流源/沉和小电流源/沉之间的比例和大小取值进行分析，由于电流沉的工作原理与电流源相同，所以这里只分析电流源。图6.62所示为采用大/小电流源对MDAC输出端进行充电时，输出端的电压瞬态响应图，其中I_c和V_c为大/小电流源同时对MDAC输出端充电时的电流大小和输出端的电压变化量，I_f和V_f为小电流源对MDAC输出端充电时的电流大小和输出端的电压变化量，C_L为MDAC输出端等效负载，这里假设输出端从GND被充电到$V_{OUT,max}$，并且大/小电流源都为恒流源。由图6.62可以得出，MDAC的建立时间T必须使输出端电压V_{OUT}充电到$V_{OUT,max}$。

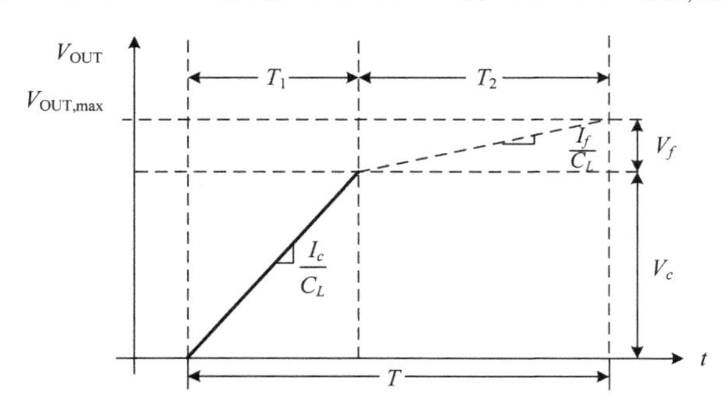

图6.62　MDAC输出端瞬态响应

$$\frac{V_c}{I_c / C_L} + \frac{V_f}{I_f / C_L} \leqslant T \tag{6.121}$$

$$V_c + V_f = V_{OUT,max} \tag{6.122}$$

在大电流源被关断之后，也会出现过冲电压，因为此时充电电流很大，所以过冲电压也很大，且过冲电压的大小与大电流源和小电流源共同作用时的总电流大小成正比。大电荷转移过程结束后，必须保证过零检测器输入端的电压没有超过小阈值检测器的阈值点，否则小电流的引入无法改善过冲误差，所以必须满足如下关系式，即

$$V_f = K \times I_c \tag{6.123}$$

式中，K 由过零检测器延迟时间和输出电压决定。

假设 $V_c >> V_f$，则式（6.122）可表示为

$$V_{\text{OUT,max}} = V_c + V_f \approx V_c \tag{6.124}$$

综合式（6.121）、式（6.123）和式（6.124），可得

$$T \geqslant \frac{V_c}{I_c/C_L} + \frac{V_f}{I_f/C_L} \approx \frac{V_{\text{OUT,max}}}{I_c/C_L} + \frac{K \cdot I_c}{I_f/C_L} \geqslant 2C_L\sqrt{\frac{KV_{\text{OUT,max}}}{I_f}} \tag{6.125}$$

所以当 $\dfrac{V_c}{I_c/C_L} = \dfrac{V_f}{I_f/C_L} \approx \dfrac{T}{2}$ 时，I_f 取最小值，即

$$I_{f,\min} = \frac{4KC_L^2 V_{\text{OUT,max}}}{T^2} \tag{6.126}$$

由以上分析可得，当大电荷转移时间等于小电荷转移时间时，小电流源电流 I_f 最小，即过冲误差最小。大电流和小电流的比值由系数 K 决定，而这个 K 值又由具体电路决定，需要根据实际电路进行仿真得到。最终本设计的小电流源/沉的电流大小为20μA，大电流源/沉的电流大小为200μA。

6.3.5　仿真结果

基于 SMIC 0.18μm CMOS 工艺，对本节的设计进行了电路仿真。图 6.63 给出了当采样频率为 50MHz，输入信号频率为 24.951MHz 的整体 A/D 转换器的 FFT 仿真结果。可以看出，A/D 转换器的 SFDR 为 74.2dB，SNDR 为 61.3dB，有效位数达到 9.89 位，并且电路总功耗约为 3.6mW。然后进行了工艺角的仿真，在输入信号频率为 24.951MHz 的情况下，各工艺角下 A/D 转换器的动态性能如表 6.3 所示。从表中可以看出，在不同的工艺角下，A/D 转换器的有效位数较“TT”都有所下降，这是因为电路设计是在“TT”下进行的。随着工艺角的变化，过零检测器的阈值检测点会发生变化，使 MDAC 的电荷转移精度低于“TT”下的精度，不过仍然满足设计的要求。

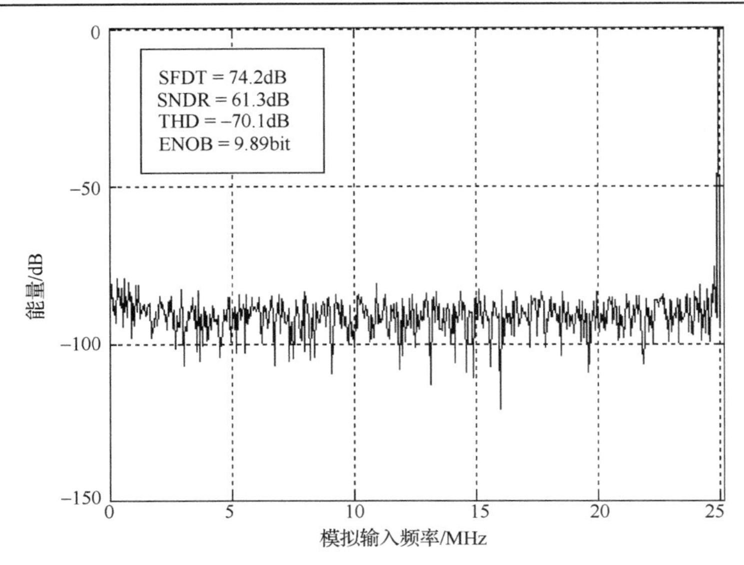

图 6.63　A/D 转换器的输出信号频谱图

表 6.3　各工艺角下 A/D 转换器动态性能

工艺角	TT	SS	FF	SF	FS
ENOB/bit	9.89	9.83	9.85	9.80	9.82
SNDR/dB	61.3	60.9	61.1	60.8	60.9
SFDR/dB	74.2	73.7	73.9	72	72.1
THD/dB	−70.1	−68.3	−69.2	−67.2	−67.8

参 考 文 献

[1] Mehr I, Singer L. A 55-mW, 10-bit, 40-MS/s Nyquist-rate CMOS ADC. IEEE Journal of Solid-State Circuits, 2000, 35(3): 318-325.

[2] Chang D Y. Design techniques for a pipelined ADC without using a front-end sample-and-hold amplifier. IEEE Transaction on Circuits and Systems-I: Regular Paper, 2004, 51(11): 2123-2132.

[3] Ali A M A, Dinc H, Bhoraskar P, et al. A 14b 1GS/s RF sampling pipelined ADC with background calibration. IEEE Int Solid-State Circuits Conf (ISSCC), 2014: 482-484.

[4] Lim Y, Flynn M P. A 100MS/s 10.5b 2.46mW comparator-less pipeline ADC using self-biasd ring amplifiers. IEEE Int Solid-State Circuits Conf (ISSCC), 2014: 202-204.

[5] Chen C Y, Wu J F, Hung J J, et al. A 12-Bit 3 GS/s pipeline ADC with 0.4mm^2 and 500mW in 40nm digital CMOS. IEEE Journal of Solid-State Circuits, 2006, 47(4): 1013-1021.

[6] Chao T. Low-Power Low Voltage A/D Conversion Techniques Using Pipelined Architecture.

University of California at Berkeley, 1995.

[7] Lewis S H, Fetterman H S, Gross G F J, et al. A 10-b 20-MS/s analog-to-digital converter.IEEE Journal of Solid-State Circuits, 1992, 27(3): 351-358.

[8] Razavi B. Principles of Data Conversion System Design. New York: Wiley, 1995:7-28.

[9] Razavi B, Wooley B. Design techniques for high-speed, high-resolution comparators. IEEE Journal of Solid-State Circuits, 1992, 7(12):1916-1926.

[10] Cho C H. A Power Optimized Pipelined Analog-to-Digital Converter Design in Deep Sub-Micron CMOS Technology. Georgia Institute of Technology, 2005.

[11] Ning N. Research on Pipelined ADC Structure and Key Blocks Aiming for Power Optimization. University of Electronic Science and Technology of China, 2004.

[12] Cline D W, Gray P R. A power optimized 13-b 5MS/s pipelined analog-to-digital converter in 1.2μm CMOS. IEEE Journal of Solid-State Circuits, 1996, 31(3):294-303.

[13] Chiu Y, Gray P R. A 14-b 12-MS/s CMOS pipeline ADC with over 100-dB SFDR. IEEE Journal of Solid-State Circuits, 2004, 39(12):2139-2151.

[14] Chiu Y. High-Performance Pipeline A/D Converter Design in Deep-Submicron CMOS. University of California at Berkeley, 2004.

[15] Ahmadi M M. A new modeling and optimizationn of gain-boosted cascode amplifier for high-speed and low-voltage applications. IEEE Transactions on Circuits and Systems II: Express Brief, 2006, 53(3): 169-173.

[16] Yang Y, Binkley D M, Li C Z. Modeling and optimization of fast-settling time gain-boosted cascode CMOS amplifiers. Proceedings of the IEEE Southeast Con 2010 (SoutheastCon), 2010:33-36.

[17] Zhu Z M, Xiao Y, Wang W T. A 0.6V 100KS/s 8-10b resolution configurable SAR ADC in 0.18μm CMOS. Analog Integrated Circuits and Signal, 2013, 75(2): 335-342.

[18] Yu W, Sen S, Leung B H. Distortion analysis of MOS track-and-hold sampling mixers using time-varying volterra series. IEEE Transactions on Circuits and Systems I: Regular paper, 1999, 46(2): 101-113.

[19] Lee C C, Flynn M P. A SAR-assisted two-stage pipeline ADC. IEEE Journal of Solid-State Circuits, 2011, 46(4): 859-869.

[20] Furuta M, Nozawa M, Itakura T. A 10-bit, 40-MS/s, 1.21mW pipelined SAR ADC using single-ended 1.5-bit/cycle conversion technique. IEEE Journal of Solid-State Circuits, 2011, 46(6):1360-1370.

[21] Lee K H, Kim K S, Lee S H. A 12b 50MS/s 21.6mW 0.18μm CMOS ADC maximally sharing capacitors and op-amps. IEEE Transactions on Circuits and Systems I: Regular papers, 2011, 58(9):2127-2136.

[22] Fiorenza J K, Sepke T, Holloway P, et al. Comparator based switched capacitor circuits for scaled CMOS technologies. IEEE Journal of Solid-State Circuit, 2006, 41(12): 2658-2668.

[23] Jang J E. Comparator based switched capacitor pipelined ADC with background offset calibration.

IEEE International Symposium on Circuits and Systems (ISCAS), 2011: 253-256.

[24] Brooks L, Lee H S. A zero-crossing-based 8-bit 200MS/s pipelined ADC. IEEE Journal of Solid-State Circuits, 2007, 42(12): 2677-2687.

[25] Brooks L, Lee H S. A 12b, 50MS/s, fully differential zero-crossing based pipelined ADC. IEEE Journal of Solid-State Circuit, 2009, 44(12): 3329-3343.

[26] Musah T, Kwon S, Lakdawala H, et al. A 630μW zero crossing based ΔΣ ADC using switched-resistor current sources in 45nm CMOS. IEEE Custom Integrated Circuits Conference (CICC), 2009: 1-4.

[27] Wakimoto T, Li H X, Murase K. Statistical analysis on the effect of capacitance mismatch in a high-resolution successive-approximation ADC. IEE J Electrical and Electronic Engineering, 2011, 6(S1): S89-S93.

[28] Zhu Y, Chan C H, Chio U F, et al. A 10-bit 100-MS/s reference-free SAR ADC in 90 nm CMOS. IEEE Journal of Solid-State Circuits, 2010, 45(6): 1111-1121.

[29] Lee U, Chandrakasan A P, Lee H S. A 12b 5-to-1V voltage scalable zero-crossing based pipeline ADC. IEEE Journal of Solid-State Circuits, 2012, 47(7): 1603-1614.

[30] Parsan F A, Ayatollahi A. A comparator based switch capacitor integrator using a new Charge control circuit. IEEE International SOC Conference, 2008: 139-142.

第 7 章　可配置循环型 CMOS A/D 转换器

本章参考 SAR A/D 转换器设计思想，基于 0.18μm 1P6M CMOS 工艺，设计了一种 6～12 位可配置 1MS/s 循环型 A/D 转换器，采用无采样保持放大器的循环流水线结构，有效面积仅为 0.2mm²。本章所设计的 A/D 转换器具有 9 个单端输入通道，也可以组合成 8 组差分输入通道。为降低功耗，设计了一种工作模式和三种节能模式。在工作模式下，根据采样时钟频率的变化，偏置电流有 7 种不同的工作状态，保证了系统功耗的优化。

7.1　系 统 结 构

7.1.1　循环型 A/D 转换器基本原理

本章所设计的循环型 A/D 转换器由两级组成，如图 7.1 所示，每级的结构与流水线型 A/D 转换器中的结构相同，为区别于流水线 A/D 转换器结构，称为循环级。输入信号通过多路选择器进入第一级，经过采样、余量增益后传递给第二级，同时将子 A/D 转换器量化的结果送给数字校准逻辑。这里采取的数字校准算法是 1.5 位/级的冗余算法，因此级间增益为 2。在第二循环级将第一循环级的输出信号采样、运算之后，便完成了一次循环。第一次循环结束后，在多路选择器控制下，第二级输出结果传递给第一级，进行下一次循环。当规定的循环次数完成后，数字校准电路对量化结果处理，生成最终输出数字码。

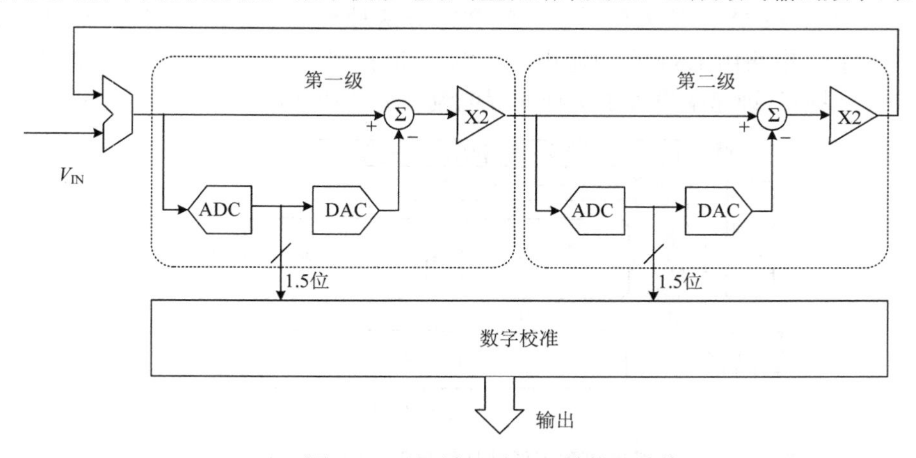

图 7.1　两级循环型 A/D 转换器结构

循环型结构与流水线结构 A/D 转换器的不同之处在于，流水线结构中输入信号完成最终的量化依次通过每一级即可完成，而循环型结构中的信号要在两级间循环多次才能达到分辨率要求，完成转换。流水线结构 A/D 转换器的吞吐量取决于一级流水线的速度，而循环型 A/D 转换器存在两级循环级的复用，使得吞吐量降低。但也正是因为复用的存在，循环型 A/D 转换器节省了许多面积和功耗，从而更适合于中低速度、低功耗的应用。如果在此基础上增加了两级循环级之间运算放大器的复用，就可进一步降低功耗，但同时也增加了设计难度，速度方面也会有所降低。本质上，循环型 A/D 转换器是流水线型 A/D 转换器在速度与面积、速度和功耗之间的折中。

循环型结构 A/D 转换器的一个特点是自身精度的可配置，如图 7.2 所示，当转换器循环次数改变时，其精度也随之改变，如循环 3 次，可以得到 6 位的精度，而循环 6 次便可以得到 12 位的精度。当然，实际设计不会这么简单。因为针对不同的精度要求，每一级的指标也会有所差别。希望实现的最高精度越高，每一级的电路指标也就越严格，因此只有这样才能保证分辨率随着循环次数的增加而提高。

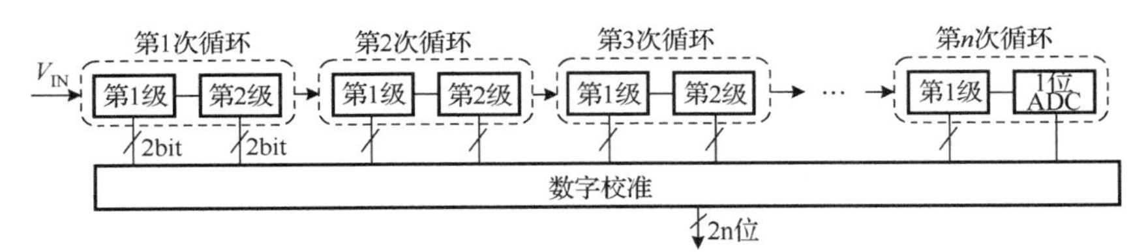

图 7.2　循环型 A/D 转换器的工作过程

7.1.2　6～12 位可配置低功耗循环型 A/D 转换器系统结构

本章所设计的 6～12 位精度可配置、低功耗、小面积的循环型 A/D 转换器系统框图如图 7.3 所示，集成了基准电压源，满量程电压 V_{FS} 为 1.2V。当使用外部基准时，V_{FS} 可设定在 0.8～1.5V。输入信号有单端和差分两种形式，范围分别为 0～V_{FS} 和 $-0.5V_{FS}$～$0.5V_{FS}$。电路由 1.8V 单电源电压供电，拥有一种工作模式和三种节能模式；工作模式下，根据时钟速率设置了 7 种偏置电流来调节功耗，使芯片功耗最优。

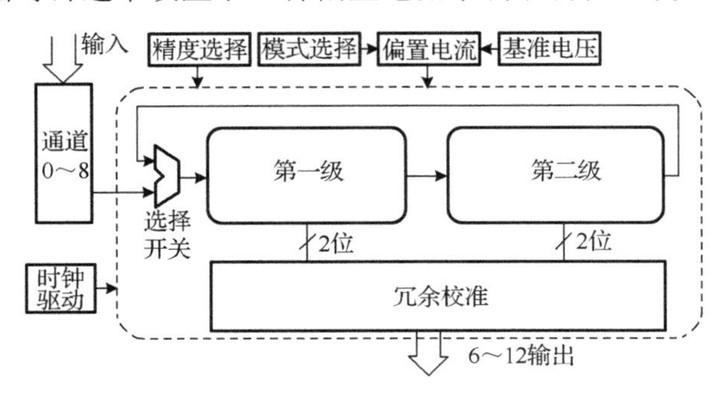

图 7.3　6～12 位精度可配置低功耗循环型 A/D 转换器系统框图

整个 A/D 转换器系统由核心电路部分和外围辅助部分组成。核心电路部分主要由两级循环级和数字校准电路组成；外围电路包含输入信号通道和选择模块、精度选择模块、基准电压产生模块、模式选择模块、偏置电流模块和时钟驱动模块。

A/D 转换器具有多个输入通道，当输入信号为单端信号时，具有 9 个单独的通道，由数字逻辑电路控制选通。当输入信号为差分信号时，通道 0 将作为固定的反相输入端，与另外 8 个通道组成 8 组差分信号输入通道。多种输入模式增加了系统在应用中的灵活性。精度选择模块的主要功能在于控制选择开关，决定第一循环级的输入信号是来自外界模拟输入还是第二循环级的运算输出，从而控制循环的次数和输出数字码的位数。

A/D 转换器内部集成了输出电压为 1.2V 的基准电压源电路来确定满量程电压范围。当采用内部基准时，输入信号为 0～1.2V（单端模式）和–0.6～0.6V（差分模式）；当输入信号的摆幅与 1.2V 差别较大时，内部基准电压源将不能满足要求，此时可选择使用外部基准电压，外部基准电压可设定在 0.8～1.5V。

模式选择模块的存在使得转换器工作更加灵活，功耗得到优化。首先，模式选择模块可以控制转换器处于一种工作模式或三种节能模式，避免了转换器不工作时功耗的浪费。其次，在工作模式下，根据时钟频率的不同，模式选择模块可以控制偏置电流模块来改变对核心电路的供电电流，使功耗得到进一步优化。

时钟驱动模块为系统各模块提供所需的时钟。对于通道选择和数字校准等数字模块的时钟，没有特别的要求。对于核心电路中的循环级，则需要非交叠时钟来保证功能的实现。具体的时钟要求和实现电路将在后面的章节详细介绍。

核心电路的模拟部分一共有两级，每级循环级都要实现对输入信号的采样保持、粗量化和余误差增益的功能；数字部分由数字校准电路组成，将两级循环级的粗量化结果进行处理，最终输出完整的量化数据。

7.1.3　冗余数字校准

在流水线型 A/D 转换器和循环型 A/D 转换器中，数字校准电路必不可少。经过多年发展，出现了许多不同的数字校准策略，详细内容参看 6.1.3 节。

其中，对于级间增益 G 的选取，一般选择 $G=2^B$ 。这样做的目的与数字校准电路的特点有关，因为对于数字电路中的乘 2 运算，实现十分简单，只需移位。本章设计采用的 $G=2$ 。对于每级输出数字位数可简单分为两种，一种如图 7.4(a)所示，没有冗余位，即 $G=2^D$ 。这种电路的优点在于子 A/D 转换器量化的有效位数与实际位数相等，可以一定程度地减少级数。但这样做的后果是子 A/D 转换器中任意的一点失调都会导致过载，也就是前一级输出信号摆幅超过后一级的输入信号范围。另一种方式如图 7.4(b)所示，带有冗余位。例如，对于 $G=2$ 的情况，实际量化结果为 2 位数字码，对应 3 种状态。这样做的优势在于子 A/D 转换器中小于 $V_{\rm REF}/4$ 的失调误差不会对输出结果造成影响。子 A/D 转换器的分辨率为 $R=\log_2 3=1.589$ ，其中有 1 位的有效位，其余为冗余位。

1 位数字码可对应 2 种状态，2 位数字码可对应 4 种状态。因此，习惯上人们将对应 3 种状态的情况称为 1.5 位数字码，这也就是 1.5 位/级冗余算法的由来。

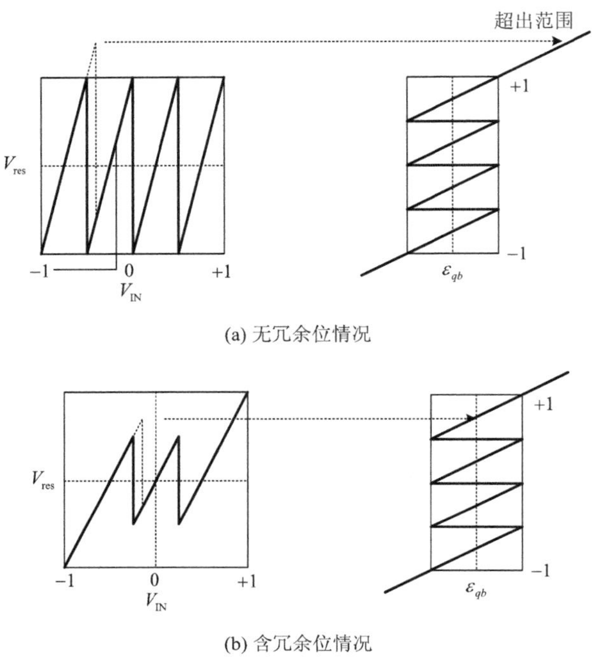

(a) 无冗余位情况

(b) 含冗余位情况

图 7.4　数字校准算法误差容限

7.1.4　多工作模式设计

本章所设计的 A/D 转换器共有四种模式——工作、待机、睡眠和关机模式。只有工作模式为正常工作状态，其他模式均为节能模式。根据需要可以灵活地控制转换器处于不同的模式，避免系统功耗浪费。工作模式由模式选择模块控制，控制信号为 OPM[1:0]，控制关系见表 7.1，其中四种模式消耗的功耗从上到下依次降低。

表 7.1　工作模式控制

模式	控制端口	
	OPM[1]	OPM[0]
工作	1	1
待机	1	0
睡眠	0	1
关机	0	0

在实际电路中，模式选择模块通过控制提供给核心电路的偏置电流来实现对不同

模式的选择。非工作模式下，会对应关掉或降低提供给各个运算放大器的偏置电流，从而降低系统对功耗的需求。

在应用中还存在另一个问题，那就是系统的时钟频率往往要根据使用场合的不同而在一定范围内变化。这种情况就为降低功耗提供了另一条途径。对于不同的时钟频率，电路的性能要求也会发生改变，从而降低对系统功耗的需求。因此，在实际电路中可以根据时钟速率来调节供电偏置电流的大小，在保证性能的前提下，实现功耗随速度的改变而改变。这也是模式选择模块的另一功能。偏置电流受三条控制线 BIASCTRL[2:0]控制，可实现 8 种大小不同的电流，与时钟频率的关系如表 7.2 所示。

表 7.2　可编程偏置电流与时钟对应表

BIASCTRL[2:0]			电流/μA	时钟频率/MHz
0	0	0	0	非工作状态
0	0	1	1.5	0.1～0.5
0	1	0	3.0	0.5～1.0
0	1	1	4.5	1.0～2.0
1	0	0	6.0	2.0～3.0
1	0	1	7.5	3.0～4.0
1	1	0	9.0	4.0～5.0
1	1	1	10.5	5.0～6.0

7.2　关键模块电路

7.1 节对 6～12 位可配置循环型 A/D 转换器的系统结构和工作原理进行了介绍，从具体模块电路着手，阐述循环型模数转换器各模块电路的结构功能、设计思想和实现电路。采样保持电路在 A/D 转换器中的地位举足轻重，同时也占用了 A/D 转换器的大量功耗，在本章中采用了 SHA-less 结构来降低功耗，将采样保持功能融合到第一级 MDAC 中。本节详细介绍了 MDAC 电路和可配置运算放大器，对动态比较器等电路也有简要介绍。

7.2.1　采样保持电路基本原理

采样保持电路是 A/D 转换器中最重要的模块之一，其性能决定了整个 A/D 转换器能够处理的最大精度和速度。只有采样保持电路对输入的模拟信号进行足够精确和快速的采样，才能得到一个合理的保持信号，供后续电路处理。下面将从最简单的开关电容采样电路开始，逐步阐述怎样得到一个性能优良的采样保持电路。

1. 开关电容采样

在一定条件下，一个连续时间信号完全可以用该信号在等时间间隔点上的值来表示，并且可以用这些样本值把信号全部恢复出来。这个使人吃惊的性质就来自于采样定理。采样定理的重要性在于它在连续时间信号和离散时间信号之间架起了一道桥梁。

正是由于采样定理如此重要，有必要在继续后面的工作之前简单了解一下采样定理。图 7.5 展示了信号分别在时域和频域应用采样定理实现的采样和恢复过程。如图 7.5(a)所示，$x(t)$为输入信号，$p(t)$为冲激采样信号，$x_p(t)$为采样后的信号。图 7.5(b)为采样前 $x(t)$的时域信号，经过图 7.5(c)中周期为 T 的单位冲激采样信号 $p(t)$的采样，最终得到了采样后的信号 $x_p(t)$。以上是时域变化，接下来从频域角度来观察信号采样、恢复的过程。图 7.5(e)是 $x(t)$在频域的对应表示 $X(\mathrm{j}\omega)$，它为带限信号；图 7.5(f)为 $p(t)$在频域的对应表示 $P(\mathrm{j}\omega)$；图 7.5(g)为采样后信号 $x_p(t)$在频域的对应表示 $X_p(\mathrm{j}\omega)$。当 $X_p(\mathrm{j}\omega)$通过图 7.5(g)中虚线所示低通滤波器处理后，便可得到如图 7.5(h)所示的与采样前完全相同的信号。只要保证采样信号的频率在输入信号频率的两倍以上，便能通过滤波来恢复信号，而不会发生混叠现象。

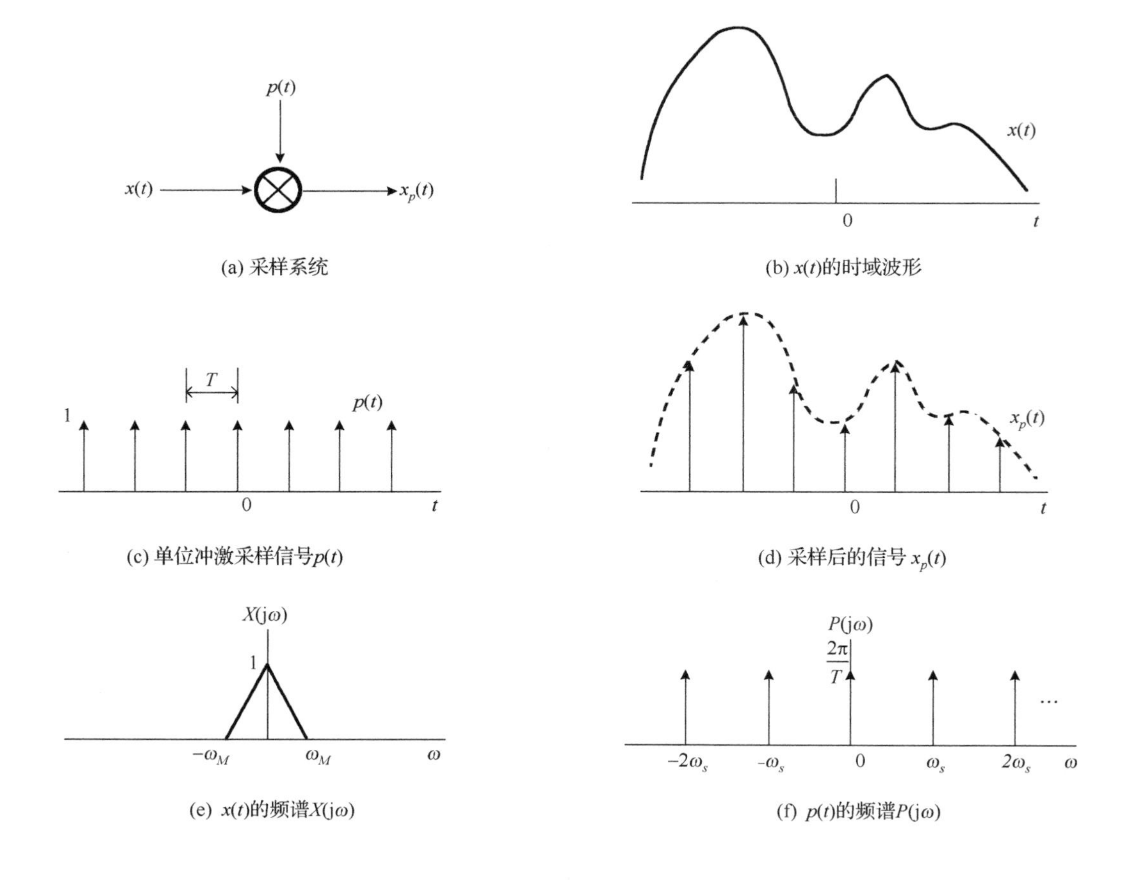

(a) 采样系统

(b) $x(t)$的时域波形

(c) 单位冲激采样信号$p(t)$

(d) 采样后的信号 $x_p(t)$

(e) $x(t)$的频谱$X(\mathrm{j}\omega)$

(f) $p(t)$的频谱$P(\mathrm{j}\omega)$

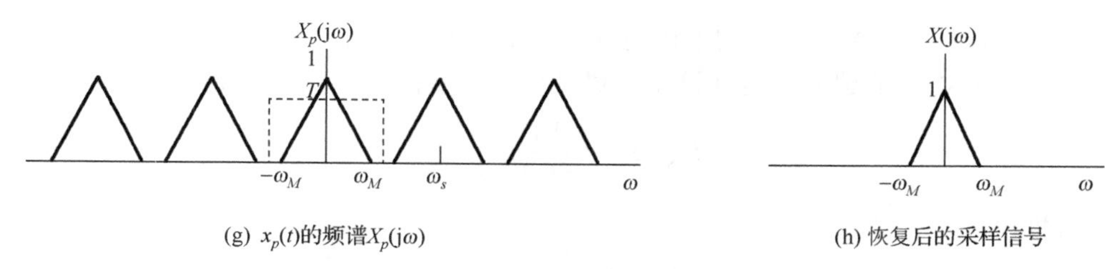

(g) $x_p(t)$的频谱$X_p(j\omega)$　　(h) 恢复后的采样信号

图 7.5 信号的采样及恢复过程

在MOS电路中，最简单的采样保持电路可以由一个MOS开关和一个电容来实现。图 7.6 中分别画出了电路实现形式和对应的一阶模型。在采样相，开关和电容构成的 RC 网络对电容充电；在保持相，开关断开，当 V_{OUT} 端没有电荷泄漏通路时，电容将保持采样得到的输入信号。采样保持电路的原理很简单，关键在于怎样提高采样保持电路的性能。

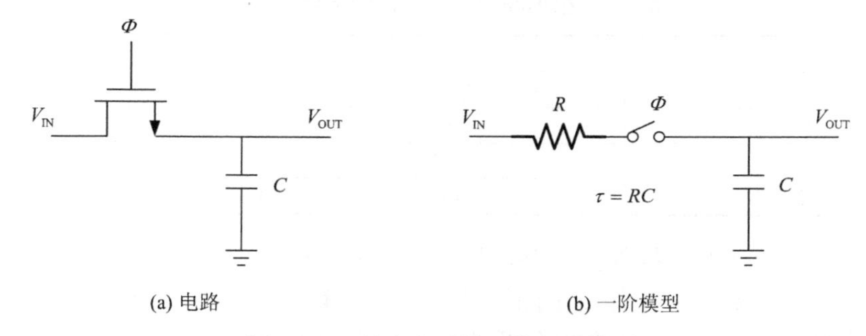

(a) 电路　　(b) 一阶模型

图 7.6 开关电容采样及其一阶模型

下面首先考虑开关热噪声的影响。对于有限精度的 A/D 转换器，都存在最基本的量化噪声，其值为 $V_{\mathrm{LSB}}^2/12$。采样保持电路中 MOS 开关存在导通电阻，那么必然会引入热噪声。假设 MOS 开关的导通电阻是一个定值 R，则其产生的热噪声谱密度为 $S_v(f)=4kTR(f\geqslant 0)$，$RC$ 网络的滤波作用，可以得到总的噪声功率为 kT/C。一个不错的想法是让热噪声等于量化噪声，这样既可以确保热噪声对总噪声特性的影响不会太大，也不至于因为一味追求过低的热噪声而浪费了系统指标。对于 $kT/C=\Delta^2/12$，其中 $\Delta=V_{\mathrm{FS}}/2^B$，可以得到 $C=12kT(2^B/V_{\mathrm{FS}})^2$。此外，电容容值的确定还要受到另一个条件限制，那就是电容匹配。关于电容匹配性要求，将在本节后续中详细讨论。

RC 网络的建立时间是另一个重要的限制条件。考虑最差情况，输入为一个 0～V_{FS} 的阶跃信号，那么输出就需要从 0 建立到 V_{FS}。输出电压的变化为指数关系，即

$$V_{\mathrm{OUT}}(t)=V_{\mathrm{FS}}(1-\mathrm{e}^{-t/\tau}) \tag{7.1}$$

那么采样的误差值为

$$V_{\mathrm{OUT,err}}\left(\frac{T_s}{2}\right)=-V_{\mathrm{FS}}\mathrm{e}^{-\frac{T_s}{2}/\tau}=-V_{\mathrm{FS}}\mathrm{e}^{-N} \tag{7.2}$$

式中，T_s为采样周期；N为采样周期内时间常数的个数。

假设需要LSB/2的建立精度（这个是最低要求，实际中一般设为LSB/8），则

$$V_{\mathrm{FS}} \cdot \mathrm{e}^{-N} \leqslant \frac{1}{2}\frac{V_{\mathrm{FS}}}{2^B} \tag{7.3}$$

又可推出

$$N = \frac{T_{\mathrm{clk}}/2}{\tau} \geqslant \ln(2 \cdot 2^B) \tag{7.4}$$

由此得到了对RC网络的又一限制，结合前面对噪声的考虑，可以得到一个对电阻电容值的估算。假设$V_{\mathrm{FS}} = 1\mathrm{V}$，$f_s = 100\mathrm{MHz}$，需要达到的分辨率为$B$，则电容$C$和电阻$R$存在如表7.3所示的对应关系。

表7.3　根据精度要求确定的电容和电阻

B	C/pF	R/Ω
6	0.00025	4060075
8	0.003	246057
10	0.052	12582
12	0.834	665

对于分辨率较低的采样保持电路，电阻和电容的要求都比较宽松，而分辨率越高，要求也越严格。在实际采样保持电路设计中，由于存在其他非理想效应，最终MOS晶体管尺寸的确定还需要通过仿真结果来验证，并在此基础上增加一定的余量。

2. 非理想特性分析

在开关电容电路的使用中，主要有两个非理想特性限制了电路的性能，分别是电荷注入和时钟馈通效应。如图7.7所示，当开关导通时，MOS管沟道存在反型层，假设$V_{\mathrm{IN}} \approx V_{\mathrm{OUT}}$，则反型层内总电荷量为

$$Q_{\mathrm{ch}} = WLC_{\mathrm{ox}}(V_{\mathrm{DD}} - V_{\mathrm{IN}} - V_{\mathrm{th}}) \tag{7.5}$$

当开关断开后，Q_{ch}会通过源和漏流出，使电容上的电荷量改变，这种现象就是沟道电荷注入。假设电荷各有一半流向源和漏，则电容上电位变化为

$$\Delta V = \frac{WLC_{\mathrm{ox}}(V_{\mathrm{DD}} - V_{\mathrm{IN}} - V_{\mathrm{th}})}{2C_h} \tag{7.6}$$

当然，实际中不会正好一半电荷流向源和漏，而是存在一个比例系数，这里只讨论原理，不对比例系数进行详细计算。电荷注入的影响是会引入非线性和失调的。

另一个非理想性为时钟馈通。如图7.8所示，由于MOS管栅和源、栅和漏之间存在交叠电容，当开关由导通变为关断时，时钟上的跳变会通过交叠电容耦合到采样电容上，这样就导致了电容上电位的变化。

$$\Delta V = V_{\text{Clk}} \frac{WC_{\text{ov}}}{WC_{\text{ov}} + C_h} \tag{7.7}$$

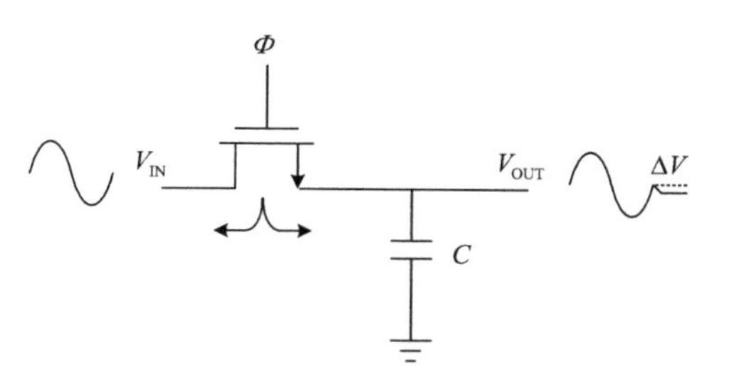

图 7.7　电荷注入效应

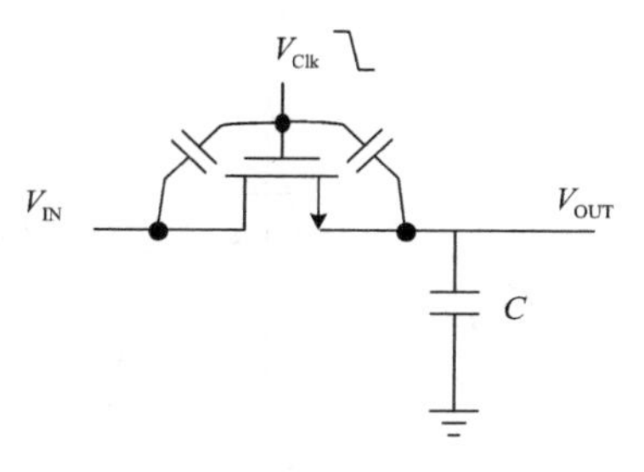

图 7.8　时钟馈通效应

由于误差与输入信号无关，因此时钟馈通只引入固定的失调，而没有非线性。

3. 采样技术改进

鉴于简单 MOS 开关电容电路做采样保持时性能往往难以满足要求，下面介绍对其进行的几种改进。

第一种技术是差分采样电路的使用。如图 7.9 所示，此结构由两路开关电容电路组成，输入信号为差分形式，输出也是差分形式。输入差模为 $V_{\text{ID}} = V_{I1} - V_{I2}$，输入共模为 $V_{\text{IC}} = (V_{I1} + V_{I2})/2$；输出差模为 $V_{\text{OD}} = V_{O1} - V_{O2}$，输出共模 $V_{\text{OC}} = (V_{O1} + V_{O2})/2$。假设电荷注入和时钟馈通等非理想因素引入的非线性为 ε 和 V_{OS}，则两个输出端电压分别为 $V_{O1} = (1+\varepsilon_1)V_{I1} + V_{\text{OS1}}$ 和 $V_{O2} = (1+\varepsilon_2)V_{I2} + V_{\text{OS2}}$。使用差分采样后，可得

$$V_{\text{OD}} = \left(1 + \frac{\varepsilon_1 + \varepsilon_2}{2}\right)V_{\text{ID}} + (\varepsilon_1 - \varepsilon_2)V_{\text{IC}} + (V_{\text{OS1}} - V_{\text{OS2}}) \cong \left(1 + \frac{\varepsilon_1 + \varepsilon_2}{2}\right)V_{\text{ID}} \tag{7.8}$$

$$\begin{aligned} V_{\text{OC}} &= \left(\frac{\varepsilon_1 - \varepsilon_2}{4}\right)V_{\text{ID}} + \left(1 + \frac{\varepsilon_1 + \varepsilon_2}{2}\right)V_{\text{IC}} + \left(\frac{V_{\text{OS1}} + V_{\text{OS2}}}{2}\right) \\ &\cong \left(1 + \frac{\varepsilon_1 + \varepsilon_2}{2}\right)V_{\text{IC}} + \left(\frac{V_{\text{OS1}} + V_{\text{OS2}}}{2}\right) \end{aligned} \tag{7.9}$$

由式（7.8）和式（7.9）可见，尽管输出共模中仍存在失调，但是差分输出对失调有很好的抑制作用。在设计良好的电路中，共模抑制比都比较大，因此共模输出的失调影响作用会很小。同时，差分电路对其他的耦合噪声和电源波动也会有很好的抑制。值得注意的是，差分电路对非线性没有改善。

第二种技术是应用 CMOS 开关，如图 7.10 所示。CMOS 开关由互补的 MOS 管组成，对电荷注入有一定的抑制作用。PMOS 管沟道电荷总量为 $Q_{\text{chp}} \cong W_p L_p C_{\text{ox}}(V_{\text{IN}} - \Phi_L - |V_{\text{thp}}|)$，NMOS 管沟道电荷总量为 $Q_{\text{chn}} \cong W_n L_n C_{\text{ox}}(\Phi_H - V_{\text{IN}} - V_{\text{thn}})$。假设电荷注入时，平均分配到源漏端且 $W_n L_n = W_p L_p$，则引起的采样电容上的电压变化为

$$\Delta V_o \cong \frac{\frac{1}{2}Q_{\text{chn}}+\frac{1}{2}Q_{\text{chp}}}{C}=\frac{C_{\text{ox}}}{C}\left(V_{\text{IN}}-\frac{\Phi_H-\Phi_L}{2}+\frac{V_{\text{thn}}-|V_{\text{thp}}|}{2}\right) \tag{7.10}$$

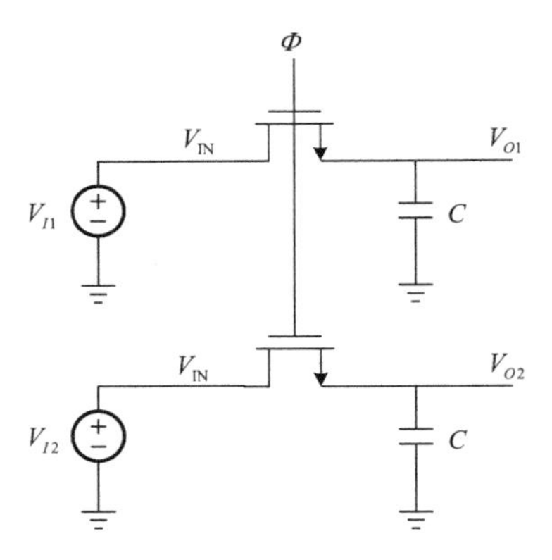

图 7.9　差分形式的开关电容采样

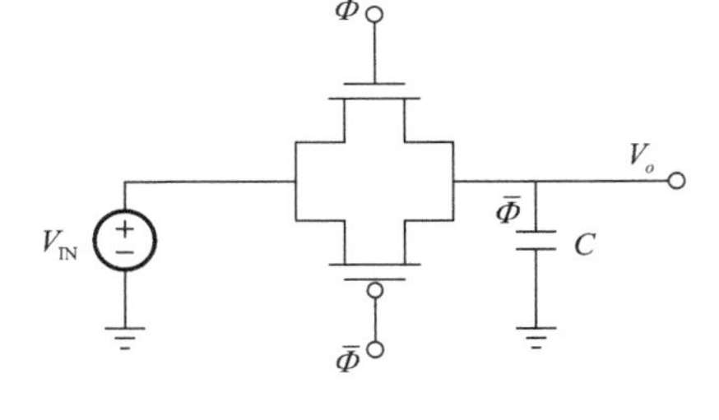

图 7.10　CMOS 开关电容电路

假设 $(\Phi_H-\Phi_L)/2=V_{\text{DD}}/2$，并且 $V_{\text{thn}}=|V_{\text{thp}}|$，则由式（7.10）可看出，只有当 $V_{\text{IN}}=V_{\text{DD}}/2$ 时，PMOS 和 NMOS 管对电容注入的电荷相同。一旦输入信号变化，电荷注入便不能完全抵消，而是与输入有关，引入了非线性，并且 PMOS 和 NMOS 的尺寸一般也不相同，而是为了速度的考虑有 2～3 倍的差距。

虽然 CMOS 开关不能完全消除非理想性，但的确在一定程度上抑制了非理想效应。从另一方面看，MOS 开关的导通电阻是与输入信号有关的，这会影响 *RC* 网络的建立时间，导致非线性。CMOS 开关的使用可以降低导通电阻的变化，其导通电阻为

$$R\cong\frac{1}{\mu_n C_{\text{ox}}\left[\frac{W}{L}\right]_n(V_{\text{GS}n}-V_{tn})}//\frac{1}{\mu_p C_{\text{ox}}\left[\frac{W}{L}\right]_p(|V_{\text{GS}p}|-|V_{tp}|)} \tag{7.11}$$

如果 $\mu_n\left[\frac{W}{L}\right]_n=\mu_p\left[\frac{W}{L}\right]_p$，则

$$R\cong\frac{1}{\mu_n C_{\text{ox}}\left[\frac{W}{L}\right]_n(V_{\text{DD}}-V_{tn}-|V_{tp}|)} \tag{7.12}$$

从式（7.12）可以看出，CMOS 开关的导通电阻与输入信号无关。然而，在实际应用中，由于体效应和短沟道效应的影响，电阻很难做到与输入电压无关，而且这种依赖关系还比较大。真实情况如图 7.11 所示。

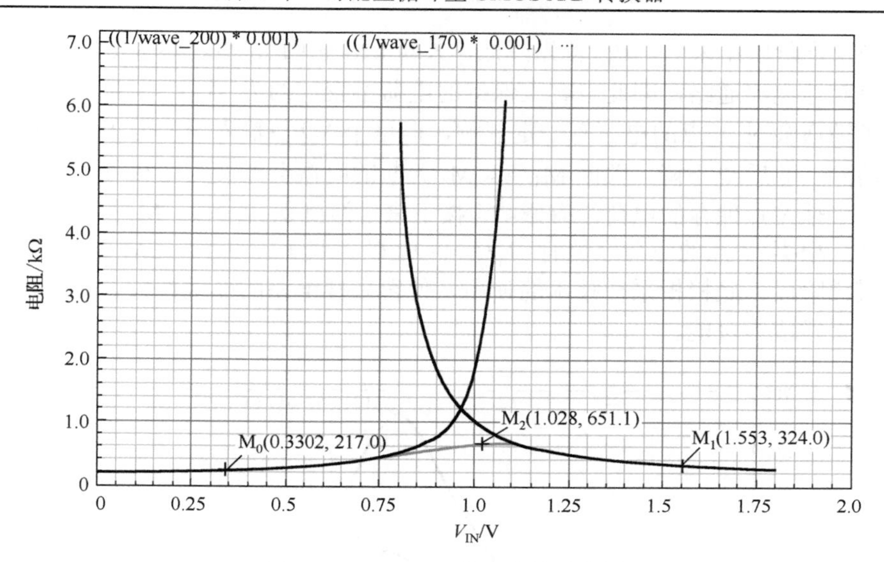

图 7.11　CMOS 开关电容导通电阻

第三种技术是体开关技术，也是本章所采用的开关，如图 7.12 所示。这种开关由四个 MOS 管组成，受互补时钟控制。当 Clk 为高时，开关打开，PMOS 的体与源端相连，减小了阈值电压和导通电阻；当 Clk 为低时，开关关断，PMOS 的体与电源电位相连，增加了关断时的阻抗。这种开关相对于 CMOS 开关而言，只增加了两个 MOS 管，对于时钟没有特殊要求。虽然简单，但效果却比较显著。选取 MOS 管尺寸分别为：$(W/L)_1 = 3\times3\mu m/0.18\mu m$；$(W/L)_2 = 3\mu m/0.18\mu m$；$(W/L)_3 = 3\mu m/0.18\mu m$；$(W/L)_4 = 3\mu m/0.18\mu m$。体开关和 MOS 开关导通电阻的仿真结果如图 7.13 所示。

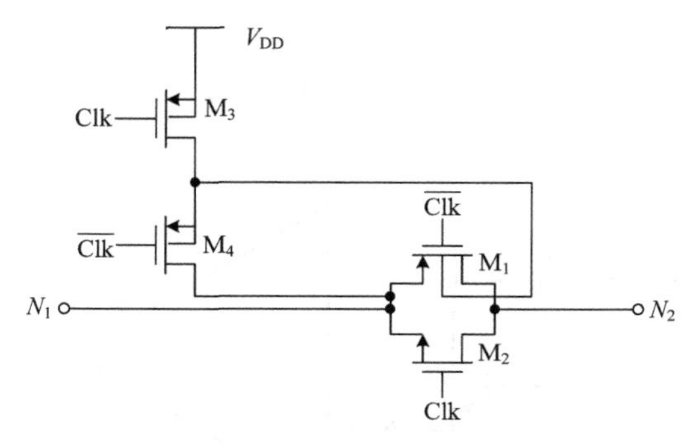

图 7.12　体开关技术

第四种技术为底极板采样技术，是抑制电荷注入的理想方式。下面以电容翻转式采样保持电路为例，说明底极板采样的工作原理，其电路结构如图 7.14 所示，图 7.15 为采样开关的时序。采样阶段，时钟 Φ_1 和 Φ_{1P} 均为高电平，电容上的电压值等于输入信号。当采样阶段结束时，Φ_{1P} 首先降低，关断 M_3，由于 X 点与运算放大器输入端相连，没有对地电流通路，因此电容上保持的电荷不变，约为 $-V_{IN}C_s$。虽然 M_3 电荷注入和时钟馈通会对 X 点的电荷有一定影响，但这个 ΔQ 与输入信号无关，可以通过差分结构消除。随后 Φ_1 下降，关断 M_1 管，M_1 关断的时候会改变与之相连的电容极板上的电荷，却对 X 点保存的电荷没有影响。接下来过渡到保持阶段，M_2 打开，形成单位增益反馈，根据 X 点的电荷守恒有 $-V_oC_s = -V_{IN}C_s$，即 $V_o = V_{IN}$。之后 M_2 关断，进入下一个采样阶段。底极板采样技术的使用，使得采样电路的非线性大大降低，从而使得高精度采样成为可能。

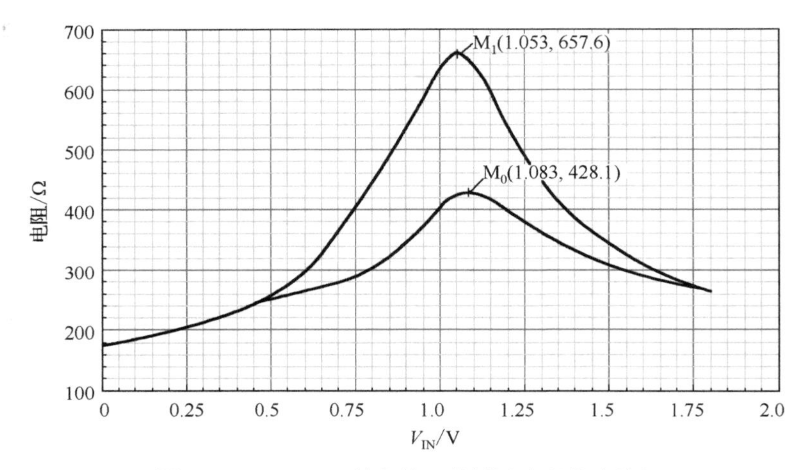

图 7.13　CMOS 开关和体开关导通电阻仿真结果

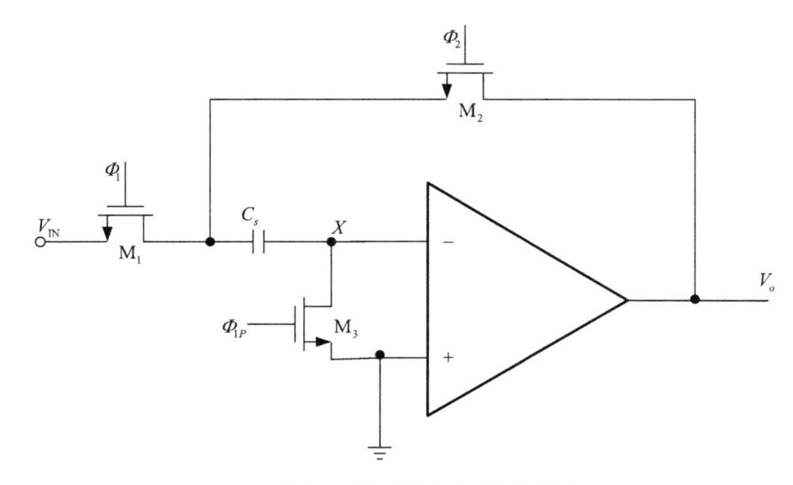

图 7.14　底极板采样电路原理图

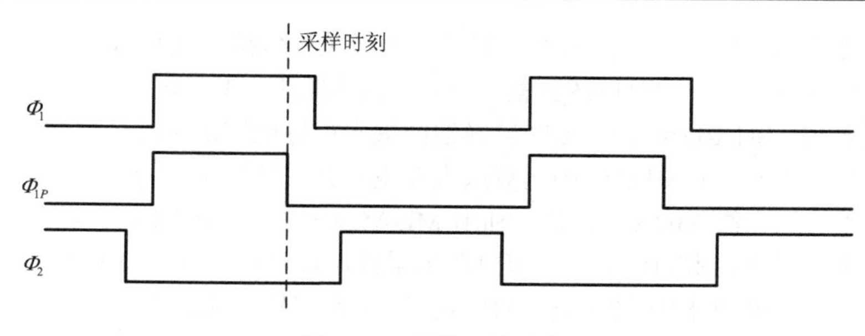

图 7.15　采样开关时序

除此之外，栅压自举开关的使用，也可以极大增加开关导通电阻的线性度，自举开关的内容在后续 SAR A/D 转换器中进行详细介绍。

7.2.2　余量增益电路

循环级可以实现粗量化、采样保持和余误差增益的功能。本节将讨论其采样保持及其余误差增益功能的实现方式和电路结构。关于粗量化功能的实现方式，将在后面的章节介绍。

1. MDAC 电路

在 A/D 转换器中，除了采样保持电路，另一个非常重要的模拟模块就是余量增益（MDAC）电路。在本章所设计 SHA-less 循环型 A/D 转换器中，每级循环级都由子 ADC、子 DAC、精确增益放大器组成，其中由子 DAC 和精确增益放大器组成 MDAC 电路，如图 7.16 所示。

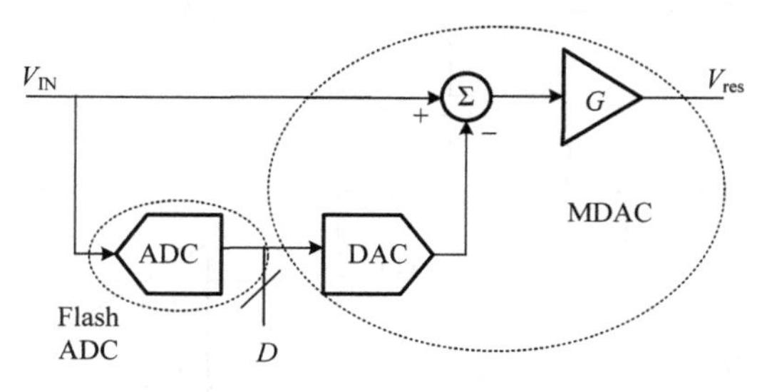

图 7.16　循环级内部结构

MDAC 有以下三种主要功能：首先是求余量，MDAC 将输入信号与子 DAC 的输出作差求余数，这个余量是由于前面子 ADC 分辨率有限，从而引入的量化误差和子 ADC 本身的失调误差。其次的功能是精确增益。在前面关于数字校准算法的章节已经讲过，为了数字校准的方便，每级 MDAC 的增益最好选择为 2 的 N 次方。这个增益越准确，最终引入的增益误差就越小，因此设计中采用了开关电容的精确乘 2 电路。最后一个功能是采样功能，类似于采保电路的作用。

在底极板采样技术中，为使电荷存储点既保持虚地，又不能有电荷泄露，因此运算放大器成为必不可少的模块。然而不幸的是，由于采样保持中运算放大器的性能要求最高，它的功耗也最大，一般可以达到整个 ADC 总功耗的 1/3，底极板采样技术在低功耗应用中受到限制。SHA-less 结构 A/D 转换器的提出很好地解决了这一难题。在采样保持之后是 MDAC 电路，而 MDAC 中运算放大器也是其关键模块。为了节省功耗，可以将采样保持电路与第一级 MDAC 合并，利用 MDAC 中的运算放大器来实现底极板采样，既能保证底极板采样技术的使用，又可以避免采样保持电路中放大器占用较大的功耗。

对于带放大器的采样保持电路，MDAC 处理的信号是前级保持的稳定信号，而对于 SHA-less 结构，第一级 MDAC 中的开关电容采样电路要处理的信号是变化的输入信号。这就需要其开关电容采样电路与子 ADC 同步处理信号。但在实际中，时钟布线延时的差异和开关阈值的差异，会导致采样电路和子 ADC 之间的不同步。当输入信号频率较高时，这种失配误差会显著增加，因此这种结构的性能此时也会下降。这种问题可以通过一些校正电路来缓解。此次设计的 A/D 转换器主要应用于低频领域，上述问题基本不会造成影响，因此也没有必要增加额外的时钟占空比校准电路。

MDAC 电路的内部结构如图 7.17 所示，每一级都需要 3 相时钟来完成底极板采样，采样过程中开关的时序与前面的底极板采样技术一致，这里不再赘述。所不同的是，在第一个时钟相，信号被采样到电容 C_s 和 C_f 上，即所谓双采样；在第二个时钟相，也就是运算增益相，C_f 翻转接成反馈电容，而采样电容 C_s 在第一个时钟相接输入端，现在接到参考电位上，就引起了电荷重新分布，最终实现 MDAC 的求余量和增益的功能。整个过程可以用双采样、单翻转来描述。

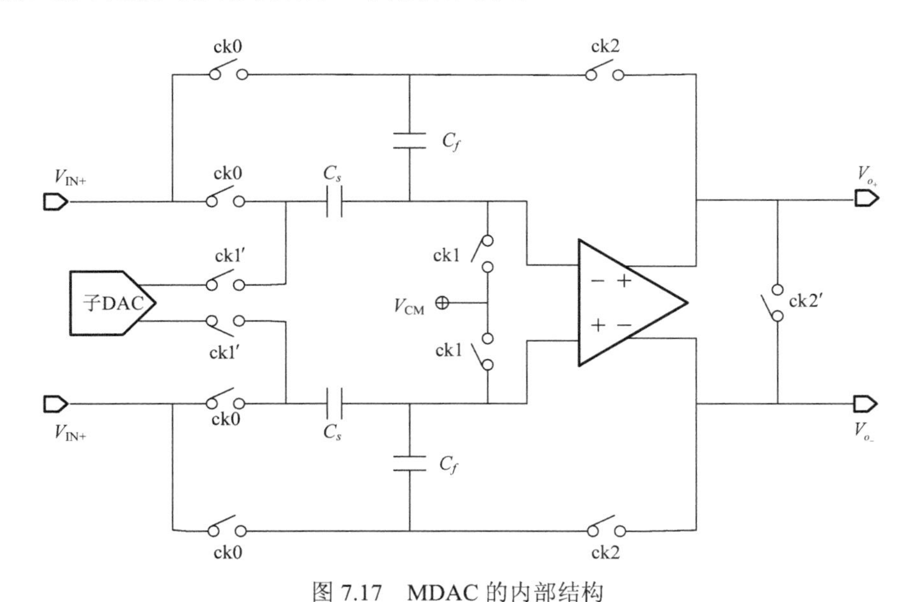

图 7.17　MDAC 的内部结构

MDAC 的工作状态有两种：一种是采样；另一种是运算。连接关系如图 7.18 示。

下面利用电荷守恒来推导 MDAC 的运算过程。首先在采样阶段，与 V_{CM} 端相连的电容极板上存储的电荷量为

$$Q_{1a}=(V_{\mathrm{CM}}-V_{\mathrm{IP}})\cdot(C_s+C_f)+\Delta Q \tag{7.13}$$

$$Q_{1b}=(V_{\mathrm{CM}}-V_{\mathrm{IN}})\cdot(C_s+C_f)+\Delta Q \tag{7.14}$$

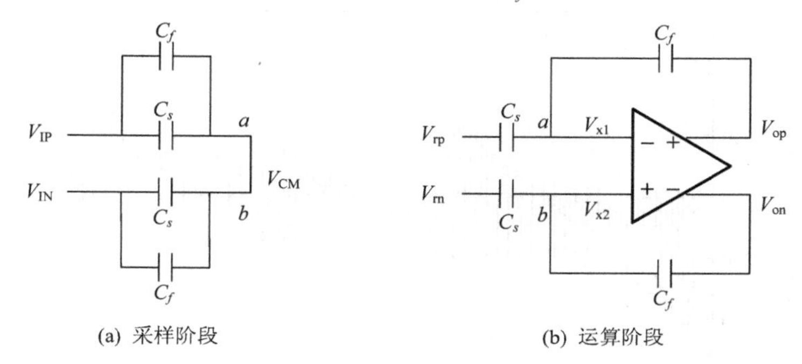

图 7.18 MDAC 的两种工作状态

运算阶段，与运算放大器输入端相连的电容极板上的总电荷为

$$Q_{2a}=(V_{x1}-V_{\mathrm{rp}})\cdot C_s+(V_{x1}-V_{\mathrm{op}})\cdot C_f \tag{7.15}$$

$$Q_{2b}=(V_{x2}-V_{\mathrm{rn}})\cdot C_s+(V_{x2}-V_{\mathrm{on}})\cdot C_f \tag{7.16}$$

运用电荷守恒定律，有 $Q_{1a}=Q_{2a}$ 和 $Q_{1b}=Q_{2b}$。

再由 $V_{x1}=V_{x2}$，$V_{ic}=(V_{\mathrm{IP}}+V_{\mathrm{IN}})/2$，$V_{xc}=(V_{x1}+V_{x2})/2$，$V_{\mathrm{oc}}=(V_{\mathrm{op}}+V_{\mathrm{on}})/2$，$C_s=C_f$，可以得到 MDAC 的运算功能为

$$V_{\mathrm{op}}-V_{\mathrm{on}}=2(V_{\mathrm{IP}}-V_{\mathrm{IN}})-(V_{\mathrm{rp}}-V_{\mathrm{rn}}) \tag{7.17}$$

式中，$V_{\mathrm{rp}}-V_{\mathrm{rn}}$ 为子 DAC 的输出，有三种情况 $-V_{\mathrm{REF}}$、0、V_{REF}。

运算放大器输入端的共模电平为

$$V_{xc}=V_{\mathrm{CM}}-V_{ic}+\frac{\Delta Q}{2C}+\frac{V_{\mathrm{rp}}+V_{\mathrm{rn}}}{4}+\frac{V_{\mathrm{op}}+V_{\mathrm{on}}}{4} \tag{7.18}$$

假设 $V_{\mathrm{CM}}=1\mathrm{V}$，$V_{\mathrm{rp}}+V_{\mathrm{rn}}=2\mathrm{V}$，$V_{\mathrm{op}}+V_{\mathrm{on}}=2\mathrm{V}$，$V_{ic}$ 比较特殊，在第一次从外部采样时为 $V_{ic}=(V_{\mathrm{IP}}+V_{\mathrm{IN}})/2=0.6\mathrm{V}$，得 $V_{xc}\approx 1.4\mathrm{V}$；其他时刻与 MDAC 输出共模相等，即 $V_{ic}=V_{\mathrm{oc}}=1\mathrm{V}$，此时 $V_{xc}\approx 1\mathrm{V}$，因此要求运算放大器输入共模范围至少为 1～1.4V。

根据式（7.17），连同子 ADC 一起，可以得到 MDAC 的输入输出关系为

$$V_o(n)=\begin{cases}2V_{\mathrm{IN}}+V_{\mathrm{REF}}, & -V_{\mathrm{REF}}\leqslant V_{\mathrm{IN}}<-\frac{1}{4}V_{\mathrm{REF}} & \Rightarrow d_i=01(\text{二进制})\Rightarrow 0(\text{十进制})\\ 2V_{\mathrm{IN}}, & -\frac{1}{4}V_{\mathrm{REF}}\leqslant V_{\mathrm{IN}}<+\frac{1}{4}V_{\mathrm{REF}} & \Rightarrow d_i=10(\text{二进制})\Rightarrow 1(\text{十进制})\\ 2V_{\mathrm{IN}}+V_{\mathrm{REF}}, & +\frac{1}{4}V_{\mathrm{REF}}\leqslant V_{\mathrm{IN}}<V_{\mathrm{REF}} & \Rightarrow d_i=11(\text{二进制})\Rightarrow 2(\text{十进制})\end{cases} \tag{7.19}$$

对于一个从–0.6～0.6V 均匀变化的输入信号，MDAC 的瞬态仿真结果如图 7.19 所示，MDAC 的功能符合 1.5 位/级的冗余算法。图中转折点偏离 $\pm V_{\text{REF}}/4$，这是由于子 ADC 中动态比较器存在一定的失调误差。

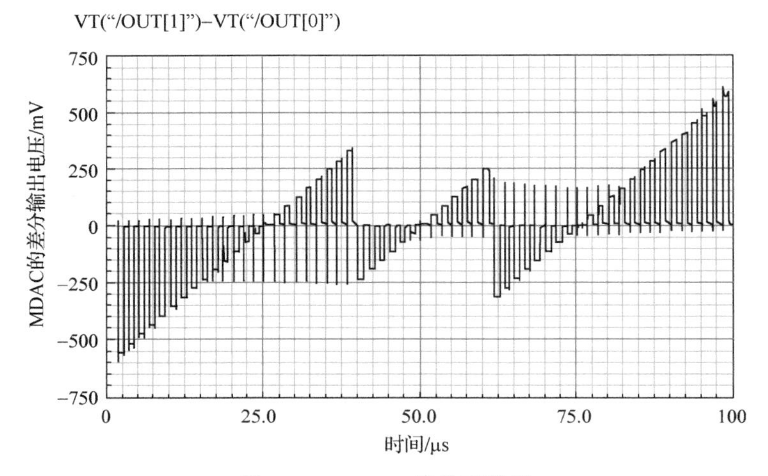

图 7.19　MDAC 的仿真结果

2. MDAC 的建立

当 MDAC 从采样阶段转换为运算阶段时，由于运算放大器的驱动能力有限，不能直接在输出端建立需要的电压，而是要经过一个建立的过程。建立过程大致可分为两个区：一个是大信号压摆区；另一个是小信号线性建立区。为了分析 MDAC 的速度，计算运算放大器的性能指标，需要对反馈放大器的大信号和小信号建立过程进行分析。在 MDAC 中的运算放大器一般有单级和两级之分，但分析方法相似。下面采用单级放大器的模型来对 MDAC 的建立过程进行分析[1-3]。图 7.20 为单端信号输入 MDAC 电路的两种工作状态。

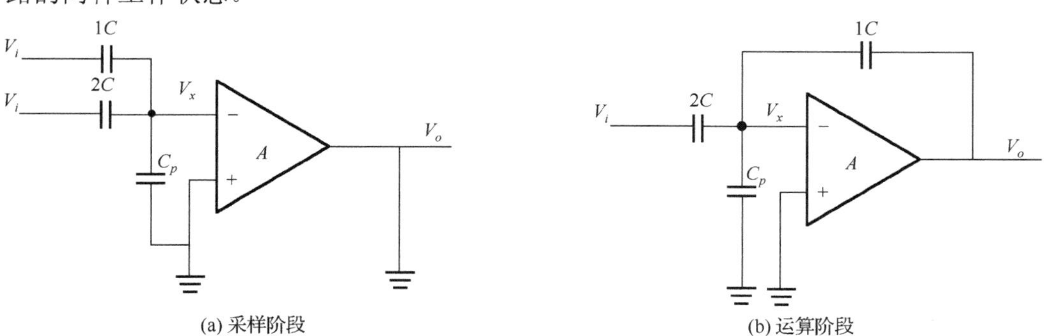

图 7.20　MDAC 的两种工作状态

在考虑运算放大器的建立之前，先来看一下放大器的静态建立误差。采样阶段，

C_1、C_2 为采样电容，C_p 为寄生电容，运算放大器输入端电荷为 $Q_1 = -(C_1 + C_2)V_i$。其中，V_i 是输入电压。在运算阶段，V_x 点的电荷为 $Q_2 = (V_x - V')C_2 + V_x C_p + (V_x - V_o)C_1$。其中，$V'$ 为子 DAC 的输出。

由 $V_o = -AV_x$，再根据电荷守恒 $Q_1 = Q_2$，可得

$$V_o = V_i \frac{C_1 + C_2}{C_1 + C_2 + C_p} \frac{A}{1+\beta A} - V' \frac{C_2}{C_1 + C_2 + C_p} \frac{A}{1+\beta A} \tag{7.20}$$

式中，A 为运算放大器直流增益；β 为反馈系数，其值为 $C_1 / (C_1 + C_2 + C_p)$。

再由一阶近似 $\frac{A}{1+\beta A} \cong \frac{1}{\beta}\left(1 - \frac{1}{\beta A}\right)$，可得

$$V_o = V_i \frac{C_1 + C_2}{C_1}\left(1 - \frac{1}{\beta A}\right) - V' \frac{C_2}{C_1}\left(1 - \frac{1}{\beta A}\right) \tag{7.21}$$

由式（7.21）可以看出，由于运算放大器有限的增益和寄生电容的存在，MDAC 建立的静态误差为 $1/\beta A$；同时采样、反馈电容之间的匹配误差会加到 MDAC 的静态建立误差上。因此，在设计中应该根据精度要求，将这些误差控制在可接受范围内。

下面分析小信号的建立过程。单级放大器的等效电路模型如图 7.21 所示，其中，C_p 为放大器输入端的寄生电容。考虑压摆区后，输出电流源的表达式为

$$i_o = \begin{cases} g_m V_x, & |g_m V_x| < I_D \\ I_D \cdot \text{sign}(V_x), & \text{其他} \end{cases} \tag{7.22}$$

式中，I_D 为运算放大器最大驱动电流。

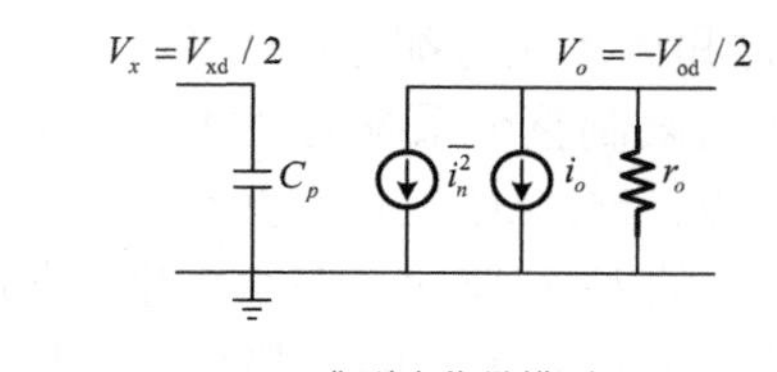

(a) 典型小信号模型

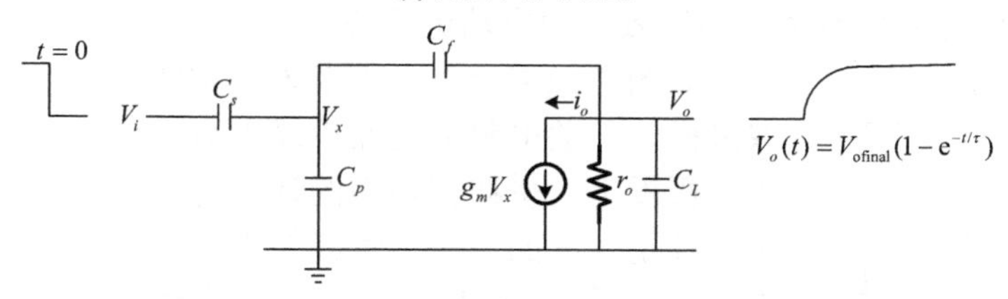

(b) 基于阶跃信号激励的小信号模型

图 7.21　单级运算放大器模型

在运算放大器输入端加一个小的阶跃信号，假设运算放大器输出端小信号线性建立，则

$$V_o(t) = V_{\text{ofinal}}(1 - \mathrm{e}^{-t/\tau}) \tag{7.23}$$

输出电流为

$$i_o \cong -C_{\text{Ltot}} \frac{\mathrm{d}V_o(t)}{\mathrm{d}t} = -C_{\text{Ltot}} \frac{V_{\text{ofinal}}}{\tau} \mathrm{e}^{-t/\tau} \tag{7.24}$$

式中，$C_{\text{Ltot}} = C_L + (1-\beta)C_f$。在 $t=0$ 时刻，电流最大，即

$$|i_o|_{\max} = C_{\text{Ltot}} \frac{V_{\text{ofinal}}}{\tau} \tag{7.25}$$

如果 $|i_o|_{\max} > I_D$，则进入压摆区，即

$$|i_o|_{\max} = C_{\text{Ltot}} \frac{V_{\text{ofinal}}}{\tau} > I_D \tag{7.26}$$

$$C_{\text{Ltot}} \frac{V_{\text{ofinal}}}{\frac{1}{\beta} \cdot \frac{C_{\text{Ltot}}}{g_m}} > I_D \Rightarrow \frac{g_m}{I_D} > \frac{1}{\beta V_{\text{ofinal}}} \tag{7.27}$$

一般情况下，运算放大器很容易进入压摆区，因此在考虑运算放大器的建立时，要综合考虑压摆区和线性区两种情况，找到转折点，这样求出的建立时间与实际结果才足够精确。另一种方法是按运算放大器分别通过两种方式建立，然后将所需时间求和，这样会使估算的建立时间较大，但却不用进行复制计算，求转折点位置。

3. MDAC 噪声分析

MDAC 中来自开关和运算放大器的噪声也是限制其性能的一个重要方面。在 MDAC 的两个工作状态，采样和运算状态都存在噪声。如何设计 MDAC 的开关和运算放大器，使噪声不至于过大而限制整个系统的性能，又不至于太小而浪费了系统指标，成为设计者关心的一个重点。MDAC 工作有两个状态，每个状态都有噪声产生。在采样相，噪声来自于采样开关的 kT/C 噪声；在运算相，噪声来自于开关和运算放大器。如果在两个工作状态产生的噪声是无关的，那么总的噪声能量就可以通过叠加求得。一般的方法是将所有的噪声等效到输出端进行叠加。

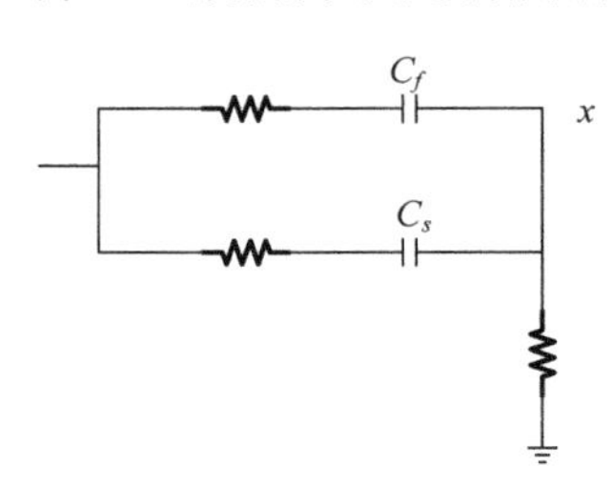

图 7.22　采样相模型

如图 7.22 所示，在采样相，MDAC 通过 C_s 和 C_f 进行双采样，开关电阻上的噪声以电荷的形式存储在两个电容的右极板上。采样相噪声的计算可以通过两种方法求得：第一种是传统的方法，将开关电阻等效为噪声源和无噪声电阻，然后求得电阻电容网络的传输函数，计算出 x 点对应的噪声密度，最后积分得到 x 点的总噪声。这种方法思路比较容易理解，但计算量会很大。另一种方法计算十分简单，而且两者结果相同。下面用第二种方法计算噪声。

采样相时，x 点存储的能量为

$$\frac{1}{2}\frac{q_x^2}{C_{\text{eff}}}=\frac{1}{2}\frac{q_x^2}{C_s+C_f} \tag{7.28}$$

利用均分定理，有

$$\overline{\frac{1}{2}\frac{q_x^2}{C_s+C_f}}=\frac{1}{2}kT \tag{7.29}$$

可得

$$\overline{q_x^2}=kT(C_s+C_f) \tag{7.30}$$

等效到运算放大器输出端噪声电压为

$$\overline{v_{o,n}^2}=kT\frac{C_s+C_f}{C_f^2}=\frac{kT}{C_f}\left(1+\frac{C_s}{C_f}\right) \tag{7.31}$$

在运算相，如图 7.23 所示。放大器的跨导增益为 G_m，在闭环系统中，由于输出端存在并联反馈，输出阻抗为 $R\cong 1/\beta G_m$。

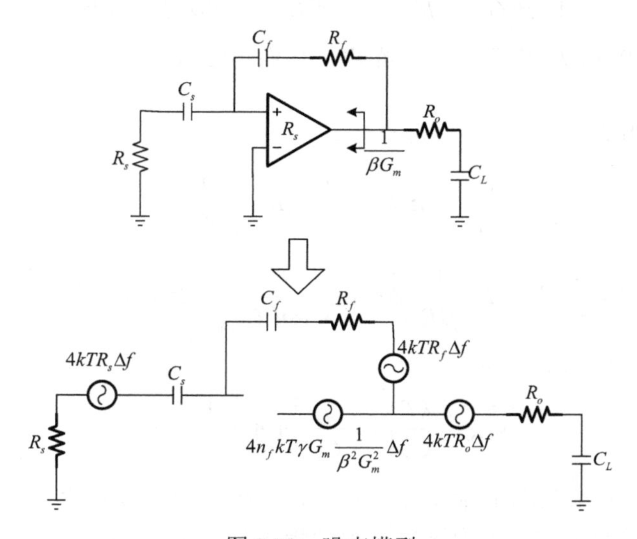

图 7.23　噪声模型

在单级运算放大器中，噪声主要来自于输入管，假设噪声电流为

$$\frac{\overline{i_n^2}}{\Delta f}=n_f 4kT\gamma G_m \tag{7.32}$$

式中，n_f 为来自电流源负载导致的噪声因子。结合运算放大器的输出阻抗 $R\cong 1/\beta G_m$，可以得到运算放大器的输出噪声电压。

R_s 的噪声等效到输出端为

$$N_1 = 4kTR_s \cdot \Delta f \cdot \left(\frac{C_s}{C_f}\right)^2 \cdot \left|H(\mathrm{j}\omega)\right|^2 \tag{7.33}$$

R_f的噪声等效到输出端为

$$N_2 = 4kTR_f \cdot \Delta f \cdot \left|H(\mathrm{j}\omega)\right|^2 \tag{7.34}$$

R_o的噪声等效到输出端为

$$N_2 = 4kTR_o \cdot \Delta f \cdot \left|H(\mathrm{j}\omega)\right|^2 \tag{7.35}$$

运算放大器的噪声等效到输出端为

$$N_a = \frac{4n_f kT\gamma}{G_m}\Delta f \cdot \beta^2 \cdot \left|H(\mathrm{j}\omega)\right|^2 \tag{7.36}$$

式中，$H(\mathrm{j}\omega)$为R_o和C_L组成的低通滤波器的传输函数。

放大器在电路模块中设计难度最大，同时占用的功耗也最多，在设计时有必要分配最多的噪声指标，因此通常将开关尺寸设得较大，从而得到小的导通电阻，满足$R_s << 1/\beta^2 G_m$，$R_f << 1/\beta^2 G_m$，$R_o << 1/\beta^2 G_m$，一般可以选择10倍的比例关系。这样就可以忽略掉R_f和R_o电阻产生的噪声，从而留给放大器更多的噪声余量，简化放大器设计。

运算相总噪声为

$$\frac{\overline{v_o^2}}{\Delta f} = 4n_f kT\gamma \frac{1}{\beta R} \cdot \left|R // \frac{1}{\mathrm{j}\omega C_{\mathrm{Ltot}}}\right|^2 \tag{7.37}$$

$$\overline{v_o^2} = \int_0^\infty 4n_f kT\gamma \frac{1}{\beta R} \cdot \Delta f \cdot \left|\frac{R}{1+\mathrm{j}\omega R C_{\mathrm{Ltot}}}\right|^2 \mathrm{d}f = n_f\gamma \frac{1}{\beta}\frac{kT}{C_{\mathrm{Ltot}}} \tag{7.38}$$

采样相加运算相总噪声为

$$\overline{v_{o,\mathrm{tot}}^2} = \frac{kT}{C_f}\left(1+\frac{C_s}{C_f}\right) + n_f\gamma\frac{1}{\beta}\frac{kT}{C_{\mathrm{Ltot}}} \tag{7.39}$$

这里求得的噪声是等效到输出端的噪声，如果要求等效到输入端的噪声，还要除以输入到输出增益的平方，因为这里求得的噪声都是能量值。在全差分电路中，假设两条支路的噪声是无关的，那么总的噪声能量是单端电路的两倍。在实际设计过程中，完全靠手工计算来分析噪声大小既复杂又不能很精确。因此噪声理论分析只是给我们提供一个设计方向，最终要通过仿真来验证。关于噪声的仿真，连续时间电路做起来很容易，但是用传统的方法仿真开关电容电路，会变得很烦琐，必须分成两个时钟相位来仿真，首先将时钟控制在采样相，对电路进行噪声分析，将噪声谱积分后等效到输出端；然后将时钟控制在运算相，对电路进行噪声分析，将噪声谱积分后等效到输出端。最后将两个时钟相所求得的噪声能量相加，得到总噪声。

7.2.3　可配置 CMOS 运算放大器

A/D 转换器的时钟频率会发生改变，如果使用相同的电路，则在时钟频率较低时造成功耗浪费，可以按照时钟频率的改变而调节电路性能。在循环型 A/D 转换器中，可以优化功耗的模块，主要是优化 MDAC 中的运算放大器，这样就出现了两种主要的节约功耗的方法：一种是可重构运算放大器，这种运算放大器可以通过外部信号的控制，在不同的性能要求下改变某些 MOS 晶体管的导通和关断，从而改变运算放大器的结构，达到节省功耗的目的；另一种就是可配置运算放大器，本质就是根据运算放大器性能要求改变偏置电流的大小，从而降低功耗。

可配置运算放大器又有不同的实现方式，下面介绍两种常用的方法：第一种是基于开关电容等效电阻的频率电流转换器。如图 7.24 所示，基于开关电容等效电阻的电容偏置电路产生器，运算放大器连接成单位增益模式，保证了输出节点 bias 的电压近似等于 V_{bias}。V_{bias} 由基准产生，与工艺、温度和电源电压无关。M_0 支路电流由 V_{bias} 和从 V_{bias} 看到地的阻抗决定。

$$I_{\text{bias}} = C_B \cdot f_{\text{CR}} \cdot V_{\text{bias}} \tag{7.40}$$

式中，C_B 为电容值；f_{CR} 为开关频率。

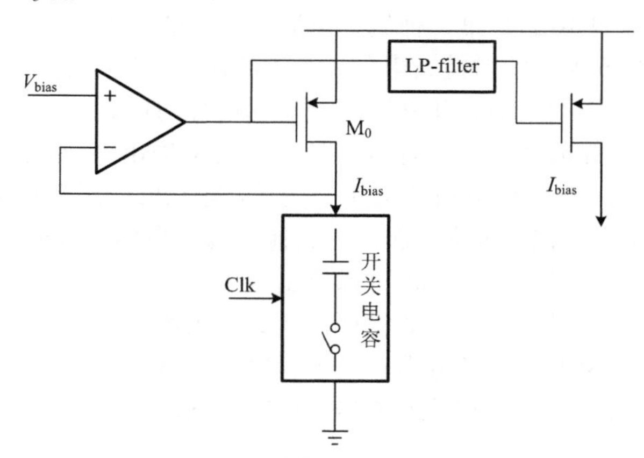

图 7.24　频率电流转换器

通过晶体管 M_0 的电流被电流镜镜像到各个运算放大器的偏置电路中。这样根据时钟频率的不同，可以改变开关电容电阻，从而改变偏置电流，影响运算放大器的性能，优化功耗。

另一种方法实现起来更为简单，如图 7.25 所示，用与图 7.24 类似的方法产生一路参考电流，只不过将开关电容换成了电阻。然后由电流镜镜像出三路电流，下面 PMOS 管作为开关，控制流入最下面 NMOS 管的电流，这个电流用于产生运算放大器偏置电路。三个电流源的尺寸是不同的，比例为 1∶2∶4，这样通过控制开关 C_0～C_2

的通断，就能在下面 NMOS 管中产生 8 种不同大小的电流。相对于开关电容偏置电流产生电路，这种方法看起来没那么智能。但是在应用中会发现，由于第一种方法偏置电流由开关电容产生，偏置电流会不可避免地受到时钟信号的干扰，所以必须要加入低通滤波电路来降低干扰。如果采用开关电流源的方式控制偏置电流，则设计较为简单，偏置电流不存在交流干扰。

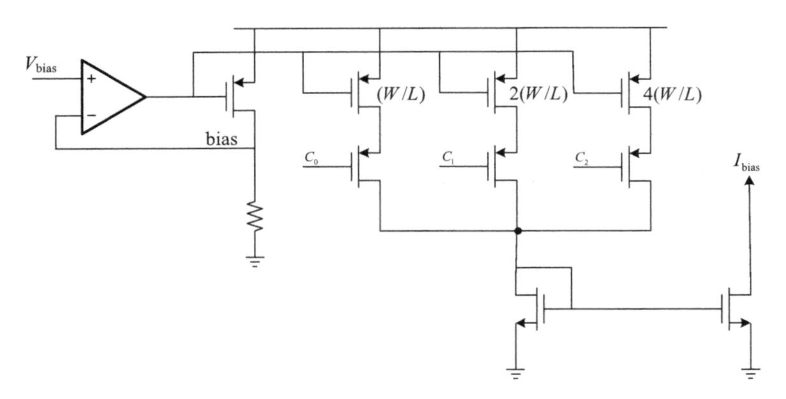

图 7.25　开关电流源偏置电流产生电路

在本章设计中，采用的是第二种偏置电流产生方法。在循环型 A/D 转换器中，主要关心 MDAC 运算放大器的增益、建立时间和功耗。表 7.4 列出了根据时钟频率的不同，分别对运算放大器的增益、建立时间和功耗进行的仿真。从表中可以看出：随着时钟频率的降低，运算放大器增益有所下降，最低为 78dB，这对于最高 12 位精度，仍能很好地满足要求。另外建立时间会不断变长，建立要求最严格的是 12 位精度，如果能够满足 12 位精度的建立要求，那么在其他精度时自然可以满足，因此表 7.4 对实际建立与期望建立进行了一个对比，可以看出结果不仅满足建立要求而且还留有一定余量。经验告诉大家，对于一个好的设计，运算放大器线性建立所占的时间大约为半个时钟周期的 70%～80%。功耗方面，由于运算放大器性能要求降低，消耗也明显下降，其中最大功耗与最小功耗相差近 6 倍，这对于低功耗设计是很成功的。

表 7.4　可配置 CMOS 运算放大器的仿真结果

Clk/MHz	C[2:0]	建立时间/ns	最低建立时间/ns	增益/dB	功耗/μW
6.0	111	65.8	87.3	97.1	516.9
5.0	110	70.0	100	92.1	444.4
4.0	101	76.5	125	90.8	371.7
3.0	100	93.8	166.7	89.2	298.8
2.0	011	107.1	250	87.1	255.5
1.0	010	168.3	500	83.9	151.6
0.5	001	712.9	1000	78.4	77.0

7.2.4　动态比较器

在流水线结构和循环型结构 A/D 转换器中，子 ADC 的量化精度要求不高，一般都采用 Flash A/D 转换器结构。在循环型结构 A/D 转换器中，由于采用了增加冗余位的数字校准算法，因此对于 V_{REF} 的参考电压，动态比较器的失调误差容限可以达到 $\pm V_{\mathrm{REF}}/2^b$，这里 b 为每级输出位数。本章设计由于采用的是 1.5 位/级的冗余算法，输出为 2 位，所以动态比较器的失调可以达到 $\pm V_{\mathrm{REF}}/4$。对于 $V_{\mathrm{REF}}=0.6\mathrm{V}$，容限即为 150mV，这就使得动态比较器的应用成为可能，而不需要任何连续时间的预放大电路。动态比较器的缺点就是失调误差较大，但只要设计合理，150mV 的容限还是很容易满足的，其最大优势在于几乎没有静态功耗，在低功耗设计中非常受欢迎。

在采样速率较低的循环型 A/D 转换器中，动态比较器最重要的参数是失调、功耗，以及对噪声和失调的抑制。在混合信号电路中，常使用差分信号来减小来自电源、衬底和附近电路上噪声的耦合，因此在设计动态比较器时，依旧可以采用全差分的形式。动态比较器的特点就是只在比较时工作，而其他时刻关断，在没有预放大电路的情况下，静态功耗几乎为零，因此对于功耗的要求会很容易满足。

图 7.26 展示的是被广泛应用的“Lewis-Gray”比较器，这个电路最大的优点在于没有静态功耗和比较阈值电压可调。无静态功耗的特点与其工作方式有关。当时钟控制信号 V_{latch}=0 时，M_7、M_8 关断，M_9、M_{12} 导通，输出端电位被强制拉高。M_{10}、M_{11} 关断，M_5、M_6 导通，将 M_7 和 M_8 源端电位拉低，也就是说，M_7 和 M_8 管的源漏端电压差为电源电压 V_{DD}。从电源到地无电流通路。

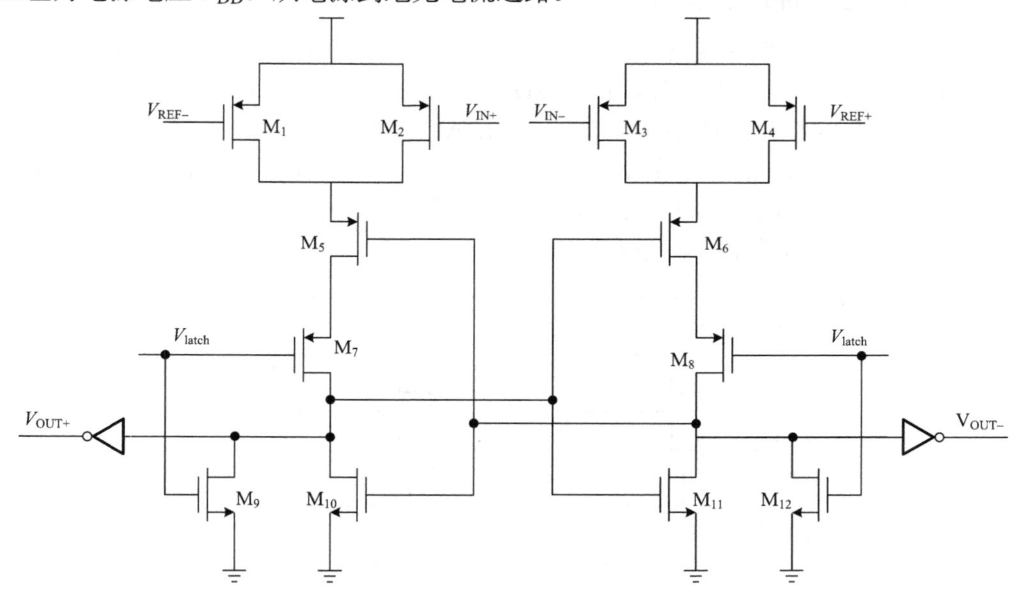

图 7.26　动态比较器电路

当时钟控制信号 V_{latch} 由 0 变到 1 时，M_7、M_8 导通，而此时两个输出端电压还没来得及变化，仍为 V_{DD}，因此 M_5、M_6 管饱和，M_1～M_6 就组成了两个带源极负反馈的共源放大电路。如果各个对应管子之间匹配性很好，那么 M_1～M_4 的电阻将决定输出端变为 0 还是保持 V_{DD}。当时钟控制信号 V_{latch}=1 时，M_9、M_{12} 关断，M_7、M_8 导通，M_5～M_{12} 构成了锁存器，锁存输出。从电源到地无电流通路。

下面讨论如何调整比较阈值电压。从前面的时序分析可以看出，在时钟由 0 变为 1 的瞬间，比较器完成比较并锁存结果，比较器的输出就决定于 M_1～M_4 管的输出导抗。比较器的阈值电压由 $g_L = g_R$ 估算，g_L 为左边支路（M_1 和 M_2 管）的总导抗，g_R 为右边支路（M_3 和 M_4 管）的总导抗。由于在比较时，上面四个 PMOS 管关断，所以下面的四个 NMOS 管不可能饱和，只能处于线性区，则两条支路的跨导分别为

$$g_L = \mu C_{\text{ox}}\left(\frac{W}{L}\right)_1 (V_{\text{REF}-} - V_{\text{th}}) + \mu C_{\text{ox}}\left(\frac{W}{L}\right)_2 (V_{\text{IN}+} - V_{\text{th}}) \tag{7.41}$$

$$g_R = \mu C_{\text{ox}}\left(\frac{W}{L}\right)_3 (V_{\text{IN}-} - V_{\text{th}}) + \mu C_{\text{ox}}\left(\frac{W}{L}\right)_4 (V_{\text{REF}+} - V_{\text{th}}) \tag{7.42}$$

由 $g_L = g_R$，且假设 $W_1 = W_4 = W_A$，$W_2 = W_3 = W_B$，可得

$$V_{\text{IN}+} - V_{\text{IN}-} = \frac{W_A}{W_B}(V_{\text{REF}+} - V_{\text{REF}-}) \tag{7.43}$$

通过设定 W_1～W_4 的尺寸关系，就可以调整比较器的阈值电压。在本设计中，需要的两个比较电压为 $\pm V_{\text{REF}}/4$，因此设定 $W_B = 4W_A$。

7.2.5　非交叠时钟产生模块

在两级循环型 A/D 转换器中，每级循环级都在非交叠时钟的控制下工作，第一级的时序和第二级的互补。由前面章节对 MDAC 中底极板采样时钟的分析，可以得到每级 MDAC 需要 3 组不同相位的时钟，两级 MDAC 之间可以共用两组时钟，因此最终需要 4 组非交叠时钟，相位关系如图 7.27 所示。第一级 MDAC 采用 Clk0、Clk1、Clk2，第二级采用 Clk0、Clk2、Clk3。由于电路中采用的大多是 CMOS 开关，所以这些时钟产生后需要反相器和缓冲器来获得互补时钟。

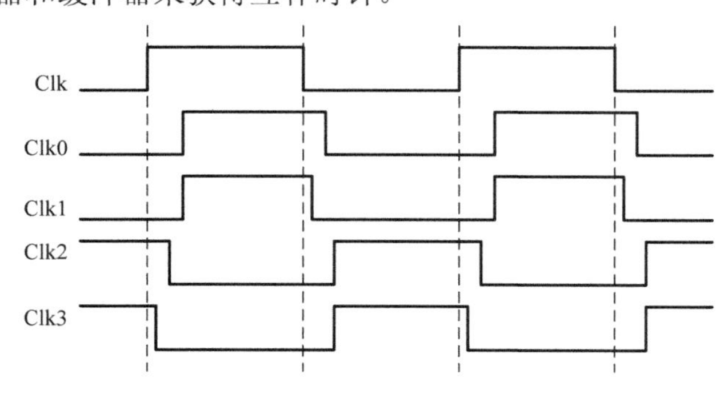

图 7.27　MDAC 需要的时钟时序

图 7.28 展示了非交叠时钟的产生电路，整个电路全部由与非门和反相器构成，假设与非门与反相器延时相同。首先分析标准时钟上升沿情况，此时 G1 门驱动 a 点上升，经过 3 级反相器延时后到达 Clk1，因此 Clk1 下降沿总延时量为 5。a 点经过 6 个反相器延时后到达 c 点，由于此时 a 点已经是高电平，所以 c 点的上升使得 G3 门输出下降，最终再到达 Clk0。Clk0 的下降沿延时量为 11。c 点经过 6 级反相器延时后驱动 G2 门使得 b 点下降，之后到达 Clk3，Clk3 的上升沿延时量为 18。b 点同时驱动 G4 输出上升，而后到达 Clk2，Clk2 上升沿总延时为 18。标准时钟下降沿的分析类似。为更清晰地表达，非交叠时钟的延时分析量列表如表 7.5 所示。

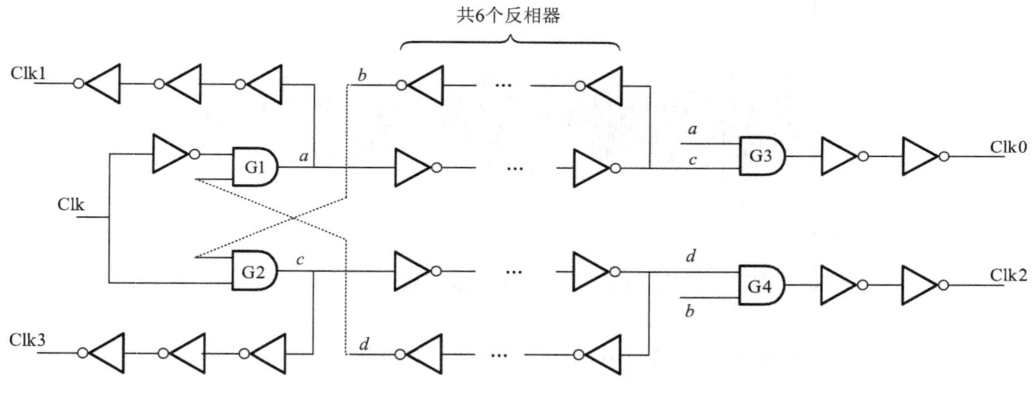

图 7.28　非交叠时钟驱动电路

表 7.5　非交叠时钟的延时分析

时　　钟	上升沿延时量	下降沿延时
Clk（标准时钟）	0	0
Clk0	18	11
Clk1	18	5
Clk2	18	11
Clk3	18	5

对于不同的时钟要求，可以通过改变反相器的个数和 MOS 晶体管尺寸来改变单位延时量的大小，从而可以灵活控制非交叠时钟，从而消除与输入信号有关的沟道电荷注入。

7.3　整体性能仿真和版图布局

7.3.1　动态性能仿真结果

由于此次设计的 A/D 转换器可以工作在多种采样频率和不同的配置精度下，如果将所有情况全部进行仿真，则既浪费时间，又不能清晰地展示设计结果。因此，下面将以具有代表性的几种情况进行仿真，对比几种不同工作状态下的结果。

图 7.29 是在 6 位精度，采样频率为 1MHz，输入信号为 100.58kHz 情况下得到的仿真结果。可以看出，SNDR 达到了 37.79dB，有效位数达到 5.98 位，说明我们的电路设计对于 6 位精度能很好地满足要求。

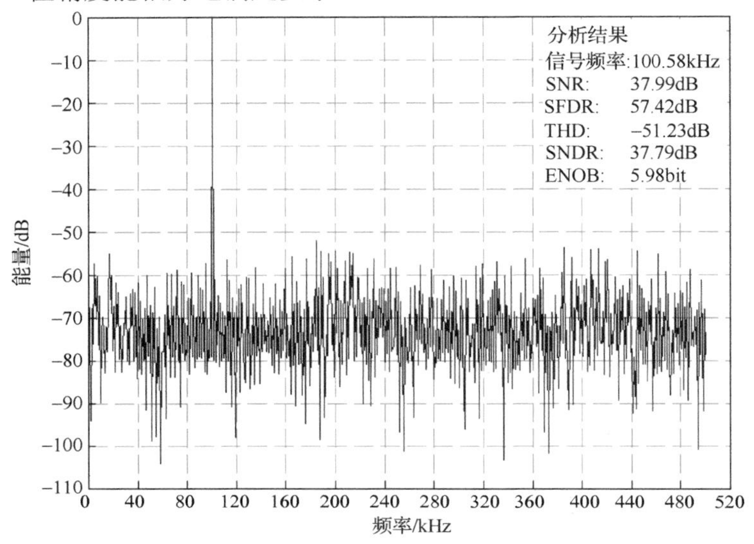

图 7.29　6 位精度、100.58kHz@1MS/s 的动态特性仿真结果

图 7.30 是在 8 位精度，采样速率为 1MHz，输入信号为 100.58kHz 情况下得到的仿真结果。可以看出，SNDR 达到了 49.66dB，有效位数达到 7.95 位，说明我们的电路设计对于 8 位精度能很好地满足要求。

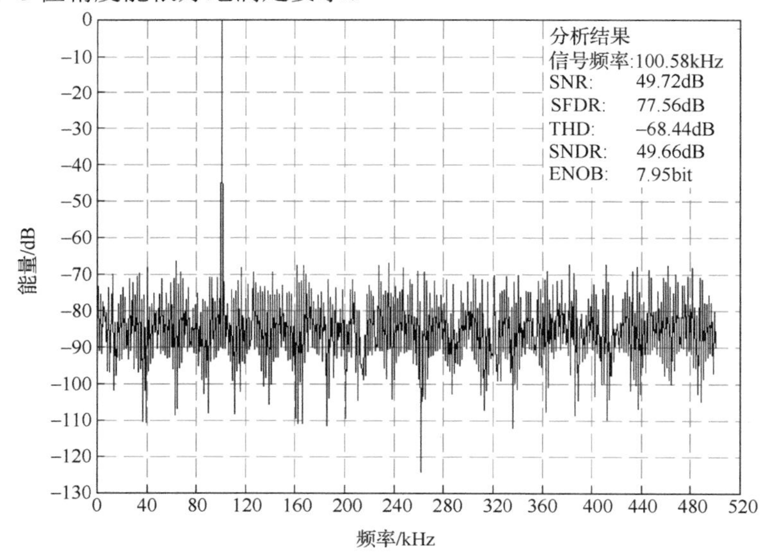

图 7.30　8 位精度、100.58kHz@1MS/s 的动态特性仿真结果

图 7.31 是在 10 位精度，采样速率为 1MHz，输入信号为 100.58kHz 情况下得到的仿真结果。可以看出，SNDR 达到了 61.87dB，有效位数达到 9.98 位，说明我们的电路设计对于 10 位精度能很好地满足要求。

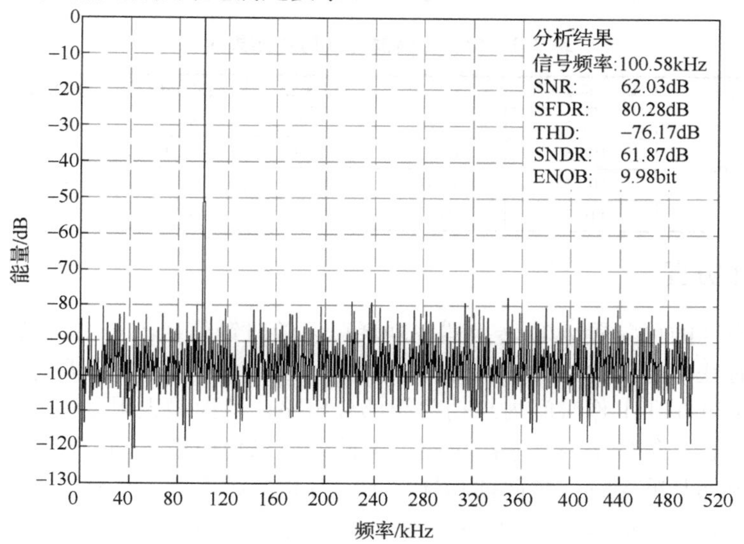

图 7.31 10 位精度、100.58kHz@1MS/s 的动态特性仿真结果

图 7.32 是在 12 位精度，采样速率为 1MHz，输入信号为 116.21kHz 情况下得到的仿真结果。可以看出，SNDR 达到了 73.62dB，也就意味着有效位数达到 11.93 位，说明我们的电路设计对于 12 位精度能很好地满足要求。

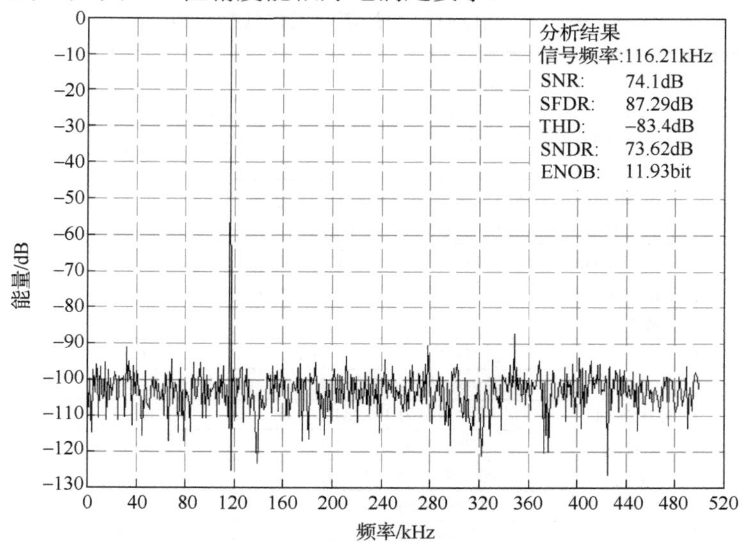

图 7.32 12 位精度、116.21kHz@1MS/s 的动态特性仿真结果

仿真结果对比如表 7.6 所示，仿真结果都非常理想，这主要是由于对电路级别的仿真，只能体现系统级和电路级的误差，而对于集成电路工艺上的失配、寄生效应和实际电路中的噪声不能做出估计，但这个结果可以说明电路设计上不存在问题。

表 7.6　A/D 转换器性能仿真结果对比

精度/位	采样频率	输入频率/kHz	SNR/dB	SFDR/dB	THD/dB	SNDR/dB	ENOB/bit
6	1MS/s	100.58	37.99	57.42	−51.23	37.79	5.98
8		100.58	49.72	77.56	−68.44	49.66	7.95
10		100.58	62.03	80.28	−76.17	61.87	9.98
12		116.21	74.1	87.29	−83.4	73.62	11.93

7.3.2　功耗仿真

本章所设计的可配置 A/D 转换器的功耗可以随时钟信号的变化而灵活调整，可以在低速采样时获得更低的功耗。另外，根据实际应用中的需求，芯片分为几种不同的省电模式，可以在非工作时间内自动关闭部分电路，从而最大限度地减少功耗浪费。为应用方便，芯片包含了内部基准电路，因此既可以使用内部基准，又可以使用外部基准。关闭内部基准会进一步降低功耗。下面分析几种不同工作状态的差异。

如表 7.7 所示，列出了各种状态下 A/D 转换器工作情况和功耗，可以看出对于非工作状态的三种节能模式消耗的功耗都要比工作模式下的功耗小，而且根据它们功耗的不同，恢复到工作模式所需的时间也不同，功耗越小，所需时间越长。在工作模式下，时钟频率越高，所需功耗越大，功耗的优化主要来自于运算放大器性能的改变。另外，内部基准的功耗是固定的，不会随时钟变化而改变，并且功耗较大。

表 7.7　A/D 转换器的不同工作状态分析

<table>
<tr><th>模　式</th><th colspan="2">特　点</th><th>功　耗</th><th>恢复到工作模式时间</th></tr>
<tr><td>关机模式</td><td colspan="2">关闭所有的偏置电路、放大器、比较器等电路，芯片完全不工作</td><td>2μW</td><td>最长</td></tr>
<tr><td>睡眠模式</td><td colspan="2">关闭 MDAC 中的运算放大器，参考电压产生电路中的运算放大器偏置电流减半，芯片不能工作</td><td>1.2mW</td><td>3 个时钟周期</td></tr>
<tr><td>待机模式</td><td colspan="2">只关闭 MDAC 中的运算放大器，其他模块均正常工作，恢复到工作模式，只需启动 MDAC 中的运算放大器</td><td>1.55mW</td><td>两个时钟周期</td></tr>
<tr><td rowspan="8">工作模式</td><td rowspan="7">使用外部基准时总功耗</td><td>时钟频率为 100～500kHz</td><td>1.71mW</td><td>—</td></tr>
<tr><td>时钟频率为 500kHz～1MHz</td><td>1.74mW</td><td>—</td></tr>
<tr><td>时钟频率为 1～2MHz</td><td>1.81mW</td><td>—</td></tr>
<tr><td>时钟频率为 2～3MHz</td><td>1.88mW</td><td>—</td></tr>
<tr><td>时钟频率为 3～4MHz</td><td>1.95mW</td><td>—</td></tr>
<tr><td>时钟频率为 4～5MHz</td><td>2.03mW</td><td>—</td></tr>
<tr><td>时钟频率为 5～6MHz</td><td>2.10mW</td><td>—</td></tr>
<tr><td colspan="2">内部基准的功耗</td><td>0.8mW</td><td>—</td></tr>
</table>

7.3.3　版图布局

本章所设计的 A/D 转换器的整体有效版图布局如图 7.33 所示，带隙基准、偏置电路和参考电压产生电路置于整个版图的右侧，这里没有来自数字模块的干扰，全部是产生直流信号的模拟模块，也正是因为对这里信号的要求是其稳定性尽量高，所以在空白的地方增加了大量的耦合电容，有效利用了版图面积。为了防止这些直流信号在输出的过程中受到其他模块的干扰，用同层金属在传输信号线的两侧增加了地线。版图的左侧是 A/D 转换器的核心，输入信号由上方确定的某个通道进入，旁边是一些时钟驱动电路和内部控制信号产生电路。为防止信号间的串扰，敏感信号的两侧都有到地的同层金属作为隔离。同时在数字模块和下面的模拟模块之间建立了保护墙。另外，由于采用单电源供电，为减小数字模块电源电压的波动对模拟模块工作的影响，在模块之间的供电线上增加了去耦电容，稳定电源电压。

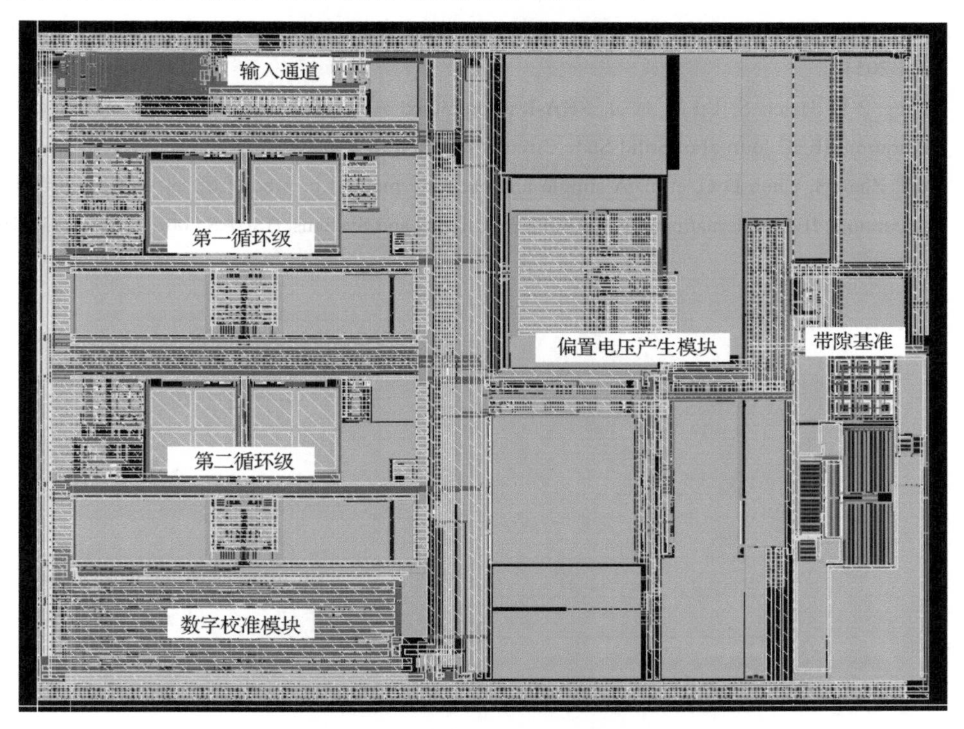

图 7.33　可配置 A/D 转换器的整体有效版图

循环型 A/D 转换器中最重要的模拟模块就是循环级，共有两级循环级。因为电路总体为差分结构，具有很好的对称性，所以在版图设计中也尽量用对称设计来增加匹配。两级循环均以垂直方向的中心线为对称轴，布置小的模块，将 MDAC 中的全差分运算放大器置于中心位置，两侧分别布置采样电容、共模反馈电阻这种与运算放大器关系密切且同时占用面积较大的元件。在距离运算放大器相对较远的角落放置动态比较器、时钟驱动电路这种活跃的电路。因为两级循环结构除小部分电路外完全相同，所以只需将第一级复制后放在下方稍作改动便可以作为第二级使用。

数字校准模块也占用了一定面积，也是数字模块噪声的主要贡献者，因此在模块周围增加了保护环来放置对其他模块的影响。这个模块的版图是用软件自动生成的，因此在确定了两级循环级的版图面积之后，可以方便地生成与其契合的数字模块版图。

对于 IP 核的版图设计，一般不需要添加 PAD。因此在整个版图的外围，增加一圈保护环，同时放置去耦电容，整个芯片的有效版图面积仅为 0.4mm×0.5mm。

参 考 文 献

[1] Lin J F, Chang S J, Chiu C F, et al. Low-power and wide-bandwidth cyclic ADC with capacitor and opamp reuse techniques for CMOS image sensor application. IEEE Sensors Journal, 2009, 9(12): 2044-2054.

[2] Huang P L, Hsien S, Lu V, et al. SHA-less pipelined ADC with in situ background clock-skew calibration. IEEE Journal of Solid-State Circuits, 2011, 46(8): 1893-1903.

[3] He J, Zhan S, Chen D G, et al. A simple and accurate method to predict offset voltage in dynamic comparators. IEEE International Symposium on Circuits and Systems, (ISCAS 2008), 2008: 1934-1937.